칩밥 여왕 제이맘의
입소문 레시피
제이맘의
홈쿡
JMOM's HOMECOOK

김미정(제이맘) 지음

CYPRESS
싸이프레스

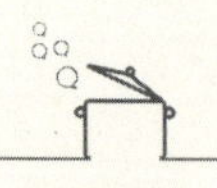

어린 시절, 저와 나이 차이가 많이 나는 오빠 셋은 늦둥이 동생인 저에게 장난치듯 심부름을 자주 시켰어요. "막내야~ 라면 하나 끓여와."하는 식의 심부름이요. 처음엔 오빠들이 시키는 심부름이 귀찮고 싫었어요. 그렇지만 작은 요리라도 맛있다고 칭찬해주는 오빠들 때문에 요리가 재미있고 좋았어요. 더 잘해서 칭찬받고 싶은 꼬마 요리사는 그때부터 요리 연구를 했나 봅니다.

저희 엄마를 아는 제 친구들은 하나같이 "넌 엄마한테 요리 배웠어?"라고 물어요. 조여사님이 참 요리를 잘하시거든요. 특히 엄마가 담근 고추장은 어마어마하게 맛있어요. 하지만 엄마는 제게 요리법을 절대 알려주지 않으셨어요. '며느리도 몰라~'가 아닌 '딸도 몰라~'였지요.

"엄마 여기 뭐뭐 넣었어?" 궁금해 하는 저에게 엄마는 "그런걸 뭐 하러 알려고 해. 넌 이담에 힘든 부엌일 하지 말고 다 사먹고 시켜먹고 편하게 살아." 하시며 알려주지 않으셨어요.

그토록 알려주지 않는 엄마 곁에 착 붙어 시청각 교육을 한 결과, 그래도 이젠 동네에서 패나 요리 잘한다 소리 듣는 수준은 되었으니 이것 또한 엄마 덕이겠죠?

요리를 즐거워하게 만들어준 사랑하는 우리 가족들 덕에 이렇게 제 이름을 걸고 책도 내게 되었네요.

지난 일년 동안 산더미 설거지를 도맡아 하며 응원해준 나의 평생 술친구, 내 남편 고마워요. 까탈스러운 입맛으로 엄마를 늘 긴장케 하는 우주 최고 편식쟁이 우리 지안이. 나의 가장 반짝이는 보석. 네가 나에게 와서 엄마는 너무 행복하다. 다음 생애에도 난 지안이 엄마가 되고 싶어. 그리고 나의 친구 같은 조카 혜수와 연수. 우리 쑤들, 내 맘 알지? 손모델 겸, 조수 겸, 전속 개그맨 해줘서 고마워.

항상 힘이 되어주는 나의 가족들 사랑합니다.

하늘에서 항상 지안이를 지켜주시는 우리 아빠와 시어머니, 보고 계시죠? 나를 가장 사랑해주셨던 두 분… 모든 것이 두분 덕입니다. 또한 '지안이 엄마'가 아닌 '인간

김미정'의 새로운 도전을 응원해주신 지안이 선생님들께도 무한한 감사를 전해요. 그냥 밥 하는 게 좋았던 아줌마에게 날개를 달아주신 인친님들에게도 감사 말씀을 꼭 전하고 싶어요. SNS를 통해 소통하며 저도 많이 배웠답니다. 이 책이 요리를 두려워하는 분들에게 작게나마 도움이 된다면 바랄 것이 없을 것 같아요.

요리라는 게 단지 먹고 배만 채우는 것이 아니라 누군가에겐 추억이 될 수도, 그리움이 될 수도 있잖아요.

여러분의 집 식탁 위에서 이런 소중한 이야기 거리들이 생겨날 수 있도록, 이 책이 부디 즐겁게 요리할 수 있는 계기가 되길 바라봅니다.

PART 1

모든 요리의 기본!
**제이맘의
요리 노하우**

BASIC HOMECOOK

PART 2

매일 먹어도 맛있어!
**제이맘의
평일 밥상**

DAILY HOMECOOK

DAILY 01 **간단하게 차려 먹는 만만한 평일 아침**

ESSAY 하루 중 가장 분주한 제이맘네 아침 풍경 ★43

전날 만들어 놓는 밑반찬 》

멸치씨앗볶음
★44

오징어채무침
★45

매콤꽃새우볶음
★46

크래미메추리알
샐러드 ★47

표고우엉조림
★48

삼색장조림
★50

새송이버섯볶음
★52

애호박새우젓볶음
★54

어묵볶음
★55

황태채무침
★56

들깨무나물
★57

고사리나물볶음
★58

미역줄기볶음
★60

말린 가지볶음
★62

깻잎장아찌
★64

무생채
★66

DAILY 02 엄마를 위한 예쁜 한 그릇 평일 점심

빠르게 그러나 푸짐하게 차리는 **평일 저녁**

ESSAY 고단했던 하루의 끝, 모두가 행복해지는 시간 ★115

바로 만들어 먹는 밑반찬 》

두부쑥갓무침
★116

오이상추겉절이
★117

시금치무침
★118

매콤 콩나물무침
★119

참나물무침
★120

부추무침
★121

국과 찌개 》

숙주나물무침
★122

달래무침
★123

깻순나물
★124

열무된장무침
★125

비름나물무침
★126

우렁뽀글장
★128

김치뭉텅찌개
★130

얼큰 소고기뭇국
★132

꽁치김치찌개
★134

바지락순두부찌개
★136

청국장순두부찌개
★138

사골순대국
★139

간단 요리 》

버섯닭개장
★140

새우완자탕
★142

고추장찌개
★144

부대찌개
★146

매콤 오징어뭇국
★148

오징어불고기
★150

황태구이
★152

돼지고기감자조림
★154

더덕구이
★156

가자미알감자조림
★158

숙주돈가스
★160

가지롤
★162

매콤 콩나물잡채
★164

사과오이냉국
★166

약고추장
★167

버섯불고기
★168

도토리묵말이
★169

제육볶음
★170

도라지오이무침
★172

간장새우장
★174

PART4
맛있게 먹어줘!
제이맘의
가족 맞춤 요리
HOMECOOK FOR FAMILY

FAMILY 02 애주가 남편을 위한 야식 & 술안주

PART 1
모든 요리의 기본!
제이맘의
요리 노하우
BASIC HOMECOOK

제이맘의 야무진 **재료 계량 및 손질법**

🍵 책 속 재료 계량법

1큰술

가루나 장류는 숟가락 가득 수북하게 떠서 볼록하게 담아요. 액체류는 숟가락 가득하게 떠올려요.

½큰술

가루나 장류는 숟가락 절반 정도만 떠올려요. 액체류는 숟가락 중앙에 찰랑이는 정도로 떠올려요.

1작은술

 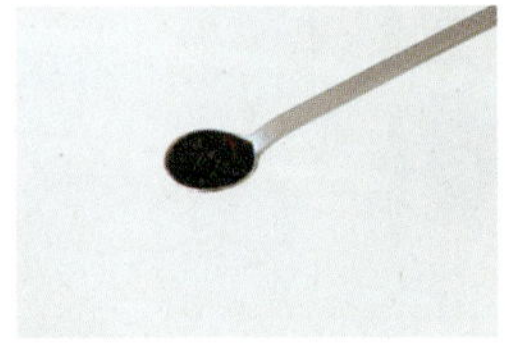 

가루나 장류는 티스푼 가득 수북하게 떠서 볼록하게 담아요. 액체류는 티스푼 가득하게 떠올려요.

1컵

1컵
다진 채소류나 다진 고기는 종이컵 가득 가볍게 솔솔 채워요. 액체류는 종이컵 가득 담아요.

½컵

½컵
다진 채소나 다진 고기는 종이컵 절반만 가볍게 솔솔 담아요. 액체류는 종이컵 절반만 담아요.

1꼬집

1꼬집
엄지손가락과 검지손가락으로 집을 수 있는 최대치를 집어요.

1줌

1줌
손바닥 가득 자연스럽게 쥐어요.

마늘 편 썰기 →

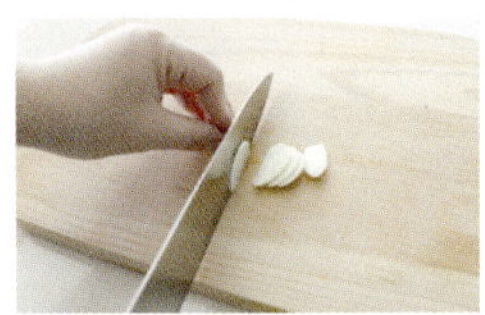 

씻은 뒤 꼭지 부분을 잘라내고 옆면을 얇게 한번 썰어요. 잘린 면을 바닥에 놓으면 고정이 돼요. 그 상태로 얇게 썰어주세요.

마늘 다지기 →

편 썰기한 마늘을 정돈해서 살짝 펼친 후 채 썰고, 채 썬 방향과 수직으로 돌려 잘게 썰어요. 그 다음 칼등 끝부분을 왼손으로 고정시키고 오른손을 위아래로 움직이며 더 잘게 다져주세요. 칼 손잡이 끝 부분이나 칼 옆면으로 두드려 다지거나 마늘 다지개를 사용해도 좋아요.

대파 송송 썰기 → 대파 어슷 썰기 → 대파 다지기 →

동그란 단면이 그대로 나오도록 수직으로 썰어요.

자른 모양이 길쭉한 타원 모양이 되도록 사선 방향으로 썰어요.

끝에서부터 가로로 칼집을 넣어요. 이때 왼손으로 대파를 살짝 굴려 칼집이 골고루 생기게 해주세요. 칼을 수직으로 세워 끝부터 잘게 자르듯이 다져요.

대파 채 썰기 →

대파 흰 부분을 세로로 놓고 가운데에 살짝 칼집을 넣어요. 그대로 펼쳐 안에 있는 심을 빼내고, 뒤집어서 돌돌 말아주세요. 그리고 끝에서부터 원하는 두께로 채 썰어요. 파란 부분도 마찬가지 방법으로 채 썰어주세요. 썰어놓은 대파는 찬물에 담가 끈적한 진액과 매운맛을 빼주세요.

양파 통 썰기 →

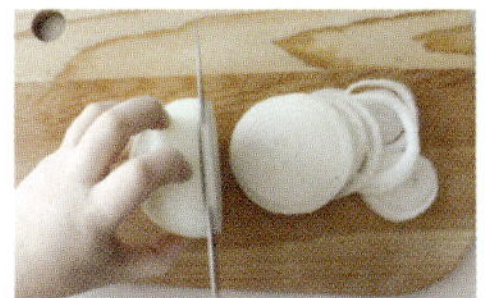

양파 채 썰기 →

옆으로 눕혀 왼손으로 감싸
듯이 잡고, 둥근 모양을 살려
원하는 두께로 썰어요.

양파를 반으로 자른 뒤 잘린 면을 바닥에 놓고, 원하는 두께로
썰어요. 끝에 가서 양파가 조금 남아 자르기 힘들 땐 양파를 90
도 돌려 넓은 면을 바닥으로 가게 한 뒤 썰면 돼요.

양파 다지기 →

양파를 반으로 자른 뒤 잘린 면을 바닥에 놓아요. 꼭지 부분을
1cm 정도 남기고, 아래 부분에 칼끝으로 채 썰듯이 칼집을 넣어
요. 양파를 시계 반대 방향으로 90도 돌려 끝에서부터 잘게 썰
어요. 더 잘게 자르려면 칼등 끝을 왼손으로 고정시키고, 칼을
위아래로 움직여 다져요.

애호박 반달 썰기 →

애호박 은행잎 썰기 →

호박을 반으로 자른 뒤 잘린 면을 바닥에 놓고 원하는 두께로
썰어요.

반으로 자른 호박을 다시 반으로 자른 뒤 원하는 두께로 썰어요.

오이 돌려 깎기 후 채 썰기 →

옆면에 칼을 꽂아 사과 껍질 까듯 돌려가며 깎아요. 씨 부분만 남기고 벗겨낸 오이를 적당한 길이로 잘라 겹친 후 채 썰어요.

파프리카 통 썰기

파프리카 꼭지 부분을 엄지손가락 끝으로 꾹 눌러 요리조리 흔들어 꼭지를 빼내고, 속의 씨를 톡톡 털어 제거해요. 모양을 살려 링으로 썰어요.

파프리카 채 썰기

 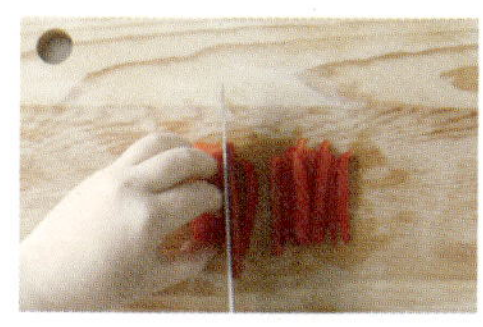

파프리카를 반으로 잘라 꼭지와 씨를 제거하고 위아래 부분을 조금씩 잘라내요. 안쪽에 흰 심 부분도 칼로 도려내고, 겹친 후 겉면을 바닥에 놓고 적당한 두께로 채 썰어요.

무 나박썰기

무를 통으로(약 3cm 두께)로 썬 뒤에 단면을 3~4등분 해요. 수직으로 돌려 얄팍하게 썰어요.

무 깍둑썰기

무를 통으로 썬 뒤에 단면을 원하는 두께로 썰어요. 수직으로 돌려 원하는 두께로 썰면 깍두기 모양으로 잘려요.

무 삐져 썰기

국이나 조림에서 단면이 넓게 나오도록 써는 방법이에요. 무를 반으로 잘라 잘린 면을 바닥에 놓고 고정시킨 뒤 칼을 이리저리 움직여 자유롭게, 대신 크기가 비슷하도록 썰어내요.

당근 직사각 썰기

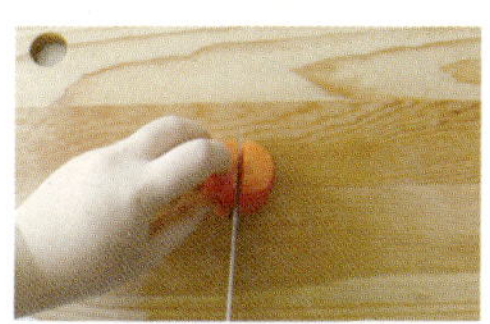 

당근을 반으로 자른 뒤 잘린 면을 바닥에 세로로 놓고 끝에서부터 얇게 썰어요.

채소류

부추

부추 뿌리 부분을 물에 담근 뒤 살살 비벼 흙을 털어내요. 상했거나 누렇게 변한 잎은 손으로 똑똑 떼어내고, 흐르는 물에 한번 헹군 뒤 물기를 빼요.

아욱

억센 줄기는 부러뜨린 뒤 껍질을 살짝 벗겨내면 질긴 섬유질이 제거돼요. 물에 소금 ½큰술을 넣고, 초록 물이 나올 때까지 빨래하듯 박박 씻어낸 뒤 깨끗한 물에 2~3번 더 헹궈내면 풋내가 빠져요.

콩나물

깨끗한 물에 2~3번 헹군 뒤 상한 끝 부분을 손으로 똑똑 떼어내요. 끓는 물에 넣고 3~5분간 데치는데, 이때 뚜껑을 열었다 닫았다 하면 비린내가 나요. 처음부터 닫던지, 뚜껑을 계속 열고 데쳐주세요. 데친 콩나물은 곧장 찬물에 헹궈야 아삭해진답니다.

시래기

말린 시래기는 찬물에 1시간 이상 담가 불려요. 전날 밤에 물에 담가두기를 강력 추천합니다. 불린 시래기는 끓는 물에 넣고 30분간 푹 삶은 뒤 완전히 식혔다가 찬물에 2~3번 헹궈내요. 한번에 먹을 양을 나눠 냉동실에 넣어두면 쓰기 편해요. 귀찮다면 마트에서 데친 시래기를 사오면 됩니다.

시금치

꼭지 부분은 칼로 잘라내고, 시들어 누래진 잎도 잘라 깨끗하게 다듬어요. 많은 양의 물에 담가 흔들어 씻기를 2~3번 반복해 흙을 털어내고 물기를 빼주세요. 끓는 물에 소금 ½큰술을 넣고 시금치 뿌리부터 담가 딱 10초만 데치고, 곧장 찬물에 헹군 뒤 물기를 짜주세요.

고사리

말린 고사리는 전날 물에 불려둬요. 요리하기 전에 끓는 물에 30분간 데치고, 불을 끈 뒤 그대로 10분간 담가두세요. 데친 고사리를 구입하셨다면 찬물에 5분간 담가 쓴맛을 빼낸 뒤 물기를 짜내고 바로 사용하시면 돼요.

양파

뿌리와 줄기를 잘라내고 껍질을 벗겨 물에 씻어줍니다.

우엉

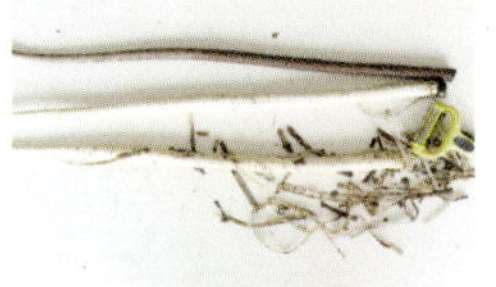 

물에 씻어서 흙을 제거한 뒤 껍질을 벗기고, 흐르는 물에 씻어서 요리하기 편한 크기로 뚝뚝 썰어요. 그대로 담금 식초물(물 3컵＋식초 ½컵)에 10분 이상 담가둬요. 식초물에 담그면 우엉의 아린맛이 제거되고, 갈변되지 않은 뽀얀 상태를 유지합니다.

달래

뿌리 부분을 물에 담가 손끝으로 문지르면서 흙과 껍질을 제거해주세요. 상한 끝 부분은 손으로 똑똑 떼어내고, 흐르는 물에 헹궈요.

감자

흐르는 물에 흙을 씻어내고 껍질을 벗겨요. 왼손과 오른손 엄지로 감자를 고정하고, 감자를 돌려가며 위에서 아래로 긁어내듯 벗기면 쉬워요. 조리에 적당한 크기로 자른 뒤 찬물에 2~3분간 담가 전분을 제거해요.

더덕

뜨거운 물에 살짝만 담갔다가 빼요. 이렇게 하면 껍질 까기가 쉬워져요. 오래 담가두면 익어버리니 조심하세요. 심지 있는 머리 부분을 잘라내고, 칼로 껍질을 벗겨낸 뒤 식초물(물 3컵 ＋ 식초 ½컵)에 푹 담가둬요. 이렇게 하면 쓴맛이 사라지고, 색도 뽀얘진답니다.

버섯

표고버섯과 양송이버섯은 기둥을 비틀어 떼어내고, 갓 부분은 손바닥에 두드려 불순물을 털어내요. 씻지 않아도 되지만 찝찝하다면 흐르는 물에 대충 씻어 물기를 털어내면 돼요. 물에 담가두면 버섯이 물을 흡수해 맛이 없어집니다. 떼어낸 기둥은 찢거나 잘라서, 갓 부분은 조리하기 좋은 크기로 잘라 사용합니다. 새송이버섯과 팽이버섯, 느타리버섯은 밑동을 잘라내고 쓰면 돼요.

버섯 모양 내기

칼로 표고버섯 머리 중앙을 V자 모양으로 파내요. 각도를 돌려 세 방향으로 칼집을 내줍니다. 전골이나 표고전, 탕 등에 쓰여요.

닭고기　—————→

통으로 산 닭은 꽁지를 가위로 잘라내고, 목 부분과 뱃속 지방을 손으로 떼어내요. 조리하기 좋은 크기로 잘라 우유에 10분 정도 담가 비린내를 제거하고, 흐르는 물에 헹군 뒤 사용해요.

돼지 등뼈 삶기　—————————————————→

찬물에 4~5시간 이상 담가 핏물을 빼요. 중간에 물을 2~3번 갈아주면 좋아요. 그 다음 냄비에 물을 넉넉히 붓고 등뼈를 넣어 같이 끓여요. 강불로 끓이다가 끓으면 중불로 줄여 10분 더 삶으면 돼요. 삶은 등뼈는 흐르는 물에 씻어 불순물을 없애고, 냄비에 새 물을 받아 씻은 뼈를 넣어요. 여기에 통후추 10~15개, 통마늘 5~6개, 청주 ½컵을 넣고, 1시간~1시간 30분 정도 중불에서 뚜껑을 닫은 채 삶아요. 마지막에 뼈 삶은 물은 버리지 말고 요리에 사용하세요.

소고기 & 돼지고기　—————→

뼈가 붙은 고기나 덩어리 고기는 찬물에 담가 핏물을 제거한 뒤 사용해요. 사골용 고기는 4~5시간, 갈비용 고기는 1시간, 일반 반찬용 통고기는 30분 정도 담가두면 돼요. 물은 중간에 2~3번 갈아주면 더 좋고요. 얇게 썬 고기나 다짐육은 키친타월로 꾹꾹 눌러 핏물을 흡수시킨 뒤 사용하세요.

TIP 고기 핏물을 빨리 빼려면 물에 설탕을 조금 넣어주세요. 물 3~4컵에 설탕 1큰술이면 돼요. 설탕 속 수크라아제라는 성분이 피를 빨리 빠지게 하는 역할을 합니다.

멸치　—————→

머리를 살살 분리하면 내장이 따라 나와요. 내장은 떼버리고 머리와 몸통만 사용해요. 이렇게 손질한 멸치를 약불에서 1~2분간 볶으면 비린내가 사라져요.

다시마　—————→

가위로 적당한 크기로 자른 뒤 면보로 먼지를 닦아내요.

꽃게　—————→

배 부분을 떼어내고 요리솔로 구석구석 잘 닦은 다음, 게딱지를 조심스럽게 떼어내요. 내장이 떨어져 나가지 않게 주의하세요. 몸통 부분은 가위로 반으로 잘라요. 꽃게가 크면 4등분해도 돼요. 아가미와 입 부분도 가위로 잘라내요.

굴　—————→

소금물(물 3컵 + 소금 1작은술)에 담가 흔들어 씻어요. 물을 바꿔가면서 2~3번 정도 헹구고, 물기를 빼요.

오징어

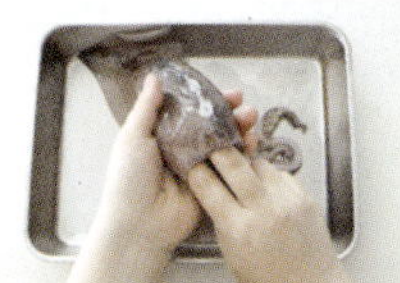  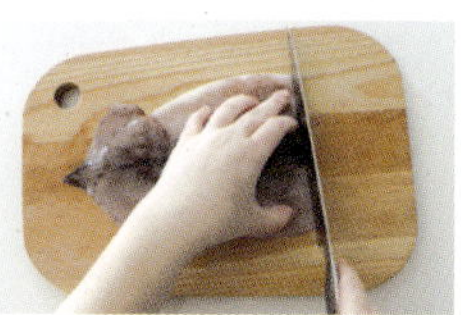 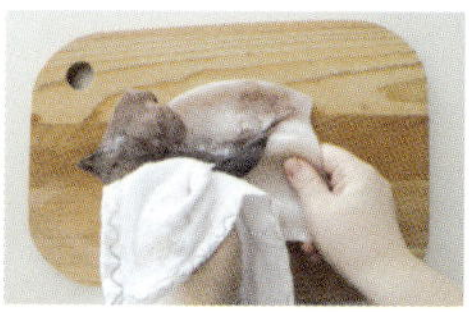

통 오징어는 손가락 2개로 V자를 만들어 오징어 몸 속에 넣고 내장을 빼주세요. 내장과 눈을 가위로 잘라내고, 다리를 뒤집어 뾰족한 입을 제거한 뒤 흐르는 물에 다리를 쭉쭉 훑어가며 씻어주세요. 펼친 오징어는 내장을 빼낸 뒤 껍질을 벗기고 씻어요. 몸통 아래 부분에 칼집을 내서 마른 수건으로 잡고 끝에서부터 껍질을 벗겨내면 돼요.

오징어 칼집 내기　　　## 새우

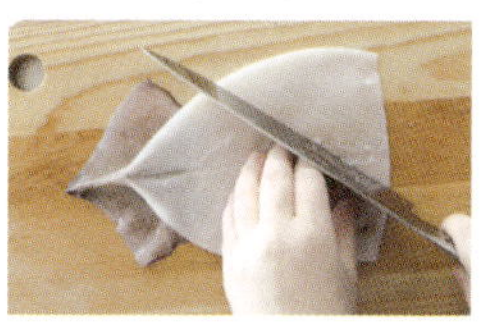   

손질해서 펼친 오징어 몸통 안쪽에 대각선으로 칼집을 넣어요. 칼을 눕힐수록 결이 살아 요리했을 때 풍성하고 먹음직스럽게 말려요.

머리의 뿔을 잘라내고 입 끝과 수염도 잘라요. 꼬리 부분에 뾰족한 물주머니를 떼어내고 등 마디에 이쑤시개 꽂아 내장을 쭉 빼내요. 살만 사용할 경우에는 머리를 손으로 떼어내고 몸통 껍질을 벗겨요. 꼬리 쪽 한마디만 남기고 껍질을 벗기면 모양이 잘 잡혀요.

황태　　　## 생선류

머리 부분은 가위로 잘라서 국물 낼 때 써요. 꼬리와 지느러미는 가위로 잘라버리고, 구이용은 2~3조각으로 잘라요. 황태채를 만들려면 몸통 부분의 껍질을 까고, 살만 적당한 크기로 찢어요. 껍질은 모아서 볶아먹어도 돼요.

머리와 꼬리, 지느러미를 가위로 잘라내고 배 쪽에 가위집을 넣어 내장을 빼내요. 비늘이 있는 생선은 비늘 반대 방향으로 칼로 긁어내 비늘을 제거한 뒤 물에 헹궈줘요. 비린내가 심하거나 간이 되어있는 생선은 쌀뜨물에 10분 정도 담가두고, 당장 사용하지 않을 생선은 소금을 뿌려 냉장 보관하거나 지퍼팩에 담아 냉동 보관해요.

조개류　　　## 낙지 & 주꾸미

소금물(물 3컵＋소금 1작은술)에 조개를 넣고, 검은 봉지나 호일을 덮어서 빛을 차단해요. 30~40분 뒤 조개를 건져 흐르는 물에 비벼서 씻어요.

머리 쪽에 가위집을 내 내장을 빼내고, 다리를 뒤집어 가운데 눈 부분을 가위로 잘라내요. 밀가루 1큰술을 뿌려 빨래하듯 주물러 닦은 뒤 찬물에 여러 번 헹궈내요.

🍲 육수

멸치 육수

1

손질한 멸치를 약불에서 1~2
분간 볶아 비린내를 제거해주
세요.

2

냄비에 물을 붓고 다시마를 넣
어 5분간 두세요.

3

나머지 재료를 전부 넣고 불을
켜세요. 강불로 팔팔 끓이다가
끓어오르면 다시마만 건져내
요. 다시마를 10분 이상 물에 담
가두면 끈끈한 것이 나와요.

4

중불로 줄이고 10분 더 끓이다
가 불을 끄고 완전히 식힌 뒤에
거름망으로 재료를 건져내요.
더 깔끔한 육수를 원하면 면보
에 한번 더 걸러요.

🥄 READY

물 4L, 멸치 2줌, 건새우 1줌, 디포리 5~6마리, 다시마(사방 7cm) 6
장, 황태 머리 1개

TIP 멸치 육수팩 만들기

다시팩(小) : 다시마 1개, 멸치 7마리, 새우 5마리, 디포리 ½개
다시팩(大) : 다시마 2개, 멸치 10개, 새우 10마리, 디포리 1개

보관용 육수가 똑 떨어졌
을 때를 대비한 육수팩 만
드는 법입니다. 이 육수팩
하나면 즉석에서 육수를
낼 수 있어요. 마트에 가면
쉽게 구할 수 있는 다시팩
을 구매해요. 사이즈가 다양한데 저는 소(小)와 대(大)자 두 가
지를 주로 사용해요. 진한 국물을 내고 싶거나 양이 많은 국에
는 큰 것을, 적은 양의 찌개에는 작은 것을 쓰면 간편하답니다.
다시마는 팩 속에 넣지 말고 홈에 꽂아두세요. 끓인 지 10분 안
에 후다닥 건져내야 하니까요.

5

당일에 사용할 양은 용기에 담
아 냉장 보관(3~4일 보관 가능)
하시고, 나머지는 냉동 용기 또
는 지퍼팩, 우유팩에 담아 냉동
실에 얼려요.

사골 육수

사골 뼈 1.5kg, 잡뼈 1kg, 물 7L

TIP 사골 육수 활용 및 보관법

- 첫 번째와 두 번째로 끓인 육수는 잘 섞어서 냉동 보관하세요. 갈비탕이나 순댓국, 사골국 등을 만들 때 사용할 수 있어요. 세 번째로 끓인 육수는 요리 육수로 사용할 거예요. 부대찌개나 사골미역국 등에 사용하면 좋아요.
- 모든 육수는 냉동 보관 시 우유팩을 활용해보세요. 사용하기 전에 따로 해동할 필요 없이 우유팩을 뜯어 냄비에 넣고 가열하면 바로 해동되거든요. 꽁꽁 언 육수가 용기에서 안 빠져서 고생할 일이 없어요.

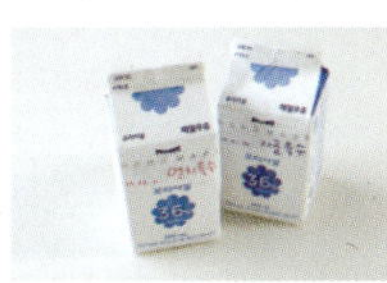

- 사골 육수는 얼리면 부피가 늘어나고 가운데가 봉긋하게 올라와요. 용기를 꽉 채워 담지 말고 70% 정도만 채우는 게 좋답니다.

HOW TO MAKE

1 모든 뼈는 전날 밤에 찬물에 담가 핏물을 빼주세요. 중간에 2~3번 정도 물을 갈아주시고, 6~8시간 이상 담가두면 돼요. 조리 전, 체에 밭쳐 물기를 빼주세요.

2 큰 솥에 넉넉하게 물을 붓고 끓여요. 끓어오르면 사골을 넣고 팔팔 끓입니다. 끓어오르면 그때부터 딱 10분만 더 끓여줘요. 물에 거품이며, 온갖 불순물들이 동동 떠다닐 텐데 이 물은 다 버리고, 사골은 깨끗하게 씻어주세요.

3 다시 솥에 물과 사골을 넣고 처음부터 끓여줘요. 강불에서 끓이다가 끓기 시작할 무렵, 약불로 줄여서 6시간 동안 끓이면 돼요. 중간중간 거품이나 기름은 건져내고 뚜껑을 닫은 채 푹 고아요.

4 사골을 건져내고 국물을 따로 보관해요. 다시 새로운 물을 담아 사골을 넣고 끓이는 과정을 2~4번 반복하세요. 뒤로 갈수록 국물의 농도가 옅어져서 전 3번이 적당한 것 같아요.

고기 양념

🛒 READY

사과 ¼개, 양파 ½개
양념 다진 파 2큰술, 다진 마늘 1큰술, 간장 8큰술, 설탕 2큰술, 맛술
2큰술, 후추 · 생강가루 1꼬집씩
※ 돼지고기 300g 기준

TIP 활용 요리

소불고기, 돼지불고기, 목살스테이크, 갈비찜 외

🟩 HOW TO MAKE

1
사과와 양파는 껍질을 벗기고
강판이나 믹서기에 갈아요.

2
체에 한번 받치거나 면보에 걸
러요.

3
여기에 나머지 **양념** 재료를 모
두 넣고 섞어요.

매운 양념

🛒 READY

다진 마늘 1큰술, 매실액 2큰술, 간장 4큰술, 고춧가루 2큰술, 청양
고춧가루 ½큰술, 고추장 1큰술, 맛술 2큰술, 생강즙(또는 생강가루
⅓작은술) 1큰술, 후추 약간, 참기름 ½큰술
※ 돼지고기 300g 기준

TIP 활용 요리

제육볶음, 돼지고기 두루치기, 오징어볶음, 낙지볶음 외

🟩 HOW TO MAKE

모든 재료를 섞어 냉장고에 하루 정도 숙성시킨 뒤 사용하세요.

비빔양념장

고추장 2큰술, 간장 4큰술, 고춧가루 2큰술, 식초 5큰술, 설탕 2큰술, 사과
즙(매실청 또는 오렌지주스로 대체 가능) 2큰술, 다진 마늘 1큰술, 참기름
1큰술, 참깨 1작은술

HOW TO MAKE

참기름과 참깨를 제외한 나머지 재료를 모두 섞어 냉장고에 하루
정도 숙성시켜주세요. 먹기 직전에 참기름과 참깨를 넣고 섞으면
돼요. 더 매콤하게 드시려면 고춧가루의 양을 늘리시면 됩니다.

TIP 활용 요리
비빔국수, 비빔만두, 골뱅이무침 외

허브 소금 & 천연조미료

허브 소금

READY

허브가루 1큰술, 통후추 ½큰술, 소
금 3큰술

HOW TO MAKE

1 허브가루는 오레가노, 바질, 파슬리 등 다양하게 섞어서 준비해요.
2 통후추는 그라인더에 갈아주세요.
3 허브가루, 후추, 소금을 섞어요.

TIP 활용 요리
고기 및 생선의 밑간, 파스타, 구이 요리 외

천연조미료

READY

건 표고버섯 1줌, 국물용 새우 1줌

HOW TO MAKE

1 말린 표고버섯을 곱게 갈아요.
2 국물용 새우는 약불에서 기름 없이 볶아 비린내를 날린 뒤 갈아요.
3 두 가루를 섞어요.

TIP 활용 요리
국이나 조림 요리를 할 때 조금씩 넣으면 감칠맛을 줘요.

요리 초보를 위한 **맛있는 밥 짓기**

🥣 쌀 구입 요령

품종과 등급, 도정 날짜와 원산지 등을 확인하세요. 여러 품종의 쌀이 섞여있는 것은 피하시는 게 좋아요. 쌀은 한 줌 쥐고 봤을 때 쌀알이 맑고 깨끗하며 윤기가 흐르는지 눈으로 확인하세요.

❶ 쌀 씻기

쌀 1컵으로 밥을 하면 약 2인 분 분량이 완성돼요. 원하는 양의 쌀을 담아 가볍게 씻어 줍니다. 첫 물은 빨리 헹궈 바로 버리고, 2~3번째 물은 따로 보관해뒀다가 요리에 사용하면 좋아요. 요즘 쌀은 깨끗하게 나와서 여러 번 씻지 않아도 괜찮습니다. 3~5회 손으로 가볍게 문질러 씻어요.

❷ 쌀 불리기

쌀을 불리면 쌀의 호화(녹말에 물을 넣어 가열할 때에 부피가 늘어나고 점성이 생겨서 풀처럼 끈적끈적하게 되는 현상)를 도와 소화 및 흡수가 잘 되며, 찰지고 맛있는 밥이 완성됩니다. 햅쌀의 경우, 물에 씻은 쌀을 체에 밭쳐 30분 정도 두면 되고요. 묵은 쌀의 경우, 쌀 양의 약 1.5배 정도의 물에 30분~1시간 가량 담가 불려주세요. 너무 오래 불려도 좋지 않아요.

❸ 밥 짓기

불린 쌀과 동량의 물을 붓고 밥을 지어요. 불린 쌀 1컵에 물 1컵이면 됩니다. 불리지 않은 쌀을 그대로 사용하려면 쌀 부피의 1.25배 물을 붓고 밥을 하면 돼요. 쌀 1컵에 물 1¼컵이면 됩니다.

❶ 전기밥솥으로 밥 짓기

무엇보다도 간편한 방법이에요. 불린 쌀과 적당량의 물을 넣고 원하는 모드를 설정한 뒤에 취사 버튼만 누르면 끝!

❷ 냄비로 밥 짓기 (무쇠솥밥 & 뚝배기)

소량으로 밥을 지을 때 편해요. 불린 쌀과 같은 양의 물을 넣고 뚜껑을 닫아 강불에서 끓여요. 약 2분이 지나면 부르르 끓기 시작하는데 그때부터 뚜껑을 아예 열거나 냄비에 반쯤 걸쳐놓고, 중불로 줄여서 계속 끓입니다. 그로부터 3분 뒤 물이 쌀 표면까지 줄었을 무렵에는 약불로 줄이고 뚜껑을 닫아 약 5분 정도 더 끓이고 불을 끈 뒤 10~15분간 뜸을 들여요.

TIP 누룽지 만들기

· 누룽지 밥을 만들고 싶다면 냄비밥 마지막 과정, 즉 약불에서 5분이 아닌 7~8분으로 늘리면 돼요. 자연스럽게 바닥의 밥이 눌러 누룽지가 만들어져요.

· 남은 밥으로 누룽지를 만들고 싶으면 팬 위에 밥을 얇게 깔고 약불에서 앞뒤를 바삭바삭하게 구워주면 됩니다. 주걱으로 살살 눌러주면서 누룽지가 되는 과정을 살펴가며 만들어주세요.

매실청

HOW TO MAKE

1 매실 꼭지를 이쑤시개로 딴 뒤 물에 깨끗이 씻어 물기를 완벽히 제거해요.
2 매실과 설탕을 동량으로 준비한 뒤 유리병에 켜켜이 담아요.
3 병을 밀봉한 뒤 서늘한 곳에 보관해요. 공기가 중간중간 통할 수 있도록 뚜껑을 가끔 열어 가스를 빼주세요. 설탕이 잘 녹을 수 있도록 틈틈이 유리병을 굴려주세요.
4 약 100일이 지나면 매실 건더기를 건져내요. 소분해서 냉장 보관해 두고두고 먹어요.

READY

매실 3kg, 설탕 3kg

TIP 활용법
음식의 단맛을 낼 때 설탕 대신 사용해요. 고기 요리에 넣으면 육질이 부드러워져요. 소화가 안될 때 물에 타먹어도 좋아요.

레몬청 · 라임청

HOW TO MAKE

※ 라임청도 레몬청과 같은 방식으로 만들면 돼요.

1 레몬을 굵은 소금으로 문질러 씻어내요. 그 다음 베이킹소다로 박박 문질러 여러 번 씻어주세요. 레몬 껍질에 묻은 농약을 깨끗하게 제거하는 과정입니다.
2 물기를 완벽히 제거한 뒤 레몬을 얇게 통 썰어요. 씨는 다 빼주세요. 씨가 들어가면 레몬청이 써요.
3 레몬과 설탕을 섞은 뒤 여러 번 저어서 설탕을 완벽히 녹여주세요. 그 다음 유리병에 옮겨 담아요. 냉장고에 넣고 일주일 뒤부터 드세요. 설탕이 녹지 않은 상태로 냉장고에 넣으면 안 돼요.

READY

레몬 1kg, 설탕 1kg

TIP 활용법
무침요리나 비빔국수 등에 넣으면 새콤달콤한 맛이 증가돼요. 생선조림에 레몬청에 있는 레몬 건더기 하나를 넣으면 비린내를 잡을 수 있어요. 탄산수과 얼음을 추가해 에이드로 마실 수도 있어요.

돈가스

돼지고기 등심 800g, 밀가루 2컵, 계란 3개, 빵가루 3컵, 파슬리가루
1큰술, 마늘 2~3개, 당근 · 양파 · 소금 · 후추 약간씩

HOW TO MAKE

1

돼지고기는 통으로 사와서 잘
라 쓰거나 돈가스용으로 사와
고기망치나 칼로 두드려 힘줄
을 끊고 넓게 펴주세요. 800g
을 사왔더니 저는 총 14장이
나왔어요. 소금과 후추를 골고
루 뿌려두세요.

2

빵가루는 파슬리가루와 섞어
요.

3

마늘, 당근, 양파는 잘게 다져
섞은 뒤 계란물에 섞어주세요.

4

고기 앞뒤로 밀가루를 골고루
묻힌 뒤 탈탈 털어서 계란물에
퐁당 빠뜨려 적셔요.

5

마지막으로 빵가루를 골고루
묻혀주세요.

TIP 활용법

- 완성된 돈가스는 봉지나 랩으로 개별 포장한 뒤 용기에 담아 냉동 보관
해요.
- 고기 밑간(소금+후추)이 세면 돈가스를 튀길 때 튀김옷이 쉽게 벗겨져요.
밑간은 약하게 하세요.
- 빵가루는 건식이나 습식 어느 것이든 좋아요. 건식의 경우엔 튀기기 전 분
무기로 물을 살짝 뿌린 뒤 튀겨주세요.
- 냉동실에 보관한 돈가스를 바로 튀기면 속은 안 익고 겉만 타버려요. 먹기 전에 냉장실에서 자연 해동시
킨 뒤 튀기세요.

함박스테이크(미트볼)

1

양파, 당근, 마늘은 모두 잘게 다져요.

2

달군 팬에 올리브유를 두르고 강불에서 마늘을 볶다가 향이 올라오면 당근을 넣고 볶아요. 당근이 반 정도 익으면 양파를 넣고 같이 볶아요. 양파가 투명해질 때까지요.

3

다 볶은 채소는 넓게 펼쳐서 완전히 식혀주세요. 덜 식히면 나중에 고기와 섞을 때 고기가 익어버려요.

4

볼에 다짐육(소고기, 돼지고기)과 빵가루, 계란 노른자, 볶은 채소, 나머지 재료를 넣고 전부 섞어요.

5

한 덩어리(약 150g)를 떼내 뭉쳐서 치대요. 크기는 취향껏 조절하세요. 많이 치댈수록 구웠을 때 흐트러지지 않는 함박스테이크가 돼요. 동글납작하게 빚은 패티는 가운데 부분을 살짝 눌러 주세요. 가운데가 두꺼우면 잘 익지 않아요.

READY

돼지고기 다짐육 200g, 소고기 다짐육 250g, 당근 ⅓개, 양파 ½개, 마늘 3~4개, 빵가루 1컵, 계란(노른자만) 2개, 맛술 1큰술, 우스타소스 1큰술, 올리브유 2큰술, 소금 · 후추 약간씩

TIP 활용법

- 함박스테이크 패티는 냉장고에 1시간 정도 두었다가 바로 구워먹어도 되고, 하나씩 랩으로 싸서 냉동실에 보관했다가 먹어도 돼요. 대신 먹기 전날이나 적어도 몇 시간 전에는 냉장실로 옮겨 자연 해동시킨 뒤 조리하세요.

- 이 반죽으로 크기를 작게(약 20g 정도) 동글동글 빚으면 귀여운 미트볼이 됩니다.

무엇이든 물어보세요 Q & A

🌿 가장 많이 하는 질문 BEST 3!

❶ 두부에서 물이 나오지 않게, 맛있게 굽는 법

1 두부를 적당한 크기로 잘라서 키친타월을 깔고, 그 위에 펼쳐요.

2 소금을 솔솔 뿌리고 그 상태로 1~2분간 두면 두부에서 수분이 배어 나와요. 키친타월로 톡톡 두드려 물기를 제거하고, 뒤집어서 소금을 솔솔 뿌려주세요.

3 팬을 달군 뒤 기름을 넉넉히 둘러요. 강불에서 두부를 올려 구워요. 두부가 노릇노릇 바삭하게 구워지면 뒤집고, 겉면이 딱딱해질 때까지 두었다가 불에서 내립니다.

TIP 두껍게 자른 두부는 이렇게 강불에서 겉면을 바삭바삭하게 만든 뒤 약불로 줄여 안까지 골고루 익혀주세요.

❷ 바삭하고 촉촉하게 생선 굽는 법

1 생선은 머리와 지느러미를 잘 손질해두고, 살집이 두꺼운 생선은 등쪽에 칼집을 넣어주세요. 간이 되어있는 생선은 쌀뜨물에 담가 짠맛을 중화시키고, 간이 되지 않은 생선은 허브 소금을 솔솔 뿌려주세요.

2 팬에 기름을 둘러요. 살이 두껍거나 뻑뻑한 생선은 기름을 넉넉히 두르고, 갈치처럼 기름이 많고 얇은 생선은 조금만 둘러요.

3 생선은 껍질이 있는 면부터 구워요. 강불에서 튀기듯이 겉면을 빠르게 익혀요. 겉면이 노릇하고 단단해지면 뒤집어 반대쪽을 익혀요.

4 양쪽 겉면이 어느 정도 익어서 노릇해지면 약불로 줄이고 뚜껑을 덮어 속까지 익혀주세요.

❸ 계란프라이의 기술!

1) 겉이 바삭바삭한 계란프라이

팬에 기름 1큰술을 둘러요. 가스레인지의 기울기 때문에 팬의 특정한 곳에 기름이 고일 거예요. 거기에 계란을 톡 깨요. 반숙을 원하면 그대로, 완숙을 원하면 노른자 가운데를 톡 쳐서 터트려요. 중불에 두면 흰자 가장자리가 갈색으로 변하고, 흰자 대부분이 익었을 거예요. 그러면 뒤집어 나머지 면도 원하는 굽기로 익혀요.

2) 수란처럼 부드러운 반숙 계란프라이

팬을 달군 뒤 기름 1큰술을 둘러요. 그리고 키친타월로 팬에 코팅하듯 기름을 닦아내요. 불은 약불에 두고 계란을 조심스럽게 깨요. 흰자가 전체적으로 불투명해질 무렵 뒤집어요. 오래 두지 말고 흰자가 흘러내리지 않는다면 바로 내려요. 한쪽 면만 익힌 반숙 계란프라이를 원하면 뒤집는 과정을 생략해도 돼요. 숟가락을 이용해 노른자를 가운데로 살살 이동시키면 노른자가 정 중앙에 위치한 예쁜 프라이가 된답니다.

TIP 계란 맛있게 삶기

계란은 삶기 30분 전에 냉장고에서 꺼내요. 냄비에 계란과 물을 처음부터 같이 넣습니다. 물 양은 계란이 잠길 정도면 돼요. 여기에 소금과 식초를 조금씩 넣어요. 계란은 70도 정도의 낮은 온도에서도 익기 때문에 팔팔 끓이지 않아도 돼요. 팔팔 끓이면 계란끼리 부딪혀 깨지기도 한답니다. 작은 방울이 보글대는 정도에서 익히면서 계란을 저어주면 노른자가 가운데 쏙 들어오는 예쁜 계란이 돼요. 불을 켜는 순간부터 약 9~10분 정도면 흰자만 익은 반숙 계란이 되고요. 15~16분이면 노른자까지 단단히 익은 완숙 계란이 돼요. 저는 11분 정도가 좋더라고요.

🧑‍🍳 초보 요리사가 가장 궁금해하는 기초 요리 상식 BEST 3

1 소면 삶기

1 냄비에 물을 매우 넉넉히 담아 끓이고, 끓어오르면 소면을 펼쳐 넣어요.
2 물이 끓어오를 때마다 찬물을 조금씩 넣으며 4분간 삶아주세요.
3 삶아진 면은 찬물에 넣고 손으로 비벼 헹궈주세요. 체에 받쳐 물기를 짝 빼주세요.

TIP 국수를 바로 먹지 않을 때는 삶은 소면에 참기름 1작은술을 넣어 버무려두세요.

2 파스타면 삶기

1 냄비에 물을 담아 끓이고, 끓어오르면 파스타면을 펼쳐 넣어요. 이때 올리브유 1큰술과 소금 ½큰술을 넣어주세요.
2 면이 서로 달라붙지 않게 잘 저어가며 8분 정도 끓여주세요. 정확한 시간은 파스타면 봉지에 적힌 것을 참고하세요.

TIP 파스타를 바로 먹지 않을 때는 삶은 파스타면에 올리브유 ½큰술을 넣어 버무려두세요.

3 간장 · 식초 사용법

1) 간장

양조간장, 진간장, 왜간장 모두 같아요. 사용할 때는 산분해공법이 아닌 자연숙성으로 만든 간장을 선택하는 게 좋아요. 일반적으로 요리책에서 말하는 간장은 진간장이에요. 색이 진하고 단맛이 나서 무침, 조림, 볶음 등 다양한 요리에 활용돼요. 국간장은 진간장보다 옅지만 짠맛이 강해서 찌개나 국 등 국물요리에 주로 사용해요.

2) 식초

일반적으로 많이 쓰는 양조식초는 어떤 요리와도 잘 어울리는 깔끔한 식초예요. 그에 비해 현미로 만든 식초는 맛이 담백하지만 신맛은 조금 덜해요. 사과 등 과일로 만든 식초는 상큼한 향이 나니까 샐러드드레싱 등에 쓰면 좋고요. 사과식초는 양조식초보다 산도가 약해서 2배 식초를 이용해야 맛이 묽어지는걸 막을 수 있어요.

Q **고기 맛있게 재우는 법**(@urban_letoit)

갈비찜을 할 때 키위를 넣고 맛있게 먹었던 적이 있어요. 그래서 명절에도 키위를 넣고 하려고 주변 사람들에게 양을 얼마나 넣으면 좋을지 물어봤는데 키위를 넣으면 고기가 녹는다는 거예요. 절대 넣지 말라고요. 그 말에 키위를 안 넣었는데 아이들이 먹기에 질긴 갈비찜이 되어버렸어요. 다음 번에는 키위를 꼭 넣고 싶거든요. 고기 재울 때 키위를 활용하는 법, 양은 얼마나 넣어야 하는지 등등 주의해야 할 것이 있을까요?

A **고기를 연육하는 방법은 여러 가지가 있어요.** 고기용 망치로 두드리거나 칼끝으로 지방질을 끊어주는 방법도 있고요. 연육작용을 돕는 과일을 이용하는 방법도 있지요. 일반적으로 사과, 배, 키위 등을 많이 사용하는데요. 그 중에서도 키위는 효과가 가장 스펙타클해요. 너무 많은 양을 쓴다거나 오래 재워두거나 하면 고기가 죽이 되어버리죠. 고기의 양과 질긴 정도에 따라 키위의 양과 재우는 시간을 조절해야 하니까 정확히 양을 딱 얼마라고 정해드리기는 어려워요. 처음부터 양을 많이 넣지 마시고 고기 상태를 보아 조금씩 추가하거나 시간을 늘리는 게 좋을 것 같아요. 대부분의 고기는 간이 되면서부터 질겨지기 시작하니까 질긴 고기는 처음부터 간을 하지 말고 한번 삶아낸 후에 간을 해서 조리하면 더 부드럽게 먹을 수 있어요. 보쌈의 경우 높은 온도부터 강-중-약으로 불을 줄여가며 익히면 더 부드럽고요. 고기는 결대로 자르면 더 쫄깃하고, 고기 결과 수직이 되게 자르면 부드럽게 먹을 수 있답니다.

Q **채소류 빠르게 씻는 노하우**(@lucidlyn)

나물이나 채소류 특히 상추를 씻을 때마다 힘들어 죽겠어요. 흐르는 물에 하나하나 씻다 보니 채소 씻다가 시간이 다 가버려요. 빠르고 쉽게 잎채소를 씻는 노하우가 있나요?

A **상추나 깻잎 등을 깨끗이 씻기가 의외로 힘들어요.** 특히 흙이 많은 시금치 등은 씻다 보면 시간도 오래 걸리고 손도 너무 시리고요. 많은 양의 채소를 씻어야 할 땐 일단 큰 볼에 물을 넉넉히 받으세요. 그리고 채소를 풍덩 담근 후 5~6잎씩 모아 줄기 끝부분을 잡고 물속에서 살살 흔들어요. 그러면 많은 양의 흙이 떨어져나갑니다. 이렇게 물을 바꿔가며 2~3번만 반복하세요.

Q **냉이 손질법**(@lhj_happyhouse)

매년 봄이면 냉이 넣고 된장국도 끓이고, 무침도 하고 싶은데 냉이 손질이 어려워서 늘 주저하곤 해요. 쉬운 손질법이 있으면 좋겠어요.

A **냉이는 손질이 어렵지만 맛과 향이 좋아 포기하기 싫은 식재료예요.** 냉이를 사오면 일단 뿌리와 잎이 연결되는 부분에 흙이 묻어있는 부분을 칼로 긁어요. 이때 뿌리의 잔털도 긁어내면 더 좋고요. 뿌리가 두꺼운 냉이라면 세로로 칼집을 한번 넣어주세요. 누렇게 상한 잎들도 떼어내고요. 볼에 물을 넉넉히 받고 손질한 냉이를 담가 손끝으로 흔들어가며 씻어요. 물을 바꿔가며 3~4번 반복 씻어주면 깔끔하게 손질이 끝난답니다.

계란찜 맛있게 하기 (@galbijoa)

계란찜을 할 때마다 다 타버리고 잘 익지도 않더군요. 그 어떤 레시피를 보고 따라 해도 마찬가지예요.

계란찜은 쉬워 보이지만 막상 해보면 참 어려워요. 저도 새댁 시절 번번이 실패했었죠. 제일 중요한 건 계란과 물의 비율이에요. 계란의 양이 많을수록 많이 부풀어오르는 계란찜이 돼요. 또 전자레인지를 이용하는 간단 계란찜, 찜기에 쪄내는 부드러운 계란찜, 뚝배기에 하는 몽글몽글한 계란찜 등 종류도 다양해요. 뚝배기 계란찜은 계란 양의 반절 정도의 물을 넣고 잘 저어서 소금이나 새우젓으로 간해요. 채소 등을 다져 넣어도 좋고요. 강불에서 가끔씩 저어가며 몽글몽글하게 80% 정도 익히다가 뚜껑을 닫고 약불로 3분 정도 더 익혀요. 칙칙하는 소리를 내며 살짝 넘쳐 오를 때 불을 끄면 돼요. 만약 뚝배기 안에 80% 이상 차오르게 계란을 넣고 시작하면 뚝배기 위로 봉긋하게 올라오는 폭탄 계란찜이 된답니다.

전분 활용법 (@xoxo.jihyun)

전분을 넣으라고 써있는 레시피를 보면 혼란스러워요. 감자전분, 고구마전분 등 종류가 다양하잖아요. 뭘 써야 하며, 어떤 차이가 있는 건가요?

레시피를 보면 재료에 녹말가루, 전분가루 등이 자주 보여요. 녹말가루나 전분가루는 같은 말인데, 그 안으로 들어가면 성분이 달라지죠. 보통 감자전분, 고구마전분, 옥수수전분 등 여러 가지가 있어요. 모두 비슷한 듯 조금씩 달라요. 일단 가격 면에서는 옥수수 전분이 싼 편이고요. 바삭함의 정도는 옥수수-고구마-감자 순으로, 쫄깃함의 정도는 그 반대로 생각하시면 돼요. 소스를 걸쭉하게 만들거나 농도를 조절할 때는 어떤 전분가루를 쓰던 상관없어요. 전분과 물을 1:1로 섞어서 요리에 조금씩 부어가며 농도를 맞춰주면 됩니다.

요리 순서의 공식 (@jayeon.j)

결혼한지 갓 1년이 지난 요리 초보 새댁입니다. 저는 레시피를 보며 요리를 하는데도 자꾸 순서를 까먹어요. 꼭 정해진 순서가 있는 건 아니겠지만 기본적인 룰 같은 게 있나요? 예를 들면 간을 할 때는 간장, 소금, 설탕 순으로 넣어야 좋다든지 하는 것들이요.

분자가 큰 양념부터 넣는 것이 공식이라면 공식이지요. 설탕-소금-식초-장류. 이 순서를 알고 있으면 좋아요. 맨 마지막엔 향을 내는 참기름이나 후추 등을 넣고요. 하지만 이것이 모든 요리에 적용되는 건 아니랍니다. 깍두기 등을 담글 땐 붉은색을 잘 내기 위해 고춧가루를 먼저 넣기도 하거든요. 요리에 따라 조금씩 다르답니다.

 고기 누린내 잡는 법 (@bluegirlmy0704)

저는 10년 차 주부인데요 저도 웬만한 음식 만드는 건 두렵지 않으나 돼지고기두루치기는 너무 넘기 힘든 벽인 거 같아요. 왜!! 항상 냄새가 나는지… 냄새 안 나게 하는 방법은 다 써봤는데 그래도 냄새가 나요. 그래서 저희는 두루치기는 집에서 안 해먹습니다. 냄새 안 나게, 맛있게 요리할 수 있는 방법이 있을까요?

 고기에서 냄새가 나는 이유는 여러 가지가 있어요. 신선하지 못한 고기를 샀거나 냉동 고기를 잘못 해동했을 때 냄새가 나기도 하고요. 핏물을 제대로 제거하지 않아 냄새가 나기도 해요. 무엇보다도 숙성이 잘된 좋은 고기를 사는 것이 가장 좋겠죠. 그러나 부득이하게 냉동을 하게 되었거나 냉동고기를 사왔다면, 일정한 온도에서 해동시키세요. 바깥에 그냥 두면 기온 차이에 의해 고기가 상할 수 있으니 먹기 전날 밤에 냉장실로 옮겨 자연 해동시키는 것이 가장 좋아요. 뼈가 많은 고기라면 특히 핏물을 잘 빼줘야 합니다. 찬물에 담가 물을 여러 번 바꿔가며 핏물을 빼주고요. 생강, 통후추, 통마늘, 청주 등을 넣고 한번 삶아낸 후 조리하는 것도 냄새 제거에 도움이 됩니다. 얇은 고기나 다진 고기는 키친타월로 꾹꾹 눌러 핏물을 빼내요.

TIP 생선 비린내 안 나게 하는 법!
일반적으로 많이 하는 방법은 쌀뜨물에 담가놓는 거예요. 간이 된 생선이라면 짠맛도 중화되기 때문에 좋답니다. 이밖에 우유나 식초물 또는 청주물에 담가놓거나 레몬즙을 뿌려 놓는 것도 비린내 제거에 도움이 됩니다. 또, 생선 요리를 한 팬이나 조리도구는 찬물에 세척해야 비린내가 사라져요.

 찜 & 탕 물의 양 조절법 (@yigu22)

갈비찜이나 닭도리탕 같은 요리들 양념 비율 맞추는 게 너무 어려워요. 하다 보면 물이 한강이 되어있고, 양념 양을 줄이면 졸아있고…도와주세요.

 요리 초보 시절에 가장 많이 하는 실수예요. 국물 조절이 잘 안 된다면 처음에 적은 양의 물에서 조리를 시작하는걸 추천해요. 부족한 국물을 채우는 건 어렵지 않지만 물 양을 줄이려고 계속 끓이다 보면 재료가 너무 익어 식감을 망칠 수 있어요. 특히 고기류는 한번 고기를 데쳐내고 조리하면 적은 양의 물로도 조리할 수 있어요. 양파나 무 등 물기가 있는 채소와 함께 조리하면 자체 수분으로도 충분히 조리가 가능하기도 하고요.

 요리 순서 정하기 (@onew121418)

한 상 가득 차리려면 요리를 여러 가지 동시에 해내야 하는데, 저는 요리 초보이다 보니 시간관리도 어렵고 이거 하다 저거 태우고, 이거 준비하다 저거 잊고 난리가 나더라고요. 제이맘님은 이런 상황에서 성공적으로 요리하실 수 있었던 꿀팁 같은 것이 있었나요?

 식어도 상관없는 밑반찬 등을 먼저 만들고요. 손이 느리다면 국을 먼저 끓여 놓았다가 나중에 데워서 마지막에 내는 게 좋겠어요. 숨이 죽으면 맛이 없는 무침류는 양념만 미리 만들어 놓았다가 먹기 전에 바로 무쳐서 내면 좋겠죠?

갈비찜에 기름이 고이지 않는 법, 잡채 당면 맛있게 삶는 법, 해물찜 물 생김 방지와 콩나물의 숨 살리는 법

(@_food_haven_)

저는 친정 어머니가 일찍 돌아가셔서 어려서부터 밥을 했는데, 요리 한번 배워본 적 없고 늘 어딜가나 사람들을 먹여야 하는 운명이어서 많은 책을 읽어가며 혼자 배웠습니다. 그래서 늘 요리가 야매 스타일이에요. 너무 기초적인 질문 같아 누구에게도 묻지 못했던 3가지예요... 1) 갈비찜을 하면 늘 기름이 많이 나와요. 오래 삶아 기름을 걸러내도 양념이 배도록 끓이면 또 기름 한 바가지... 기름이 고이지 않는 갈비찜은 어떻게 하나요? 2) 잡채의 당면을 부드럽고 탱글거리게 유지하는 비법이 있나요? 삶아서 볶아도, 그냥 볶아도 덕지덕지 들러붙어요. 3) 해물찜은 어떻게 해야 물 생김과 콩나물의 숨 죽음을 방지할 수 있나요? 새댁도 아닌 헌댁의 용기 있는 질문이었습니다.

---

1) 일단 밑손질이 중요해요. 가위로 기름이 많은 부분은 잘라내고 사용하세요. 뼈가 붙은 고기는 핏물 제거를 잘 해야 냄새가 안 나고요. 갈비를 한번 익힌 뒤 찬물에 뼛가루와 불순물을 헹궈낸 후에 양념을 해서 조리를 하면 기름기가 많이 사라져요.

2) 당면은 곧장 삶는 것보다 물에 불렸다가 조리하면 훨씬 맛있어요. 찬물에 당면을 30분 정도 불렸다가 삶거나 볶아 잡채를 만들어보세요.

3) 콩나물은 익힐 수록 물이 생겨요. 숨도 많이 죽고요. 채소류는 남은 열로도 충분히 익기 때문에 조리 후 팬에 오래 두지 마시고 곧장 그릇에 옮겨 담으세요. 90% 정도 익었을 때 마무리하면 먹기 딱 좋은 상태가 돼요.

자주 사용하는 식재료 보관법 (@leemiseon87)

얼마 전에는 찌개하고 남은 두부를 냉장고에 넣어놓고 몇 일 후에 봤는데 두부가 상했더라고요. 이런 기본적인 것들을 잘 모르겠어요. 찌개를 하고 남은 당근, 양파, 애호박, 감자, 버섯 등 이런 재료들이요. 어떻게 씻고 어떻게 보관하는 건가요?

두부는 물에 담가 보관해야 해요. 물에 잠겨있지 않은 부분은 공기와 접촉하면 쉽게 상한답니다. 두부를 개봉하면 유통기한 내에 무조건 빨리 먹는 게 좋아요. 쓰고 남은 재료들은 공기와 접촉하지 않게 최대한 잘 밀봉해서 냉장 보관하고요. 진공포장기가 있다면 더 오래 보관할 수 있어요. 감자처럼 갈변하는 재료들은 물에 담가 보관하면 돼요. 뭐든 쓸 만큼만 손질해서 그때그때 소진하는 게 제일 좋겠죠. 미리 잘라 놓으면 아무래도 쉽게 망가져요.

손맛 듬뿍 담긴 **김치 담그기**

김치의 풋내와 농도를 잡기 위한 필살기 **찹쌀 풀국**

찹쌀가루 1큰술, 물 1컵

1 냄비에 찹쌀가루와 물을 넣고 거품기로 잘 저어요.
2 바닥에 내용물이 눌러 붙지 않도록 중불에서 저어가며 끓여요.
3 윗면이 파닥파닥 끓어오르면 불을 끄고 완전히 식혀서 사용하세요.

국물까지 시~원하게 호로록 **열무얼갈이김치**

열무 1단, 얼갈이배추 1단
절임물 물 4컵, 굵은 소금 1컵
김치 양념 홍고추 5개, 고춧가루 3큰술, 풀국 1컵, 새우젓 2큰술, 다진 마늘 2큰술, 액젓 4큰술

TIP 열무와 얼갈이는 최대한 손을 많이 닿지 않는 것이 좋아요. 많이 뒤적이면 김치에서 풋내가 난답니다. 절일 때도 통째로 절이세요. 김치가 익으면서 자연스럽게 국물이 생기지만 좀 더 국물이 넉넉한 열무김치를 만들려면 다시마 우린 물 1컵을 넣어주세요.

HOW TO MAKE

1 열무 머리 부분은 칼로 긁어 잔 뿌리와 지저분한 것들을 벗겨 내고, 머리가 작은 것은 그냥 잘라내요. 잎은 누런 부분을 떼어내고 상한 것은 칼로 잘라냅니다. 얼갈이는 머리를 잘라내고 상한 잎들을 잘라버려요. 다듬은 얼갈이와 열무는 물에 살살 씻어서 체에 받쳐 물기를 빼내요.

2 볼에 물과 소금을 넣고, 소금이 녹도록 잘 섞은 후 열무의 머리 부분이 폭 잠기게 눌러둬요. 30분 뒤에는 열무 전체를 담가 절여요. 얼갈이도 함께 절여주세요. 중간에 한두 번 뒤집으며 1시간 정도 더 절였다가 건져서 체에 받쳐 물기를 빼주세요.

3 절이는 동안 김치 양념을 만들어요. 홍고추를 커터기에 넣고 가는데, 잘 갈리지 않으면 물 1큰술을 넣고 갈아주세요. 홍고추 간 것과 나머지 양념 재료를 한데 섞어요.

4 열무에 김치 양념을 살살 발라줘요.

작은 알배기 배추 한 포기로 후다닥 **배추겉절이**

알배기 배추 1포기(큰 배추 ½포기), 쪽파 1줌
절임물 물 2컵, 굵은 소금 ½컵
김치 양념 찹쌀 풀국 ½컵, 다진 마늘 1큰술, 매실액 1큰술, 새우젓
1큰술, 액젓 3큰술, 고춧가루 3큰술

👨‍🍳 HOW TO MAKE

1

배추는 머리 부분을 칼로 잘라
내고 잎을 떼어낸 다음 **절임물**
에 절여요. 절이는 도중 한두
번 뒤집어주고, 배추 줄기 부분
을 구부렸을 때 부드럽게 휘면
다 절여진 거예요. 절인 배추는
물에 2~3번 헹구고 체에 밭쳐
둬요.

2

쪽파는 5cm 길이로 잘라요.

3

김치 양념 재료를 섞어요.

4

배추는 긴 것은 반으로 자르고
작은 것은 그대로 둬요. 줄기
부분이 크면 길게 반으로 갈라
주세요.

5

여기에 **김치 양념**을 넣고 무쳐
요. 이때 간을 보고 싱거우면
소금으로 간을 맞추세요.

6

쪽파를 넣고 한번 더 무쳐요.

알싸하게 매운맛이 매력적인 **파김치**

1
쪽파는 다듬어서 깨끗이 씻어 물기를 빼낸 다음 **절임물**에 머리 부분을 담가요. 저는 소금물이 아닌 액젓에 절여요.

2
한두 번 뒤집어가며 15분 정도 절이다가 파 전체를 **절임물**에 폭 잠기게 담가 15분간 둬요.

READY

쪽파 1단
절임물 액젓 5큰술, 물 2큰술
김치 양념 고춧가루 4큰술, 다진 마늘 1큰술, 다진 생강 ½큰술, 찹쌀 풀국 3큰술

3
볼을 기울여 절임물에 쓰인 액젓을 볼 귀퉁이로 모은 뒤 그 위에 **김치 양념**을 넣고 섞어요.

4
머리 부분에 양념을 잘 바르고 파란 잎 부분으로 볼을 닦아내듯 나머지 양념을 묻혀 버무려요. 한번 먹을 분량씩 묶어서 용기에 담아요.

간단하게 무쳐 바로 먹는 **부추김치**

1
부추는 다듬어 깨끗이 씻은 후 시들한 끝 부분을 잘라내고, 반으로 잘라요. 부추가 너무 길면 3등분 하셔도 돼요.

2
김치 양념 재료를 모두 섞어요.

READY

부추 1단
김치 양념 찹쌀 풀국 3큰술, 고춧가루 1큰술, 액젓 2큰술, 다진 마늘 1큰술, 새우가루 1작은술

3
여기에 부추를 넣고 무쳐요. 양념이 대충만 묻도록 살살 뒤집어가며 무쳐냅니다.

아삭한 맛이 오래 가는 **오이소박이**

1
오이는 깨끗이 씻어서 끓인 절임물에 30분 담가요. 오이를 구부렸을 때 약간 구부러지면 다 절여진 거예요. 뜨거운 물에 절이면 더 아삭해져요.

2
절인 오이는 물기를 뺀 뒤 양끝 3~4cm 정도 남기고 칼 끝으로 가운데 부분에 길게 칼집을 넣어요. 반대쪽으로도 한번 더 잘라요.

☺ READY

오이 5개, 소박이 소 2컵
절임물 물 3컵, 소금 ⅔컵

3
갈라진 부분에 소박이 소를 넣고, 손에 묻은 양념은 오이 겉면에 슬쩍 묻혀요.

TIP 소박이 소 만들기
소박이 소 부추 2줌(약 ¼단), 당근 약간(약 30g), 양파 1/4개
소박이 소 양념 찹쌀 풀국 3큰술, 다진 마늘 1½큰술, 고춧가루 5큰술, 액젓 3큰술, 새우젓 1큰술, 매실액 2큰술, 물 2큰술

1 부추는 2~3cm 길이로 송송 썰고, 양파와 당근도 같은 길이로 가늘게 채 쳐요.
2 부추, 양파, 당근과 **소박이 소 양념** 재료를 모두 섞어요.

씹는 소리마저도 군침이 싹 도는 **고추소박이**

1
고추는 절임물에 통째로 담가 1시간 정도 절여요. 아삭한 맛을 원하면 절이지 않아도 돼요.

2
절인 고추 가운데 부분에 길게 칼집을 넣어요. 고추 씨는 빼지 말고 그대로 두세요.

☺ READY

풋고추 10~15개, 소박이 소 1컵
절임물 물 2컵, 소금 3큰술

3
고추 속에 소박이 소를 채워 넣어요.

TIP 고추 소박이는 담그자마자 먹을 수 있어요. 너무 익으면 물컹해져서 맛이 없으니 조금씩 담가서 그때그때 먹도록 합니다. 만든 뒤 1~2시간 안에 바로 냉장고에 넣어 보관하세요.

PART 2
매일 먹어도 맛있어!
제이맘의
평일 밥상
DAILY HOMECOOK

간단하게 차려 먹는 만만한
평일 아침

ㄴ **ESSAY** 하루 중 가장 분주한 제이맘네 아침

ㄴ 전날 만들어 놓는 **밑반찬**

ㄴ **아침 국**

ㄴ **해장국**

하루 중 가장 분주한 제이맘네 아침 풍경

엄마 손이 제일 빨라지는 시간, 바로 식구들을 보내는 아침이지요. 속 편한 음식들로 든든하게 아침을 챙겨 먹이려 부엌이 참 분주합니다. 그뿐인가요? 남편과 아이 옷차림 점검부터 가방 챙기기까지… 가제트 팔이라도 등 뒤에 하나쯤 달려있으면 얼마나 좋을까 싶어요.

저는 아침에 일어나자마자 아이 학교의 점심 식단을 확인해요. 최대한 메뉴가 겹치지 않게 재빨리 머리를 굴리지요. 그리고 일단 밥을 안쳐요. 아침이니까 소화가 잘 되도록 부드러운 잡곡을 조금 넣어서 말이죠. 밥이 완성되는 시간은 25~30분 정도. 그 안에 따끈한 국을 끓이고 반찬을 차려 냅니다.

일단 국이나 찌개처럼 끓는 시간이 좀 걸리는 놈들부터 불 위에 안치고, 어떤 반찬을 함께 내면 좋을지 생각해요. 사골국 같이 기름진 국에는 김치류, 젓갈류 등을 함께 내고요. 매콤한 빨간 국물에는 속을 달래줄 수 있는 부드러운 계란이나 두부구이 등을 냅니다. 콩나물국이나 무국처럼 건더기가 간단한 국이라면 반찬은 생선구이나 고기류가 좋아요. 물론 바쁠 땐 냉장고에 쟁여둔 밑반찬이 효자지요.

"지안아~ 밥 먹자~", "지안 아빠~ 식사하세요~"

식탁 위에 반찬 세팅을 마치고 밥을 뜨며 집합을 외쳐요.

고래고래 소리를 질러도 한번에 나오는 법이 없어요. 모든 집의 아침이 그렇겠죠?

지안이는 수저를 놓고, 남편이 물컵에 물을 따르는 동안 저는 따끈한 국을 내옵니다.

정신 없는 아침식사 준비는 우리 가족이 수저를 들면서 비로소 평화로운 시간으로 전환됩니다.

생선 살을 발라주고 반찬을 밥 위에 올려주기도 해요.

식구들이 그릇을 깨끗이 비우고 나가는 날은 그렇게 뿌듯할 수가 없어요.

반면 시간에 쫓기거나 반찬 투정을 하다 남기고 가는 날은 하루 종일 찝찝하고 속상하고요.

이런 게 엄마의 맘이겠죠?

그리고 그 옛날 나의 엄마도… 그러셨겠죠?

전날
만들어 놓는
밑반찬

멸치씨앗볶음

⏱ 조리 시간 10분

🍵 2인분

밑반찬의 대표, 멸치볶음!
저는 조금 색다르게 만들어봤어요.
아이들도 편하게 먹을 수 있도록
잔멸치를 사용했고, 고소하면서도 오독오독
씹는 맛까지 느낄 수 있게끔
견과류도 듬뿍 넣어서요.

🧺 READY

잔멸치 2컵, 해바라기씨 1큰
술, 호박씨 1큰술, 건조 크랜
베리 1큰술, 식용유 2큰술,
다진 마늘 ½큰술

볶음 양념 맛술 1큰술, 간장
1큰술, 올리고당 ½큰술

🖐 HOW TO MAKE

1 팬에 잔멸치를 넣고 약불에서 1분간
볶아 비린내를 날려요. 다 볶은 멸치
는 체에 밭쳐 가루를 털어요.

2 팬에 기름을 두르고 다진 마늘을 볶
아요. 중불에서 10초간 휘리릭 볶아
은은하게 마늘 향을 내주세요.

제이맘의
홈쿡 TIP

멸치씨앗볶음과 밥을
조물조물 해서 주먹밥
을 만들면 멸치를 잘
안 먹던 아이들도 한 입씩 먹기 시작
해요. 김가루와 함께 뭉쳐 못난이 주
먹밥을 만들어 매운 음식과 함께 먹으
면 궁합이 굿!!

3 여기에 볶은 멸치를 넣고 30초간 뒤
적거리다가 견과류와 크랜베리를 넣
고 30초 더 볶아주세요.

4 **볶음 양념**을 부은 뒤 강불로 키우고
1분만 더 볶아주세요.

오징어채무침

⏱ **조리 시간** 15분
🍵 **2인분**

정말 쉬워요. 불을 전혀 쓸 필요가 없어
더운 여름날, 반찬거리가 없을 때마다
쓱쓱 무쳐 먹기도 한답니다.
저희 집은 맥주 안주로도 즐겨 먹기어요.
시원한 맥주 한 모금에 매콤 · 달콤 · 짭조름한
오징어채무침은 환상의 궁합!
더 이상 말이 필요 없어요!

🛒 READY

오징어채 2줌, 마요네즈 3
큰술

양념 고추장 1½큰술, 올리
고당 1큰술, 고춧가루 1큰술,
참깨 1작은술

🍳 HOW TO MAKE

1 오징어채는 가위로 대충 잘라주세
요. 서로 엉키지 않고 한입에 들어갈
정도면 돼요. 여기에 마요네즈를 넣
고 비닐 장갑을 낀 손으로 버무린 뒤
에 10분간 그대로 둡니다. 씹기 적당
할 정도로 부드러워질 거예요.

2 여기에 **양념** 재료를 모두 넣고 조물
조물 무쳐주면 끝이에요.

**제이맘의
홈쿡 TIP**
완성된 요리에 쪽파를
송송 썰어서 1큰술 정
도 넣으면 색다른 맛을
느낄 수 있어요.

매콤꽃새우볶음

⏱ 조리 시간 10분
🍚 2인분

육수를 만들 때 주로 사용하는
재료 중 하나가 꽃새우지요.
그런데 이 꽃새우는 그냥 볶아먹어도 맛있답니다.
매콤한 양념에 지글지글 볶아내면
이게 또 밥을 불러요.
제가 다이어트에 번번히 실패하는 이유이기도 해요.
간만 본다는 것이 만들면서
먹어 치우는 게 반이네요.

🧺 READY

꽃새우 4컵, 청양고추 3개,
홍고추 2개

볶음 양념 식용유 2큰술, 맛
술 2큰술, 간장 3큰술, 다진
마늘 1큰술, 고춧가루 1큰술,
설탕 2큰술

🍳 HOW TO MAKE

1 꽃새우를 약불에서 1~2분간 볶은 뒤
그릇에 옮겨 두세요. 이때 체에 밭쳐
잔가루를 털어내면 더 깔끔한 요리
가 돼요. 청양고추와 홍고추는 어슷
썰어주세요.

2 팬에 **볶음 양념** 재료를 모두 붓고, 강
불에서 바글바글 끓여줍니다.

3 양념의 윗면이 거품을 내면서 부르
르 끓어오르면 꽃새우와 고추를 넣
고, 30초간 재빨리 뒤적거린 뒤 바로
불을 꺼주세요.

크래미메추리알샐러드

⏱ **조리 시간** 20분
🍵 **2인분**

어느 날 마트에 갔더니 '꽃맛살'이라는 이름의
예쁜 맛살이 있더라고요. 이 예쁨을 그대로 살려
샐러드를 만들면 좋겠다 싶어 냉큼 사왔지요.
꽃맛살 대신 일반 크래미나 게맛살을 사용하셔도 돼요.
어차피 입에 들어가면 다 맛있는 맛이니까요.
저는 동글동글 메추리알도 넣었어요.

🧺 READY

꽃맛살 1줌, 메추리알 10개,
오이 ½개, 소금 2작은술, 마
요네즈 3큰술, 홀그레인 머
스터드 1큰술

🍳 HOW TO MAKE

1 오이를 물에 깨끗이 씻은 뒤 최대한
일정하고 얇게 통 썰어요. 오이 좋아
하시면 1개를 사용해도 상관없어요.

2 오이를 소금 1작은술에 절여주세요.
10분 뒤면 오이가 야들야들해질 거
예요. 이때 오이를 찬물에 헹궈서 물
기를 꽉 짜주세요.

3 볼에 오이, 꽃맛살, 삶은 메추리알,
마요네즈, 홀그레인 머스터드까지
전부 넣어요.

4 내용물이 잘 섞이게 살살 저어줍니
다. 오이에 짠맛이 배어있어서 소금
간은 따로 하지 않았어요. 싱거우면
소금 1꼬집으로 간을 맞춰 드세요.

**제이맘의
홈쿡 TIP**
메추리알과 맛살을 잘
게 잘라 빵 속에 넣으
면 맛있는 달걀 샌드위
치가 완성됩니다!

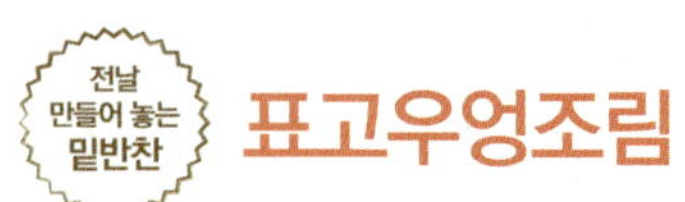

전날 만들어 놓는 밑반찬

표고우엉조림

조리 시간 50분
2인분

이번 반찬은 조리는 시간이 좀 걸려요. 시간이 넉넉할 때 만들어두는 것이 좋겠어요.
우엉의 아삭함과 표고버섯의 쫄깃한 식감을 동시에 느낄 수 있답니다.
거의 다 먹고 조금밖에 남지 않았을 때는 잘게 다져서 주먹밥을
만들어 먹기도 합니다. 이게 또 별미라지요.

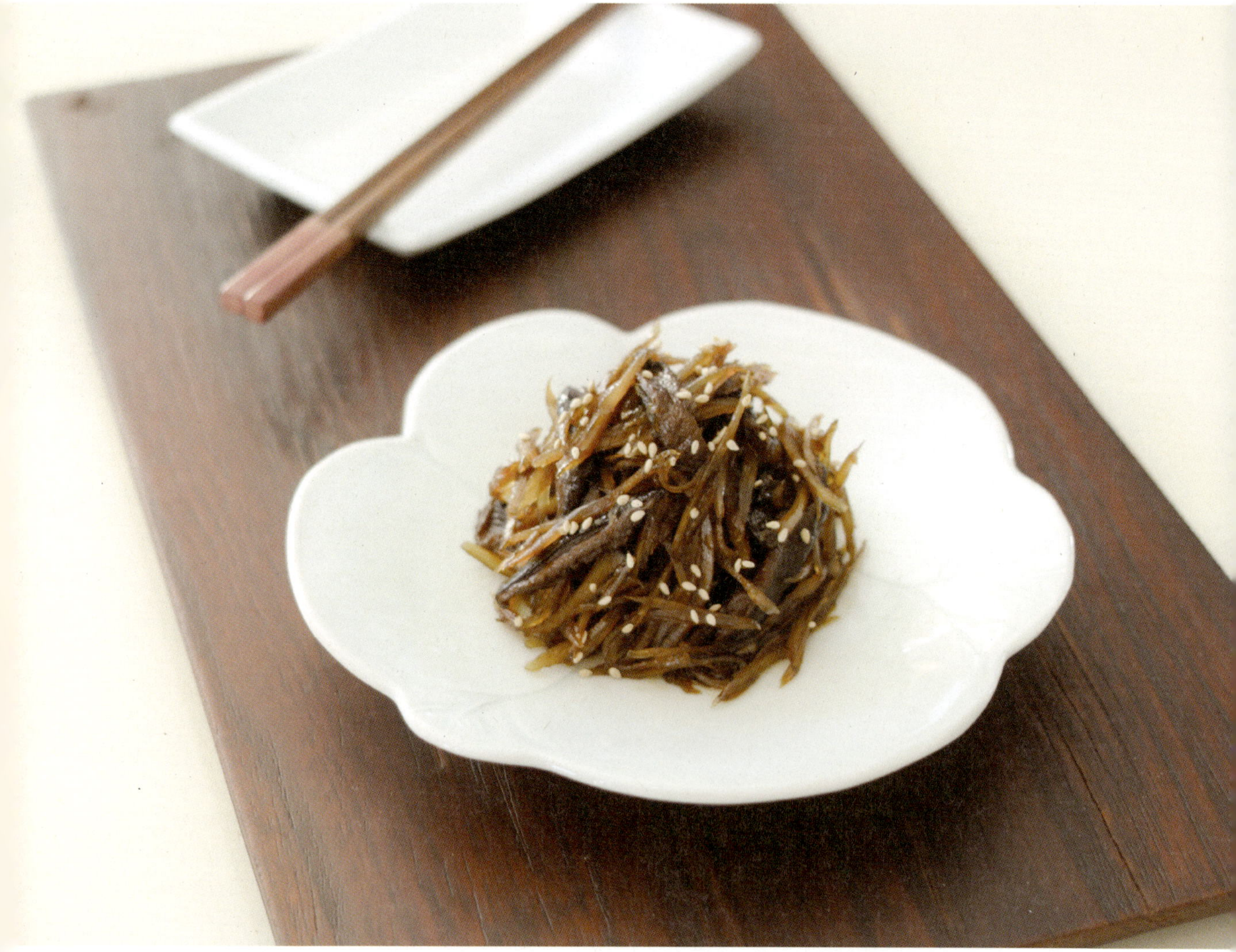

우엉 3대, 건표고버섯 1줌,
참깨 ½큰술

담금 식초물 물 2컵, 식초
3~4큰술
조림 양념 물 3컵, 맛술 1컵,
간장 ½컵, 물엿 ½컵, 다진
마늘 ½큰술

HOW TO MAKE

1 필러로 우엉의 껍질을 벗겨주세요.

2 껍질을 벗긴 우엉은 물로 한번 씻어
내고 어슷 썰어줍니다. 최대한 얇게
써는 것이 좋아요. 그리고 다시 채 썰
어주세요. 채 썬 우엉은 **담금 식초물**
에 10분 정도 담가 아린 맛을 제거해
줍니다.

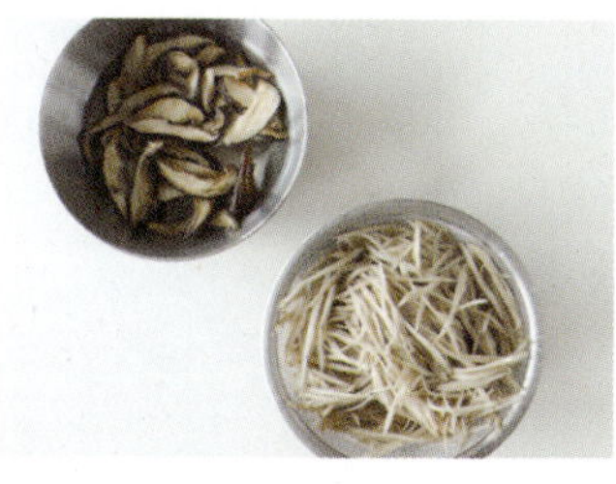

3 우엉을 건져 체에 밭쳐 물기를 빼주
세요. 건표고버섯은 물에 담가 1~2분
정도 불린 뒤 건져내 물기를 꽉 짜둡
니다. 너무 오래 담가두면 맛이 없어
요. 생표고버섯을 사용한다면 물에
불리지 않고 그냥 썰어만 주세요.

4 바닥이 두꺼운 웍에 **조림 양념**과 우
엉을 넣고 강불에서 팔팔 끓여요. 5
분 정도가 흐르면 끓어오를 텐데 이
때 중불로 줄이고 계속 끓입니다.

5 약 20분 뒤(양념의 양이 ⅓이 되었을
무렵) 표고버섯을 넣고 저어가며 계
속 조려주세요. 양념이 바닥을 보일
때까지 조리다가 마지막에 깨를 솔
솔 뿌려주세요.

완성된 반찬을 반찬 용기로 옮겨 담고 난 뒤 냄비에 남아있는 양념에 밥 한술 넣
고 비벼주세요. 여기에 화룡점정, 계란프라이 하나 얹으면 정말 기가 막히게 맛
있다는… 그러나 다이어트는 안녕~이라는 거….

전날 만들어 놓는 밑반찬

삼색장조림

조리 시간 50분
2인분

어릴 적 식탁 위에 장조림이 올라오면 저는 메추리알부터 쏙 골라먹곤 했어요. 그래서 저는 소고기장조림에 메추리알을 듬뿍 넣어요. 그리고 비장의 무기, 꽈리고추까지! 분명 한 가지 반찬만 만들었는데 마치 세 가지 반찬을 동시에 만든 것 같은 시너지가 생겨요. 짭조름한 장조림 국물은 밥이랑 비벼 먹어도 맛있죠. 요리하기 귀찮은 날, 저는 고기를 잘게 다져 주먹밥을 만들거나 버터를 넣고 비빔밥을 해먹기도 해요. 어떻게 먹어도 결론은 다 맛있다는 말이죠.

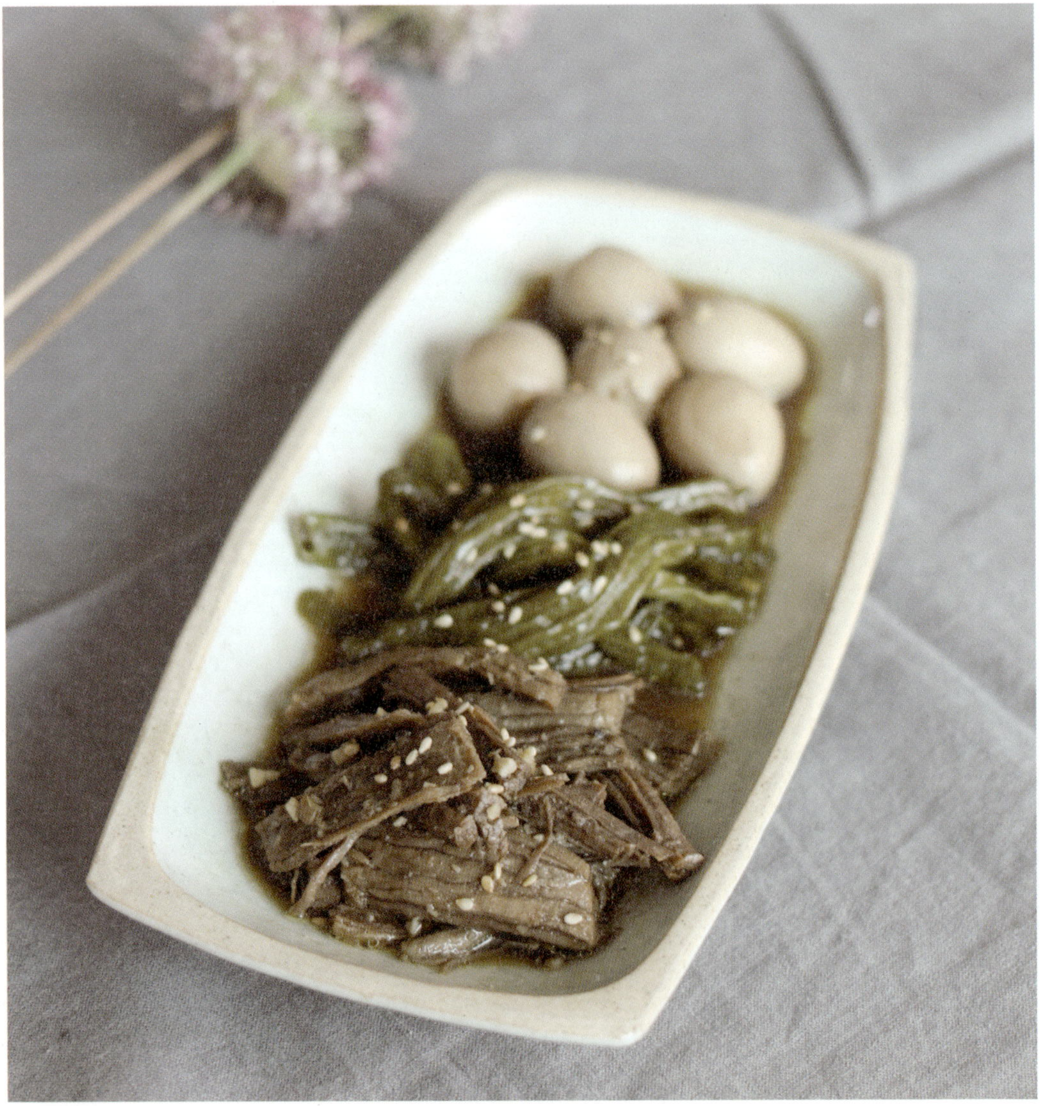

 READY

소고기 양지머리 300g, 메추
리알 1판(약 30개), 꽈리고추
1줌

고기 삶을 물 물 5컵, 통마늘
3개, 통후추 약 10개
양념 물 1컵(고기 삶은 물로
대체 가능), 청주 ½컵, 간장
½컵, 꿀 1큰술, 다진 마늘 ½
큰술, 표고가루 1큰술, 후추
약간

HOW TO MAKE

1 고기는 찬물에 30분간 담가 핏물을
빼주세요(p.20 참고). 중간에 물을 한
번 바꿔주면 더 좋아요.

2 그동안 메추리알을 삶아요. 냄비에
물을 넉넉하게 붓고, 소금 1작은술
을 넣어 강불에서 끓여주세요. 물이
끓기 시작하면서부터 5~6분 뒤에 찬
물로 옮겨 담아 껍질을 깝니다.

3 냄비에 **고기 삶을 물**을 넣고, 물이 끓
으면 고기를 퐁당 빠뜨려주세요. 뚜
껑을 닫고 중불에서 30분간 푹 삶아
줍니다.

4 메추리알, 깨끗하게 씻어둔 꽈리고
추, 먹기 좋은 크기로 찢어둔 고기까
지 세 가지 주재료가 드디어 한 자리
에 모였네요.

5 냄비에 **양념** 재료와 세 가지 주재료
를 넣고, 강불에서 끓여주세요.

6 바글바글 한번 끓어올랐을 때 불을
꺼요. 오랜 시간 조릴 필요가 없어
요. 가만히 둬도 간이 잘 배는 재료
들이거든요. 이 상태로 그냥 두세요.
1~2시간 뒤면 양념이 너무나 맛있게
잘 배어 있을 거예요.

제이맘의
홈쿡 TIP

• 한번 먹을 만큼씩 소분하여
냉장고에 넣어두면 더 오래
드실 수 있어요.
• 장조림 **양념**은 꿀 대신 물엿이나 설탕으로
대체가 가능합니다(꿀 1큰술=설탕 1½큰술).
• 소고기 대신 돼지고기 안심을 사용하셔도 좋
아요. 소고기는 쫄깃함이 으뜸이고, 돼지고
기는 더 부드럽게 먹을 수 있다는 게 장점이
지요. 저는 아이를 위해 주로 부드러운 돼지
고기로 만들어 먹어요.

전날 만들어 놓는 밑반찬

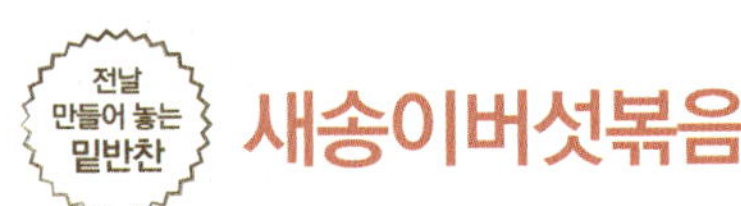

새송이버섯볶음

조리 시간 15분
2인분

우리 가족은 버섯을 유난히 좋아해 즐겨먹어요.
간단히 볶아 먹는 버섯볶음은 우리 집 단골 반찬 중 하나이지요.
특히 새송이버섯은 쉽게 구할 수 있고 가격도 저렴해서 참 만만한 식재료예요.
대충 쓱쓱 굽기만 해도 충분히 맛있고요. 저는 새송이버섯을 씹을 때
미끌미끌 쫀득한 식감이 너무나 좋아서 계속 찾는답니다.

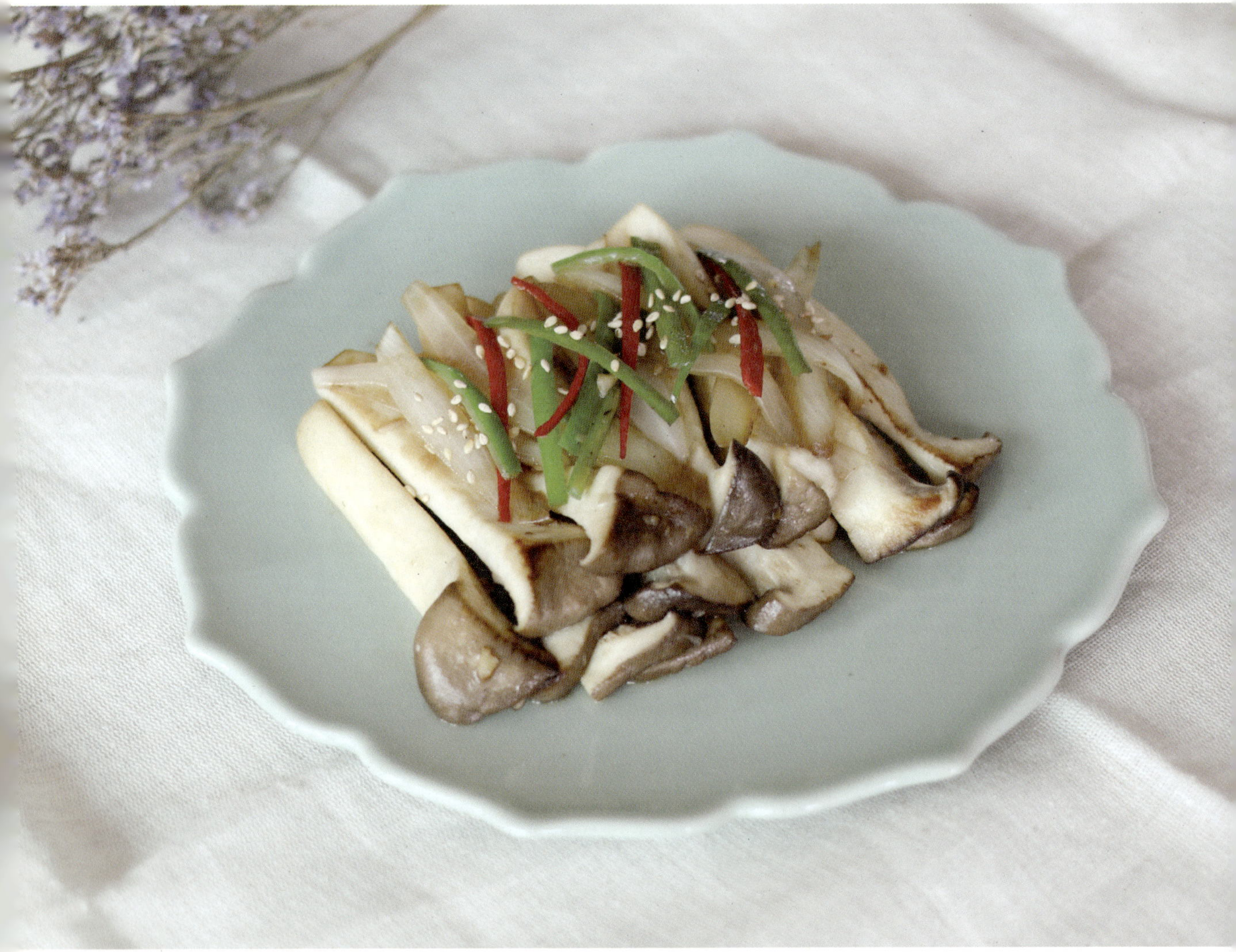

🍳 HOW TO MAKE

1 새송이버섯은 길게 반으로 자르고 반, 또 반으로 잘라요. 이렇게 총 3번을 자르면 단면이 부채꼴 모양이 될 거예요. 양파는 굵게 채 썰고, 청고추·홍고추는 씨를 빼고 가늘게 채 썰어주세요.

2 팬을 30초간 예열한 뒤에 들기름을 두르고, 버섯과 양파를 넣어 강불에서 10초간 볶아요. 들기름은 끓는점이 낮기 때문에 빠른 시간에 휘리릭 볶는 게 관건입니다.

3 여기에 **볶음 양념**을 붓고 버섯 겉면이 살짝 노릇하게 익을 정도로 재빨리 볶아줍니다. 너무 오래 볶으면 마늘이 타고, 버섯의 식감이 죽어요.

4 채 썬 고추를 넣고 한번 더 뒤적여요.

5 양파가 투명해지고 버섯 모서리가 갈색 빛으로 변할 무렵 팬을 불에서 내려주세요. 팬에 남아있는 열로 재료의 숨이 더 죽기 때문에 살짝 덜 익혔다는 느낌이 들 정도로만 볶아야 해요. 총 볶는 시간이 1분 정도 걸린다고 봐야 해요.

제이맘의 홈쿡 TIP

- **볶음 양념**에 소금 대신 새우젓 국물을 넣으면 감칠맛이 업그레이드!
- 매콤하게 즐기고 싶다면 들기름 대신 고추기름으로 볶아보세요.
- 들기름과 버섯의 향만으로도 맛있게 먹을 수 있으니 간을 세게 하지 마세요.
- 새송이버섯 대신 다른 버섯으로 대체하셔도 맛있답니다. 대신 두께가 얇은 버섯을 사용할 경우 양파를 더 얇게 채 썰고, 더 짧은 시간 내에 볶아주세요.

애호박새우젓볶음

⏱ **조리 시간** 10분

🥄 **2인분**

볶음 요리에 새우젓을 넣으면 소금으로
간했을 때보다 감칠맛이 깊어져요.
감칠맛이라는 게 간이 맞고 안 맞고를 떠나
계속 입에서 당기는 그런 맛이잖아요.
'어랏? 특별한 맛은 아닌데 자꾸 먹고 싶네?' 하는…
이 반찬이 바로 그래요.
마법을 부리는 양념을 넣지 않았는데
자꾸만 생각나는 그런 반찬입니다.

🧺 READY

애호박 ½개, 양파 ¼개, 홍
고추 1개, 새우젓 1작은술,
들기름 2큰술

🍳 HOW TO MAKE

1 애호박은 반달 썰기해요. 양파도 비
슷한 두께로 채 썰고, 홍고추는 어슷
썰기해요.

2 팬을 30초간 예열한 뒤에 들기름을
두르고, 양파와 호박을 넣어 강불에
서 휘리릭 볶아줍니다.

• 너무 오래 볶으면 호박
이 물컹해져요. 불에서
내려도 남은 열로 익기
때문에 덜 익었다는 생각이 들 때 끝
내야 해요.
• 새우젓은 미리 넣으면 안돼요. 새우젓
이 타서 거뭇거뭇해지기 때문에 보기
에도 안 좋고 탄내가 나거든요. 호박
이 반쯤 볶아졌을 때 넣으면 호박에서
나온 수분 덕에 간도 잘 배고 깔끔한
호박볶음이 됩니다.

3 양파의 가장자리가 투명해지고, 호
박의 가운데 씨 부분이 약간 투명해
질 정도로 익으면 새우젓과 홍고추
를 넣어 한번 더 볶아요.

어묵볶음

⏱ **조리 시간** 10분

🍵 **2인분**

어릴 때 도시락 반찬으로 빠지지 않았던 거예요.
너무 익숙한 반찬이라 눈여겨 보진 않았는데,
이게 또 어떻게 요리하던지 간에 맛있는 맛을
내줘서 요리하는 맛이 난다고 할까요?
시중에 파는 어묵 종류가 다양하잖아요. 기분에
따라 어묵 종류를 달리해서 만들어보세요.
저는 젓가락으로 집어먹기 좋게 길쭉하게
썰어서 간단히 볶아내는 방법으로 만들어볼게요.

RECIPE

🧺 READY

사각어묵 3장, 양파 ¼개, 당
근 ⅛개, 식용유 2큰술

볶음 양념 굴소스 ½큰술, 다
진 마늘 ½큰술, 물엿 1큰술,
참깨(또는 검은깨) 약간

🍳 HOW TO MAKE

1 어묵을 길쭉하고 얇게, 양파와 당근
은 가늘게 채 썰어요.

2 팬을 30초간 예열한 뒤에 기름을 두
르고, 딱딱한 재료(당근-양파-어묵
순)부터 넣으며 강불에서 재빨리 볶
아주세요.

3 30초 정도 볶은 뒤에 **볶음 양념** 재료
를 넣고 30초만 더 볶아요. 마지막에
참깨를 뿌려드세요.

**제이맘의
홈쿡 TIP** 볶음 양념에 고춧가루
1작은술을 추가하면 매
콤한 어묵볶음이 돼요.

황태채무침

⏱ **조리 시간** 5분

🥣 2인분

황태를 빨갛게 무치면 맛깔스러운 반찬이 돼요.
물에 불렸다가 무쳐도 되고,
솥에 한번 쪄내서 촉촉하게 무쳐도 좋아요.
최고는 황태 본연의 맛을 느낄 수 있게끔
그대로 무쳐 먹는 거지요.
어떤 재료든 간에 열이나 강한 양념을 첨가하기보다
크게 손대지 않고 먹는 게 가장 맛있어요.
쫄깃한 황태채무침으로 그 맛을 온전히 느껴보세요.

🧺 **READY**

황태채 1줌

무침 양념 다진 마늘 1작은술, 간장 1작은술, 물엿 2작은술, 고추장 1작은술, 맛술 1작은술, 고춧가루 1작은술, 참깨 1작은술, 참기름 1작은술

🍳 **HOW TO MAKE**

1 황태채는 가늘게, 한입 크기로 찢어 주세요.

2 볼에 **무침 양념** 재료를 넣고 잘 섞어 줍니다.

3 여기에 황태채를 넣고 조물조물 무쳐주세요.

들깨무나물 

⏱ 조리 시간 10분

🍚 2인분

들깨는 기름을 짜 먹어도 좋지만 가루를 내면
고소한 맛과 풍미가 더 깊어지는 것 같아요.
그래서 전 들깨가루를 요리에 종종 사용합니다.
그 중에서도 소개할 반찬은 맛있는 걸로
둘째가라면 서러운 무나물에 들깨를 넣어 만든 거예요.
씹을수록 퍼지는 구수한 향에 취해서
평범한 무나물이 다시 보인다니까요.

RECIPE

🛒 READY

무(小) ⅓개, 들기름 2큰술,
들깨가루 1큰술, 다진 마늘
½큰술, 소금 1작은술

🍳 HOW TO MAKE

1 무는 가늘게 채 썰어요. 두께가 일정
하지 않으면 무가 익는 속도가 서로
달라져서 어떤 것은 푹 익어 부서지
고, 어떤 것은 익지 않아 살캉거려요.

2 팬을 30초간 예열한 뒤에 들기름을
두르고, 바로 무와 다진 마늘, 소금도
함께 넣어 강불에서 사정없이 달달
볶아요.

3 무를 눌러보고 잘 쪼개질 정도로 익
으면 들깨가루를 넣고 불을 꺼요. 그
리고 남은 열로 휘리릭 섞어내면 됩
니다.

**제이맘의
홈쿡 TIP**

무나물을 밥에 얹어 쓱
쓱 비비면 구수한 무밥
이 됩니다.

전날 만들어 놓는 밑반찬

고사리나물볶음

조리 시간 15분
2인분

고사리나물은 듬뿍 만들어 뒀다가 나중에 비빔밥에 넣으면 정말 맛있잖아요.
구수하기도 하고 담백하기도 해요.
씹을 때 나는 소리마저도 어찌나 맛있는지 말이에요.
열을 없애고 이뇨에 좋으며, 칼륨과 칼슘도 풍부하게 들어있다는 고사리나물!
투박하게 무쳐서 식탁 위에 올리면 시골 할머니가 차려준
밥상이 떠올라 마음이 따스해집니다.

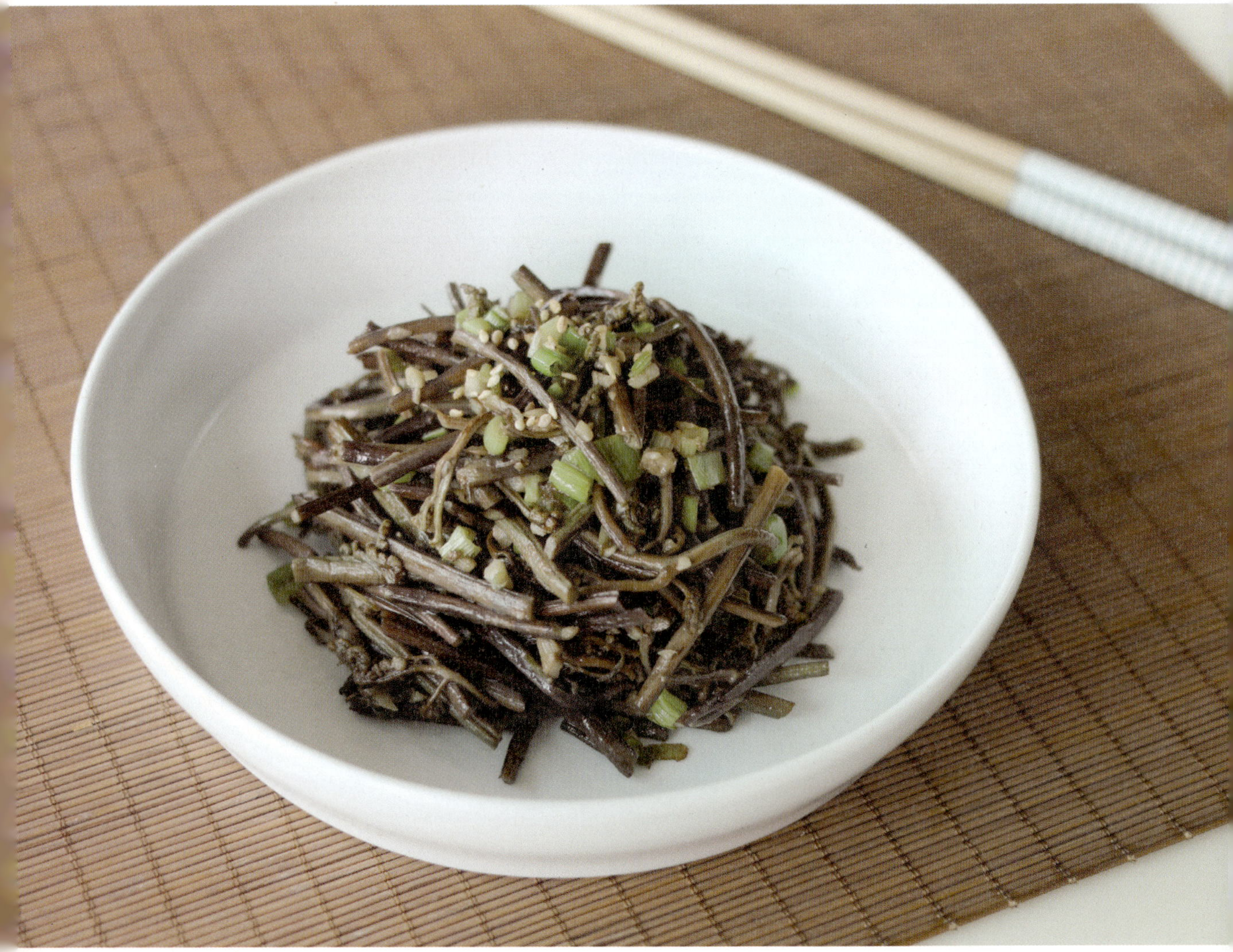

데친 고사리 3줌, 식용유 2큰술, 대파(흰 부분) 약 10cm, 다진 마늘 1큰술, 국간장 1큰술, 참기름 1큰술

🖐 **HOW TO MAKE**

1 고사리 손질(p.18 참고)해요. 고사리의 두꺼운 부분, 즉 끝부분은 질겨요. 그 부분은 잘라내고 6~7cm 길이로 잘라주세요.

2 대파는 잘게 다져요.

3 달군 팬에 기름을 두르고 다진 마늘부터 볶아 향을 내요.

4 마늘 향이 올라오면 바로 고사리와 국간장을 넣고 함께 볶아주세요. 중불에서 2~3분간 볶다가 물 3큰술을 넣고 1~2분 더 볶아요. 그럼 고사리가 촉촉하게 볶아집니다.

5 물기가 거의 사라져갈 때쯤 다진 대파와 참기름을 넣고 한번 더 볶아요.

전날 만들어 놓는 밀반찬

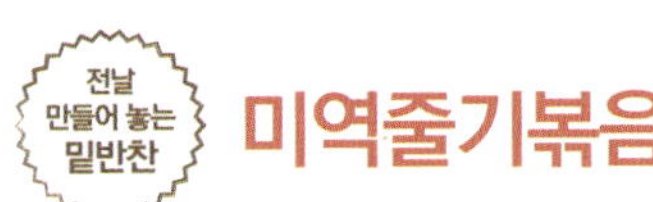

미역줄기볶음

조리 시간 10분
2인분

짭조름한 바다의 향을 오롯이 느낄 수 있어요.
오도독 오도독 씹는 맛이 특히나 좋지요.
만드는 과정은 쉽지만 의외로 맛 내기를 어려워하는 분들이 많아요.
간에 욕심내지 마시고 미역 자체의 맛을 최대한 살리는 것이 포인트랍니다.

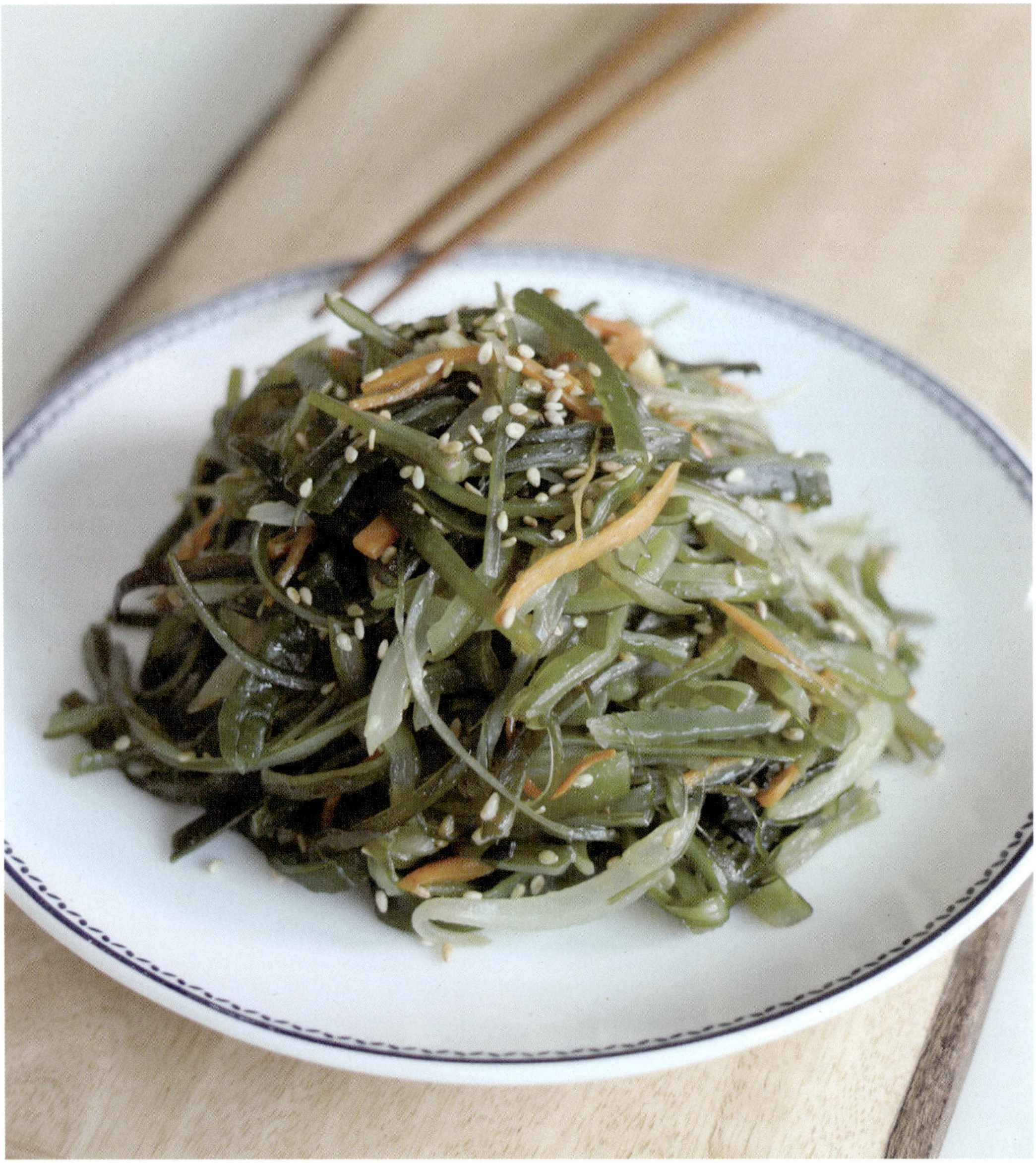

🧺 READY

염장 미역줄기 3줌, 당근 ⅛
개, 양파 ¼개, 식용유 2큰술,
다진 마늘 1큰술, 국간장 ½
큰술, 참기름 1큰술, 참깨 1
작은술

🍳 HOW TO MAKE

1 염장 미역줄기는 흐르는 물에 2~3번
헹궈 소금을 완전히 닦아내고, 찬물
에 10분간 푹 담가놓아요.

2 양파와 당근은 얇게 채 썰어요.

3 물에 담가 놓았던 미역줄기를 건져
손으로 꽉 짜 물기를 제거한 뒤 한입
크기로 썰어줍니다.

4 팬에 기름을 두르고 다진 마늘을 볶
아 향을 내주세요.

5 마늘 향이 올라오면 양파와 당근을
넣고 강불에서 살짝 볶아요.

6 여기에 미역줄기를 넣고 뒤적인 뒤
국간장으로 간해요. 맛을 보며 국간
장의 양을 조절하세요. 3~4분 정도
강불에서 달달 볶은 뒤 참기름과 참
깨를 넣어주세요.

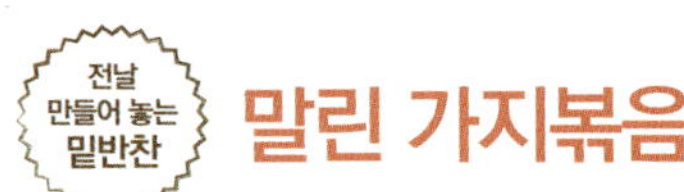

전날 만들어 놓는 밑반찬

말린 가지볶음

조리 시간 10분
2인분

가지의 물컹한 식감도 좋지만 저는 살짝 말렸을 때의 쫄깃한 식감을 더 선호합니다.
그래서 가지볶음을 하기 전에 가지를 말리는 과정을 꼭 거쳐요.
고추장 양념으로 약간 매콤하게 만들어봤어요. 만들기는 너무나 간단하지만
이거 하나만 있으면 밥 한 공기 뚝딱 문제도 아니랍니다.

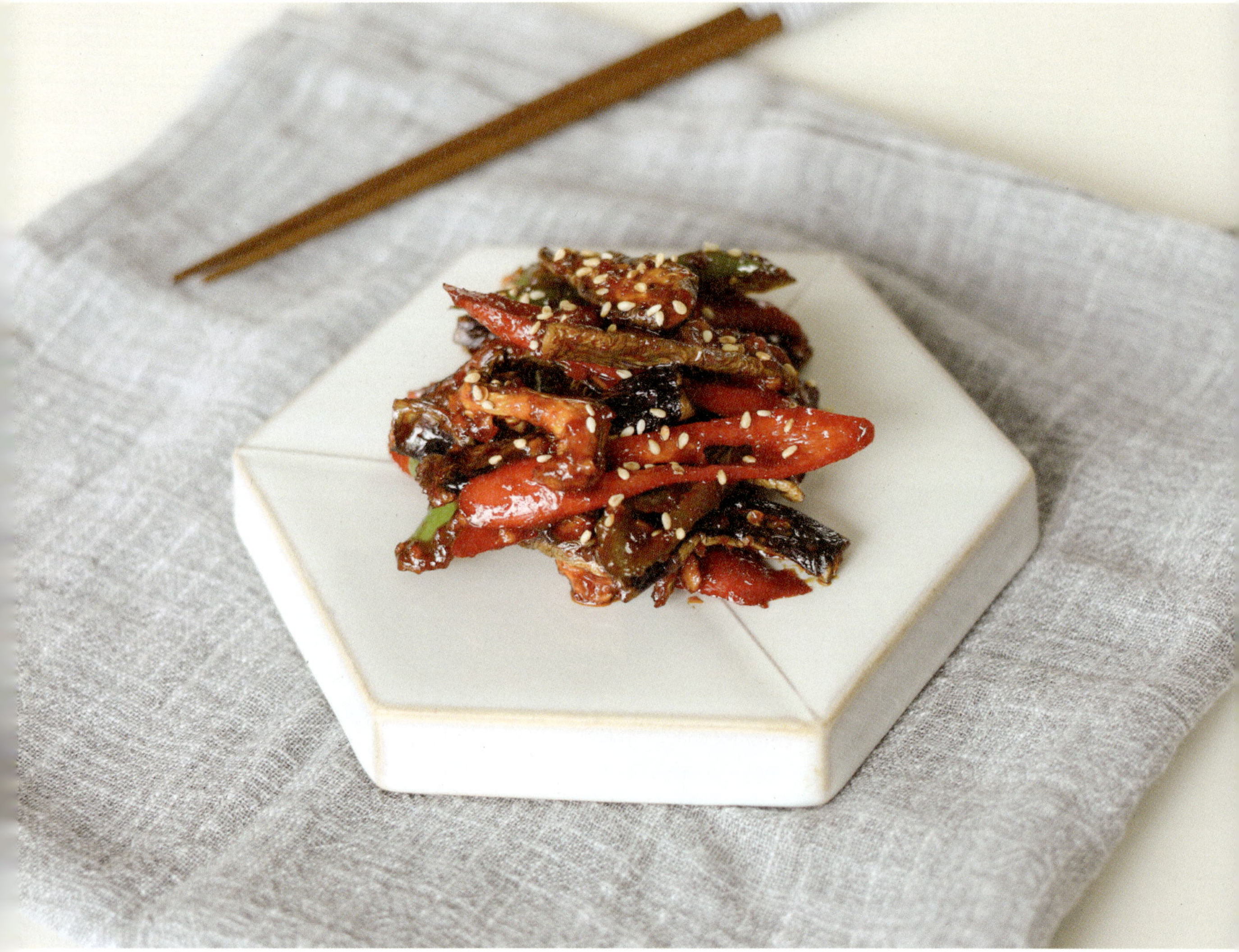

가지 2개, 청고추·홍고추 각 1개씩, 식용유 1큰술, 다진 마늘 ½큰술, 참기름 ½큰술

볶음 양념 고추장 ½큰술, 맛술 1큰술, 간장 1큰술, 설탕 ½큰술, 고춧가루 ½큰술

HOW TO MAKE

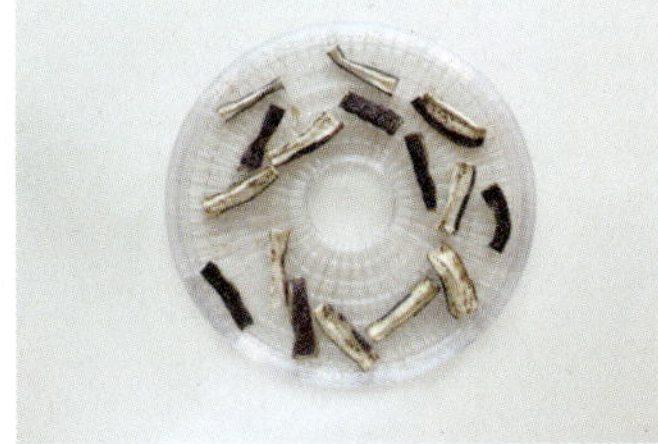

1 가지는 양끝을 잘라내고 3등분(긴 것은 4등분)한 후, 세로로 2번 잘라 주세요. 자른 가지는 건조기나 햇볕에 말려요. 바짝 말리지 말고 겉이 조금 쭈글쭈글해질 정도로 살짝 말리면 돼요.

2 **볶음 양념** 재료를 모두 섞어주세요.

3 청고추와 홍고추는 길게 어슷 썰기 해요.

4 달군 팬에 기름을 두르고 다진 마늘부터 볶아 향을 내요.

5 마늘 향이 올라오면 고추를 모두 넣고 강불에서 10초간 볶아줍니다.

6 여기에 **볶음 양념**을 붓고 바글바글 끓여요.

7 양념이 끓어오르면 가지를 넣고 30초만 더 볶아주세요. 불을 끈 뒤 참기름을 넣고 한번 뒤적여요.

깻잎장아찌

깻잎장아찌 하나면 밥 한 공기 뚝딱 일도 아니죠.
지금까지 흔하게 먹어왔지만 막상 해보려니 '내가 할 수 있을까?'
싶기도 하고, 귀찮은데 그냥 사 먹어버릴까 싶어요.
저는 처음에 깻잎장아찌를 시댁 어른께 배웠어요.
얼떨결에 방법을 전수받긴 했는데 생각했던 것보다 쉽고 간단해서 당황했어요.
'이게 다야?' 싶었거든요. 그런데 그 맛만은 정말 최고였어요!

HOW TO MAKE

1 깻잎은 잘 씻은 뒤 체에 밭쳐 물기를 빼내고, 줄기는 조금만 남기고 잘라 주세요.

2 당근, 양파는 가늘게 채 썰고, 마늘은 편 썰고, 고추와 대파는 송송 썰어주세요.

3 냄비에 **양념** 재료를 모두 넣고 강불에서 끓이다가 팔팔 끓어오를 때 **2**의 재료를 모두 넣어요.

4 다시 팔팔 끓어오르면 약불로 줄이고, 깻잎을 4~5장씩 집어서 양념에 2~3초씩 담갔다가 꺼내요.

5 양념에 담갔다 뺀 깻잎을 용기에 차곡차곡 담아요. 남은 양념도 식힌 뒤에 부어주세요.

무생채

⏱ **조리 시간** 10분
🍲 **2인분**

아삭아삭한 무생채가 상에 등장하는 날이면
어김없이 양푼이를 찾는 우리 가족.
큼지막한 양푼이에 밥이랑 애매하게 남은 각종
나물들, 무생채 한 주먹 덜어 넣고 고추장 2큰술,
참기름으로 고소한 향까지 더해 쓱쓱 비벼 먹지요.
양푼이 속에서 숟가락 전쟁이 일어납니다.

🧺 READY

무 두께 약 3cm, 고춧가루 1
큰술, 액젓 1큰술, 다진 마늘
1큰술, 다진 파 1큰술, 깨소
금 약간

🍳 HOW TO MAKE

1 무는 가늘게 채 썰어요.

2 채 썬 무에 고춧가루를 넣고 버무려
요. 고춧가루로 미리 버무리면 무가
빨갛게 물들어 더 먹음직스러운 빛
깔이 됩니다. 5분 정도 두세요.

겨울 무는 물이 많고
달아 그 자체만으로도
단맛을 낸답니다. 인위
적으로 내는 단맛이 아니라 훨씬 맛이
좋아요. 만약 무가 맛이 없다면 설탕
이나 매실액 1작은술을 넣어 단맛을
내주세요.

3 여기에 나머지 재료를 모두 넣고 무
쳐주세요.

고추멸치국물조림

⏱ 조리 시간 10분

🍲 2인분

자잘한 멸치를 바삭바삭하게 볶아 만든 조림은
우리 집 식탁의 단골손님이에요. 그러나 가끔
지겨울 때면 큼직한 멸치를 사다가 꽈리고추듬뿍
넣고 매콤한 국물에 자작하게 조려내기도 하죠.
일반적인 멸치조림과는 또 다른 향과 맛이
일품이에요. 밥에 쓱쓱 비벼 먹어도 맛있답니다.

🧺 READY

중멸치 1줌, 꽈리고추 15개

조림 양념 물 ½컵, 고춧가루
½큰술, 국간장 2큰술, 식용
유 1큰술, 다진 마늘 ½큰술,
물엿 1큰술, 맛술 1큰술

🍲 HOW TO MAKE

1 마른 팬에 손질한 멸치(p.20 참고)를
넣고, 약불에서 1분 정도 볶아 비린
내를 날려주세요. 볶은 멸치는 체에
밭쳐 가루를 털어냅니다.

2 냄비에 **조림 양념** 재료를 모두 넣고
강불에서 바글바글 끓여요.

3 양념이 끓어오르면 멸치와 꽈리고추
를 넣고 한번 휘저어요. 다시 한번 끓
어오르면 불을 꺼요.

너무 오래 끓이면 멸치
가 모두 풀어지고 고추
도 푹 익어버려 맛이
없어요. 한번 끓어올랐을 때 바로 불
을 끄면 남은 열로 고추가 익기 때문
에 먹기 딱 좋은 상태로 완성됩니다.

전날 만들어 놓는 밑반찬

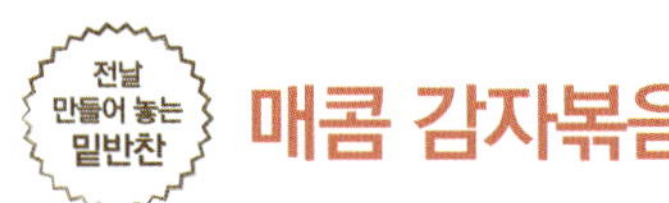

매콤 감자볶음

조리 시간 15분
2인분

반찬하기 귀찮은 날 있죠?
주방에 한두 개씩 쟁여놓는 감자로 후딱 반찬 하나 만들어 볼까 해요.
빨간 볶음 양념을 만들어서 조리듯 볶아내면 밥 위에 얹어
쓱쓱 비벼 먹을 수도 있어요. 냉장고에 들어갔다가 내와도 정말 맛있지요.
이 반찬 하나면 오늘, 내일 반찬은 걱정없어요.

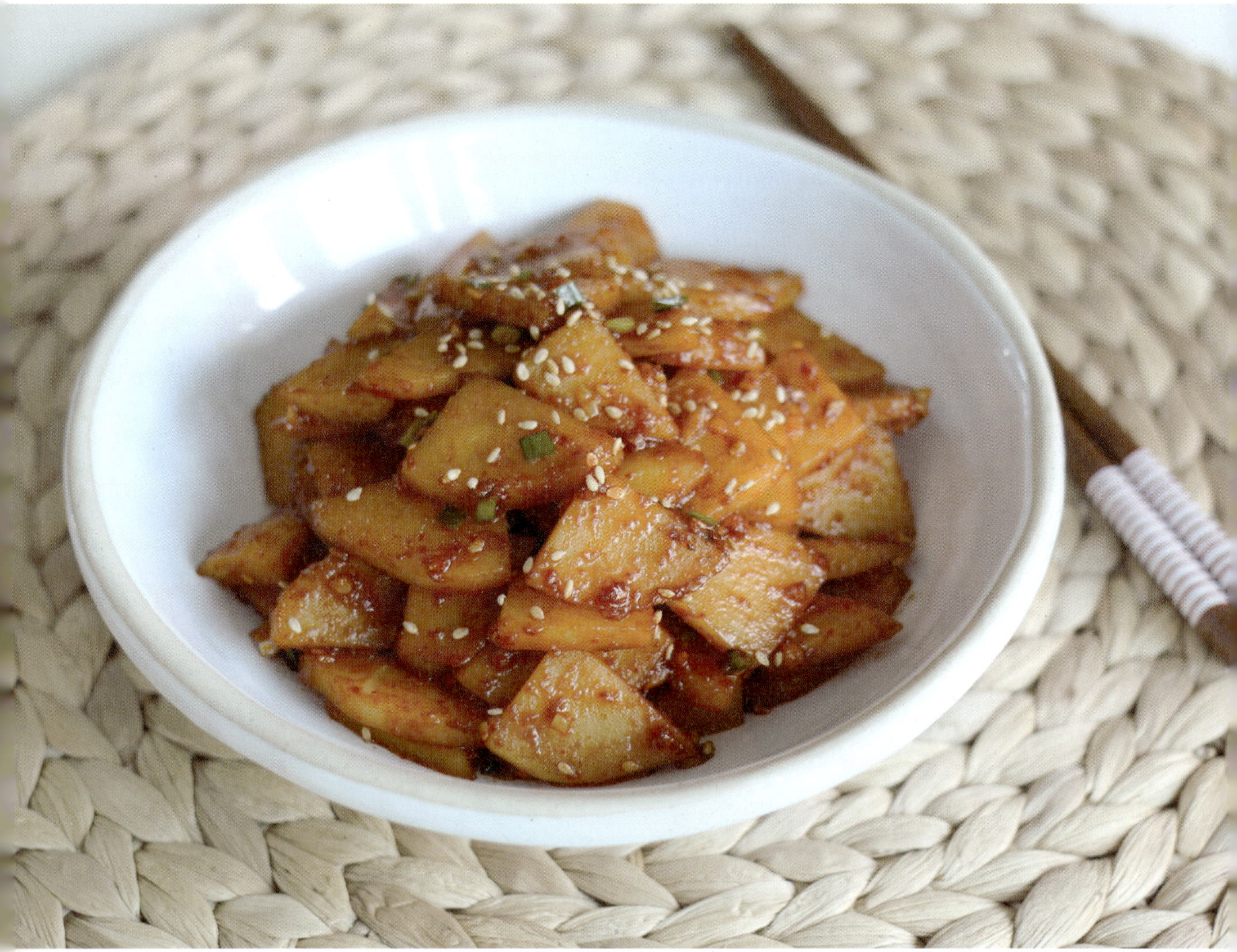

감자(中) 2개, 식용유 2큰술,
대파 약간

볶음 양념 간장 2큰술, 고춧
가루 1큰술, 설탕 ½큰술, 맛
술 1큰술, 다진 마늘 ½큰술,
식용유 1큰술, 물 3큰술

HOW TO MAKE

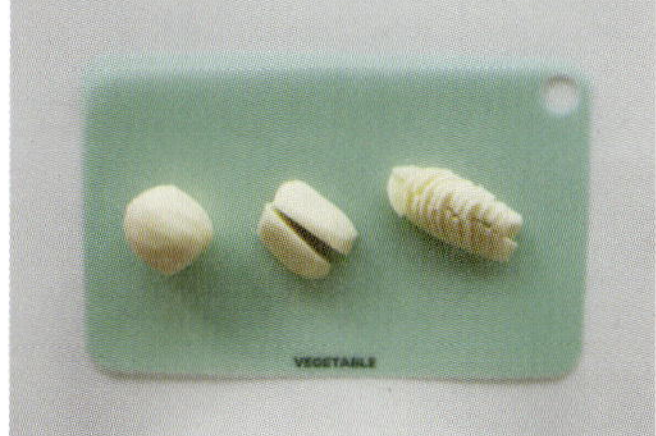

1 감자는 4등분한 뒤 얇게 은행잎 썰기
해요. 일정한 두께로 잘라주세요. 두
께가 다르면 익는 속도가 달라져요.

2 감자는 찬물에 5분간 담가두었다가
체에 받쳐 물기를 빼주세요. 감자의
전분을 빼내는 과정으로 이 과정을
거치지 않으면 볶는 과정에서 감자
가 쉽게 부서질 수 있어요.

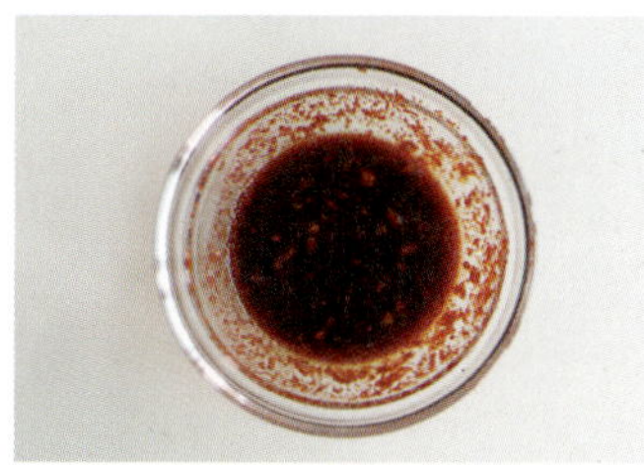

3 **볶음 양념** 재료를 모두 섞어주세요.

4 달군 팬에 기름을 두르고 감자를 볶
아요. 중불에서 감자 가장자리가 투
명하게 익어갈 때까지 3~4분간 볶아
주세요.

5 감자가 80% 정도 익은 것 같으면 **볶
음 양념**을 붓고 계속 볶아요. 간이 골
고루 배도록 저어가며 국물이 없어
질 때까지 조리면 돼요.

6 마지막으로 대파를 송송 썰어넣어요.

콩나물장아찌

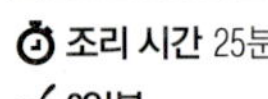
조리 시간 25분
2인분

콩나물 2봉지

절임물 간장 2컵, 물 2컵, 설탕 1컵, 식초 1컵

콩나물은 쉽게 구할 수 있는 재료지만 오래 보관하는 것이 힘들어 한 봉지 사오면 그때그때 소진해야 하죠? 이럴 땐 맛있는 콩나물을 오래 보관할 수 있는 장아찌를 만들어보세요. 비빔밥이나 비빔국수 등에 활용해 먹을 수도 있어요.

✊ HOW TO MAKE

1 콩나물은 끓는 물에 뚜껑을 연 채로 살짝 데쳐요. 2분 정도가 적당해요.

2 데친 콩나물은 곧장 찬물에 헹구고 체에 물기를 받쳐둬요.

3 물기가 빠지는 동안 절임물을 끓입니다. 절임물 재료를 모두 냄비에 넣고 팔팔 끓여주세요. 강불에서 끓이다가 바글바글 끓어오르면 바로 불을 끄고 식혀요.

4 열탕 소독한 유리병에 콩나물을 차곡차곡 담아요.

5 절임물을 유리병에 부어주세요. 바로 냉장고에 넣어 보관하고 만든 지 하루 뒤부터 드실 수 있어요.

제이맘의 홈쿡 TIP

• 물이나 이물질이 들어가지 않게 덜어서 드시는 게 좋아요. 냉장 보관 시에 3~4개월까지 보관이 가능합니다. 만약 콩나물장아찌를 더 오래오래 먹고 싶으면 만든 지 3~4일 뒤에 유리병 속 절임물을 다시 냄비에 따라내 다시 한번 끓여주세요. 완전히 식힌 뒤에 다시 콩나물 병에 부어 냉장 보관하시면 돼요.

• 고기 먹을 때 곁들이거나 밥이나 국수에 비벼먹어도 되고, 장아찌 국물은 부침개 간장을 만들 때 활용하세요.

아침 국

소고기미역국

조리 시간 25분
4인분

아침 식사로 따끈한 국에 밥 한술 말아 먹으면 하루 종일 든든하잖아요.
간편하게 끓이는 미역국이에요.
만드는 법은 간단하지만 맛은 간단치 않은 뽀얀 국물의 미역국!
가족들의 생일을 깜박 잊고 있었다가 아침에 허둥대며 생일상을 차려낼 때도
이 조리법이면 순식간에 맛 좋고 영양가 높은 미역국이 뚝딱 완성됩니다.

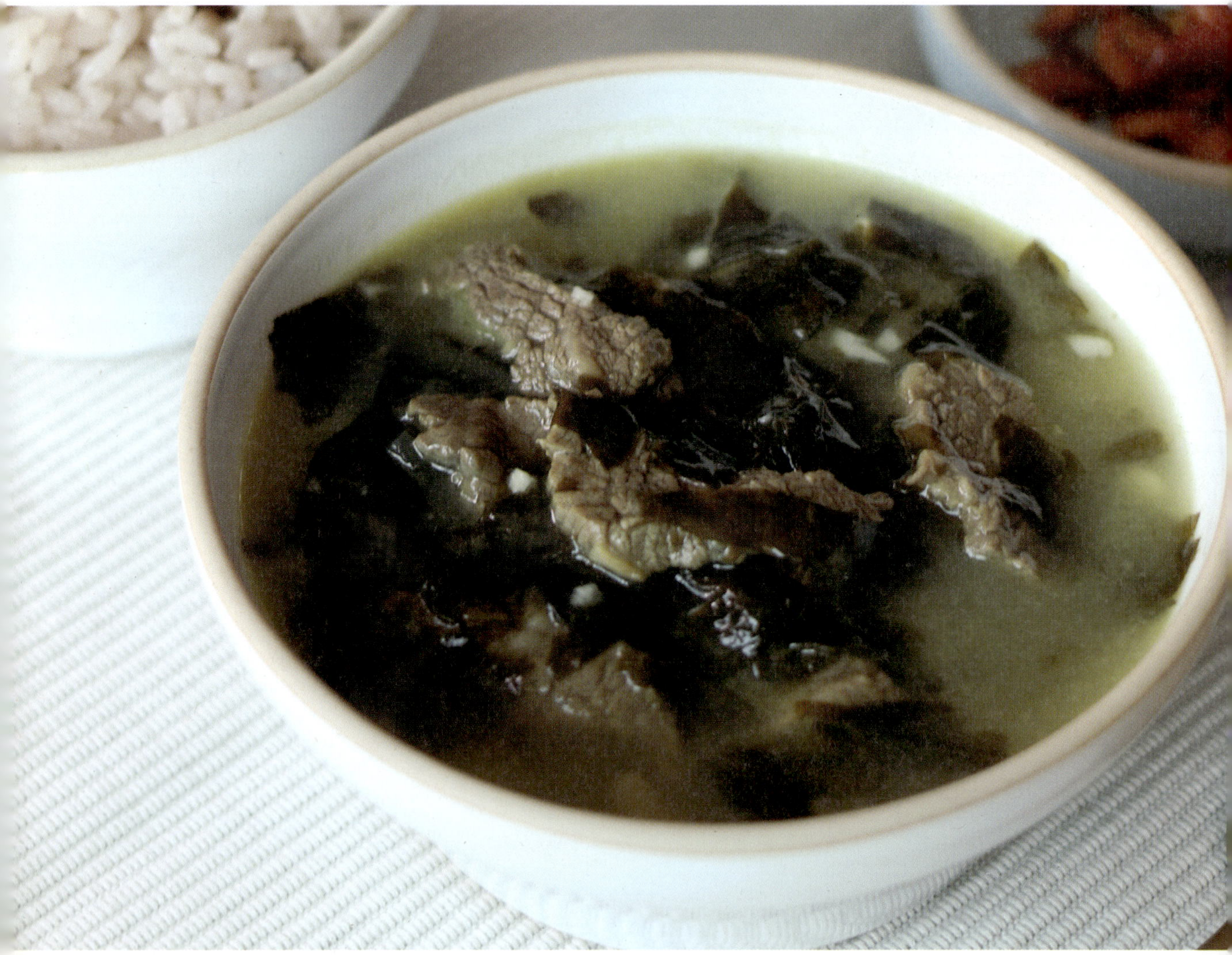

소고기 양지(또는 양지갈비) 약 300g, 말린 미역 1큰술(약 20g), 들기름 2큰술, 다진 마늘 ½큰술, 물 10컵, 소금 ½큰술

🍳 HOW TO MAKE

1 미역은 물에 10분 정도 불려요. 전날 미리 불려도 좋고요. 불린 미역은 물에 헹군 뒤 물기를 꾹 짜고, 먹기 좋은 크기로 잘라주세요.

2 고기는 한입 크기로 자르는데, 고기의 결과 반대(수직 방향)로 썰어주세요. 결대로 썰면 씹을 때 질겨요.

3 냄비에 들기름과 미역, 고기와 다진 마늘을 넣고, 손으로 조물조물 해주세요.

4 강불에서 달달 볶아요. 고기 겉면이 익고 미역에서 뽀얗게 물이 배어 나오기 시작할 때까지 볶아주세요.

5 물 2컵만 부어서 뒤적여주세요. 뽀얀 국물이 더 진해질 거예요. 강불에서 바글바글 3분 정도 끓여주세요.

6 나머지 물을 모두 붓고 뚜껑을 닫아 강불에서 끓입니다. 국이 끓기 시작하면 중불로 줄이고, 10분 더 푹 끓인 뒤에 소금으로 간하세요.

제이맘의 홈쿡 TIP

· 미역은 불면 양이 20배 정도 늘어나니까 아주 조금만 불려주세요.

· 물을 나눠 넣으면 국물이 더 잘 우러 나와요.

아침 국

소고기뭇국

조리 시간 20분
2인분

시원하고 맑은 국이 당기는 날~ 역시 소고기뭇국이죠!
우리 집 아침 밥상에 자주 올라오는 국이기도 해요.
쉬워 보이지만 잘못 끓이게 되면 국물이 까매지거나 씁쓸한 맛이 나기도 한다는 거!
경험해보신 분들 꽤 많으실 거예요. 저 역시 그랬으니까요. 두 번 다시 같은 실수
반복하지 않도록 철저하게 준비한 쉽고 빠르고 맛있는 소고기뭇국 레시피입니다.

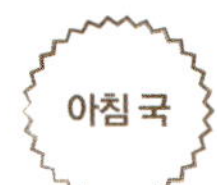

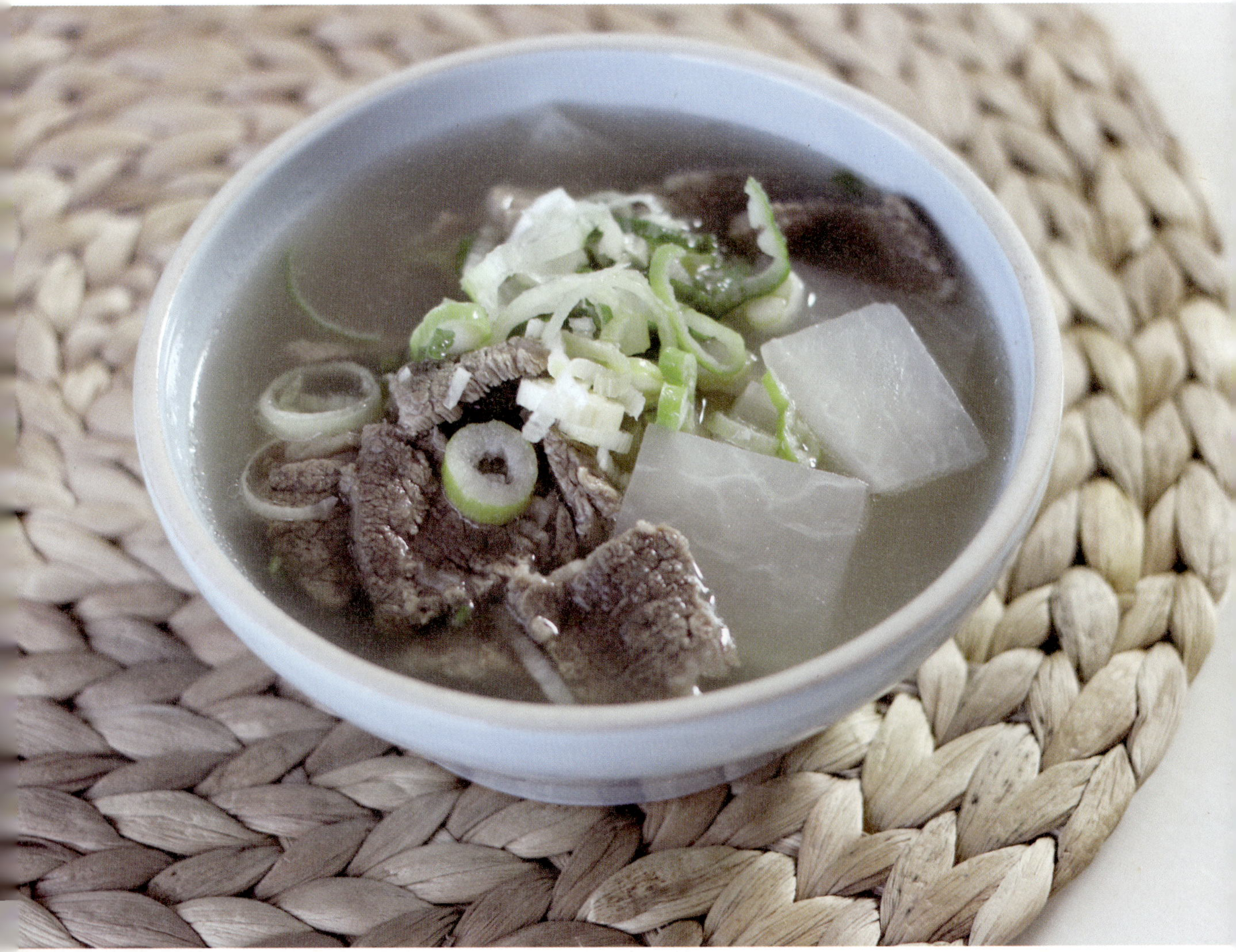

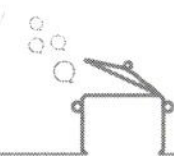

소고기 양지 400g, 무 약 3cm 두께, 다진 마늘 1큰술, 송송 썬 대파 1줌, 다시마육수(또는 물) 6컵, 들기름(또는 참기름) 1큰술, 소금 약간

HOW TO MAKE

1 소고기를 한입 크기로 잘라주세요. 고기 결의 반대로 썰고, 키친타월로 꾹꾹 눌러 핏물을 제거하거나 찬물에 잠시 담가 놓았다가 체에 밭쳐요. 핏물이 많이 남아 있으면 국물이 탁해져요. 그렇지만 오래 담가두면 맛이 빠지니까 물에는 5분만 담가주세요.

2 무는 나박썰기해요.

3 냄비에 들기름을 두르고 강불에서 고기를 달달 볶아요. 고기 겉면에 붉은 기가 없어질 때까요.

4 여기에 무를 넣고 1분 더 볶아요.

5 여기에 다시마육수와 다진 마늘을 넣은 뒤 뚜껑을 닫고 중불에서 푹 끓여주세요.

6 무가 투명해지면 다 익은 거예요. 이때 소금으로 간해요. 소금은 간을 보면서 조금씩 추가하세요. 국물에 떠 있는 기름은 걷어내고, 대파를 넣은 뒤 불을 꺼요.

계란국

⏱ 조리 시간 10분
🍲 2인분

시간이 촉박하다면 이 국을 추천합니다!
만인의 국, 계란국이죠.
이 국은 싫어하는 사람이 거의 없어요.
만들어 쟁여둔 육수를 팔팔 끓여 계란만 휘리릭
풀어주면 끝! 더 이상 설명이 필요없어요.

🧺 READY

계란 2개, 송송 썬 대파 2큰술, 멸치육수 4컵, 소금 · 후추 약간씩

🍳 HOW TO MAKE

1 멸치육수를 강불에서 끓이는 동안 계란을 풀어요. 체에 한번 거르면 더 부드러워요. 그렇지만 생략해도 됩니다.

2 육수가 끓으면 중불로 줄이고, 계란을 넣어요. 한쪽 방향으로 원을 그리면서 넣은 뒤, 젓지 말고 그냥 두세요.

3 계란이 동동 떠오르면 대파를 넣고 소금으로 간한 뒤 한소끔 더 끓여요. 취향에 따라 후추를 곁들여요.

새우아욱국 아침 국

⏱ **조리 시간** 15분
🍵 **2인분**

가을 아욱국은 문을 걸어 잠그고 먹는다는
말이 있지요. 찬바람이 불기 시작할 때
된장 넣고 구수하게 끓여먹는 아욱국은
혼자 꽁꽁 숨어서 먹고 싶을 정도로 맛있어요.
여기에 밥을 말아 한 그릇 뚝딱하면
그렇게 든든할 수가 없어요.
오늘도 저는 행복하게 살이 쪄갑니다.

🛒 READY

아욱 2줌, 보리새우 1줌, 멸
치육수 4컵, 된장 1큰술, 국
간장 약간

🍲 HOW TO MAKE

1 아욱을 손질(p.18 참고)한 뒤 체에 받
쳐 물기를 빼주세요.

2 멸치육수가 끓으면 된장을 풀어요.

3 팔팔 끓으면 아욱을 넣어요. 뚜껑을
닫고 중불에서 5분간 끓이세요.

4 보리새우를 넣고 한소끔 끓여요. 부
족한 간은 국간장으로 조절하세요.

황태해장국

⏱ **조리 시간** 20분
🍲 **2인분**

명태를 추운 바닷바람에 얼리고 녹이기를 수없이
반복하며 서서히 건조시킨 것이 바로 황태랍니다.
건조된 황태는 부드럽고 맛도 풍부하지요.
특히 국물 요리에는 두말할 것 없이 최고의
재료랍니다. 아침 해장으로도 이만한 것이 없죠.
속이 시~원하게 풀리는 그 기분.
밥 말아서 훌훌 넘기고 나면 그 어느 날보다도
든든하게 하루를 시작할 수 있어요.

🧺 READY

무 약 3cm 두께, 황태 2줌(한
마리에서 나온 양), 송송 썬
대파 1줌, 콩나물 2줌, 다진
마늘 ½큰술, 물 1L, 들기름 2
큰술, 소금 ½큰술

🍳 HOW TO MAKE

1 황태를 물에 담가 10초만 불려요. 오
래 두면 맛있는 맛이 다 빠져 나와
요. 촉촉해질 정도로만 담갔다가 빨
리 건져 손으로 꽉 짜서 물기를 빼주
세요.

2 무는 약 5mm 두께로 은행잎 썰기하
고, 대파는 흰 부분, 초록 부분을 반
반씩 준비해요.

3 콩나물은 물에 깨끗이 씻은 뒤 물기를 빼둡니다.

4 냄비에 황태와 들기름을 넣고, 손으로 조물조물한 뒤 중불에서 달달 볶아주세요.

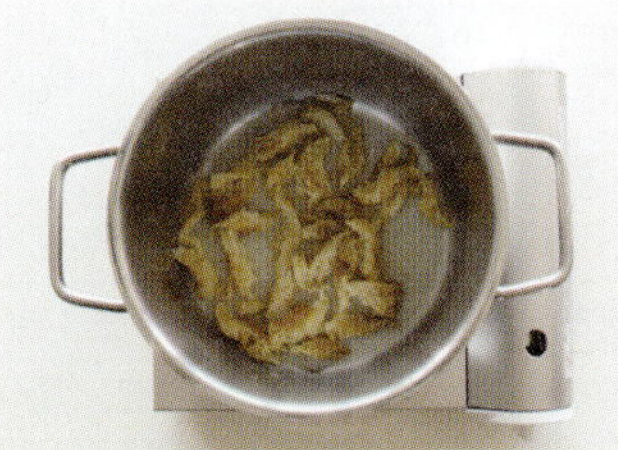

5 1~2분간 볶다 보면 황태가 탱글탱글해지는데, 이때 물 1~2컵을 부어주세요. 황태가 간신히 잠길 정도로만 붓고 강불에서 팔팔 끓여요. 자글자글 끓으면서 황태에서 뽀얀 국물이 나와요.

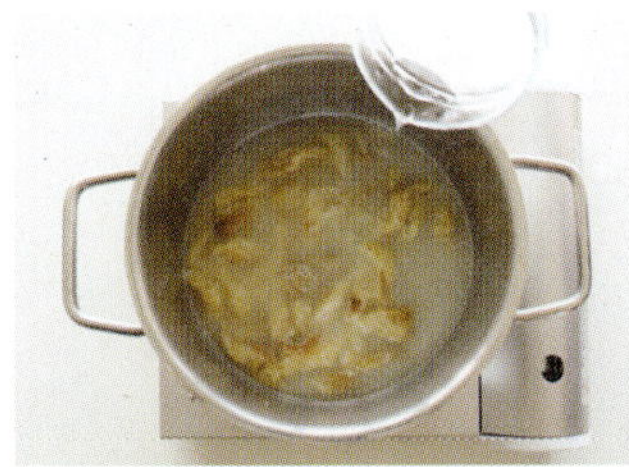

6 이때 또 물을 1~2컵 붓고, 또 끓어오르면 물을 붓기를 반복해서 1L의 물을 3~4번에 나눠 넣어주세요.

7 물을 모두 붓고 난 뒤 팔팔 끓어오르면 무와 다진 마늘을 넣고, 뚜껑을 닫은 채 계속 끓여주세요. 국물이 끓어오르면 중불로 줄여 무가 익을 때까지 푹 끓여요.

8 무가 익어 투명해지면 콩나물을 넣고 뚜껑을 닫아요. 딱 3분 두세요. 이때 뚜껑을 열었다 닫았다 하면 안 돼요.

9 3분 뒤 뚜껑을 열고 대파를 넣어 한소끔 끓여요. 소금으로 간하고 불을 끕니다.

황태국 국물을 뽀얗게 하는 방법은 '물 나누어 넣기'랍니다. 이렇게만 하면 별다른 재료나 레시피 없이도 뽀얗고 진한 국물의 황태국을 끓일 수 있어요. 취향에 따라 마지막에 계란물을 풀어 넣어도 되고, 먹을 때 고춧가루나 후추를 뿌려도 굿!

해장국

전주식 콩나물국밥

조리 시간 20분
2인분

전주에 가면 꼭 빼놓지 않고 먹는 것이 있어요. 바로 요 콩나물국밥!
밤새 진~하게 놀고 아침 일찍 콩나물국밥을 먹으러 가면 속이 확 풀리면서
정신이 맑아지는 그런 기분이 든답니다. 그때 그 기분을 떠올리며
집에서 흉내를 내보았어요. 오징어와 콩나물을 곁들여 시원하게 먹는 맑은 국밥.
아침에 속을 든든하게 채워줄 수 있고 해장용으로도 좋지요.
바쁜 아침, 빨리 끓여낼 수 있게끔 최대한 쉽고 간단하게 만들어봤어요.

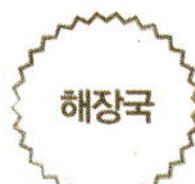

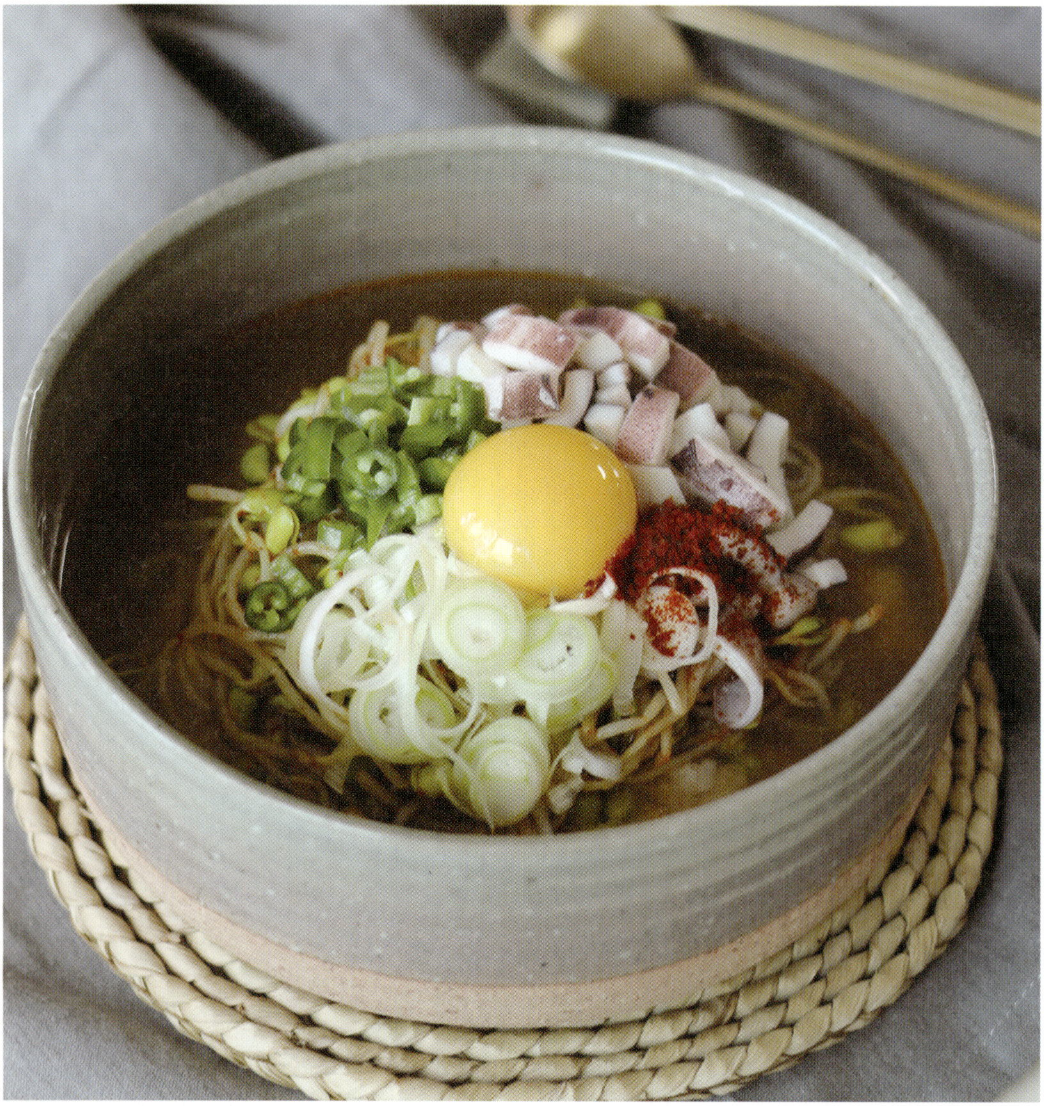

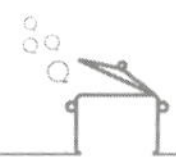

🧺 READY

멸치육수 5컵, 오징어(몸통 부분) 1마리, 콩나물 2줌, 계란 (노른자만) 2개, 송송 썬 대파 1줌, 송송 썬 청양고추 1개분

콩나물 양념 고춧가루 ½큰술, 소금 1작은술, 참기름 2작은술

🍲 HOW TO MAKE

1 멸치육수가 끓으면 콩나물을 넣어요. 콩나물은 뚜껑을 연 채로 3분간 삶은 뒤 건져내요.

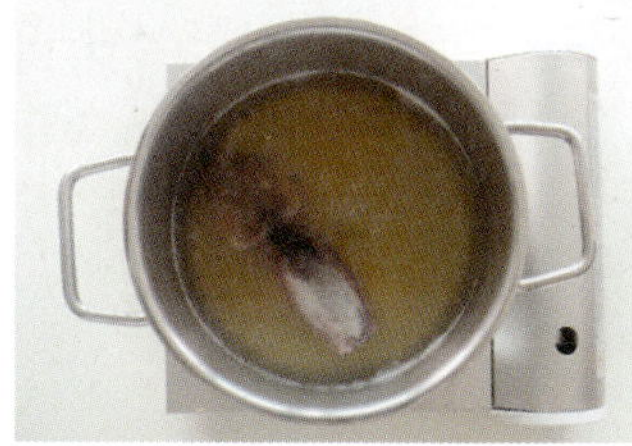

2 그 육수에 오징어를 넣고 1분간 데친 뒤 오징어는 건져내고 육수에는 소금으로 간해주세요. 깔끔한 맛의 국물을 좋아한다면 새 물에 데쳐요.

3 데친 오징어는 작게 송송 썰어주세요.

4 데친 콩나물에 **콩나물 양념** 재료를 넣어 조물조물 무쳐주세요.

5 그릇에 밥을 담고, 2의 육수를 부어주세요.

6 그 위에 콩나물과 오징어, 대파, 청양고추를 취향껏 얹어요.

7 마지막으로 계란 노른자를 얹고, 취향에 따라 고춧가루를 추가하셔도 좋아요.

제이맘의 홈쿡 TIP 찬밥을 사용한다면 육수에 2~3번 정도 토렴해 밥을 따뜻하게 데워주세요. 여기서 '토렴'이란 밥(또는 국수 등)에 따뜻한 국물을 여러 번 부었다가 따라내기를 반복해 그릇과 밥을 데우는 것을 말해요.

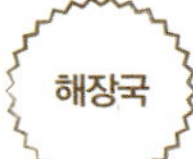

해장국

굴국밥

조리 시간 20분
4인분

굴은 겨울철 대표적인 건강 식재료입니다.
추운 날 뜨끈한 굴국에 밥을 말아 먹으면 힘이 불끈 솟지요.
해장용으로도 좋아서 과음한 남편에게 다음날 아침 내주면
그렇게 좋아할 수가 없어요.

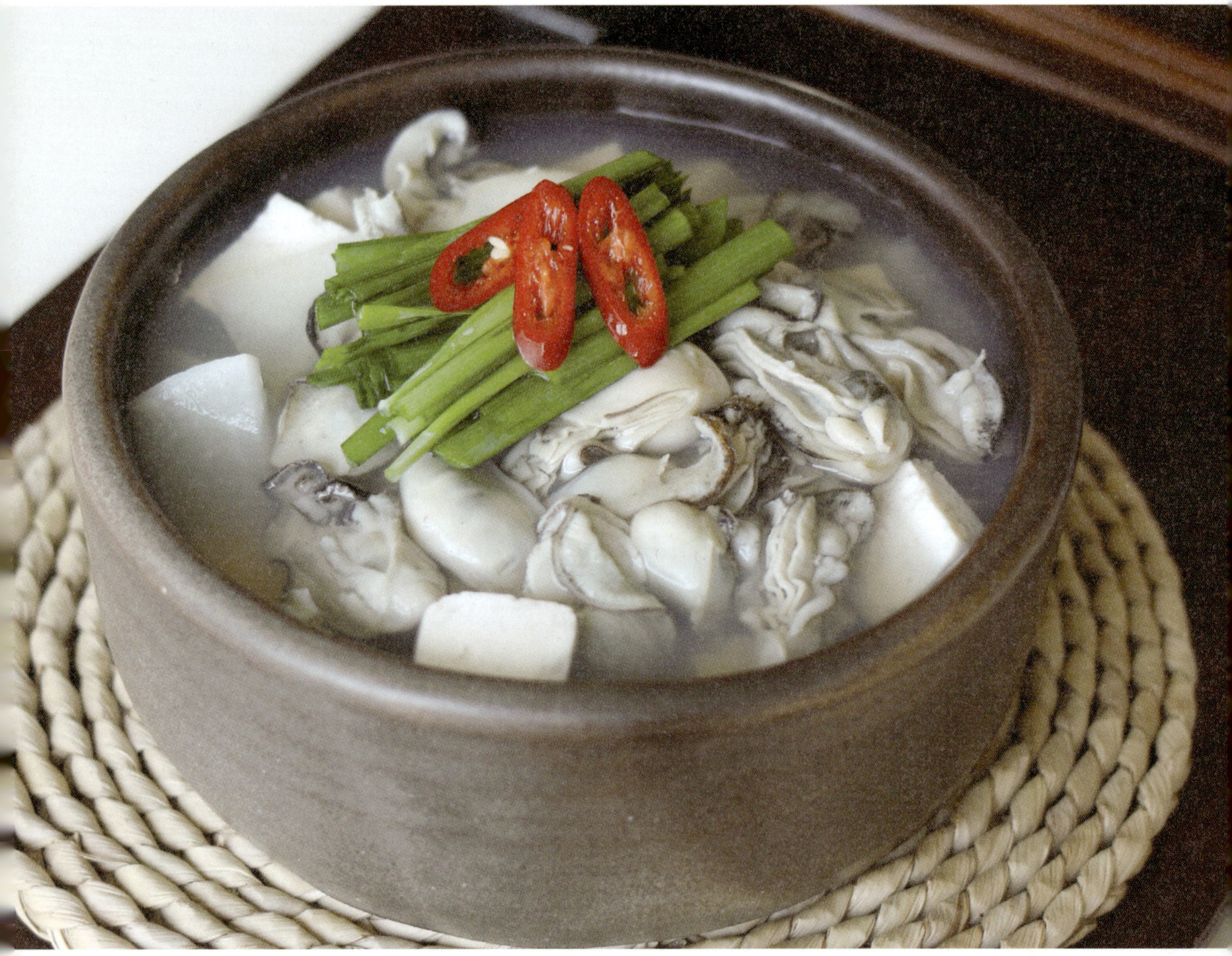

READY

굴 2줌, 부추 1줌, 두부 ½모,
다진 마늘 1큰술, 소금 2꼬집

- - - - - - - - - - - - - - - - - - - -

육수 물 6컵, 무 약 2cm 두께,
다시마(사방 7cm) 3조각

제이맘의 홈쿡 TIP

그릇에 밥을 담은 뒤 완성된 굴국밥을 듬뿍 얹어 말아 드시면 더 좋아요. 이때 밥을 여러 번 토렴하면 더 따끈하게, 맛있게 먹을 수 있답니다. 얼큰하게 드시고 싶다면 먹기 전에 고춧가루를 추가하세요.

HOW TO MAKE

1 모든 **육수** 재료를 냄비에 넣고 강불에서 끓이다가 10분 뒤 다시마만 건져내요. 무를 젓가락으로 찔러 쑥 들어갈 정도로 익으면 불을 꺼요.

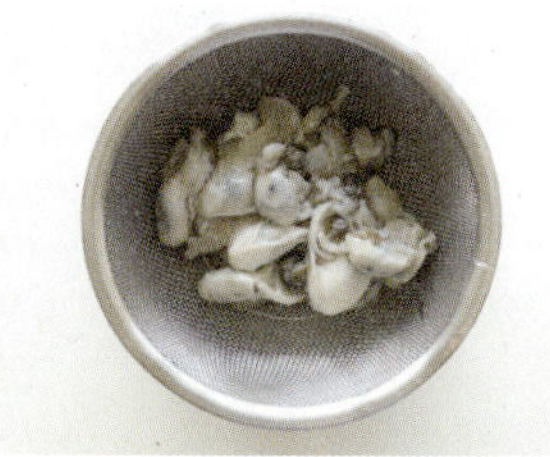

2 굴은 소금물에 살살 흔들어 씻은 뒤 체에 밭쳐 물기를 빼둬요.

3 두부는 한입 크기로 썰어주세요.

4 부추는 5cm 길이로 썰어주세요.

5 육수에서 익은 무를 꺼내 한 김 식히고, 작게 나박썰기해요.

6 육수에 썰어 놓은 무를 다시 넣고 끓이다가 끓으면 다진 마늘을 넣어요.

7 다시 끓어오르면 굴과 두부를 넣고 한소끔 더 끓이고, 소금으로 간해요. 두부와 굴은 오래 끓이지 않아도 돼요.

8 부추를 올리고 불을 꺼요.

엄마를 위한 예쁜 한 그릇
평일 점심

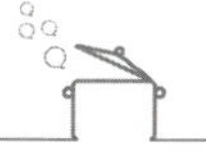

엄마가 혼자 밥 먹는 시간

저는 오빠 셋과 터울이 큰 늦둥이 막내딸입니다. 어린 시절, 어렴풋이 기억 나는 장면이 있어요. 그땐 급식도 없던 시절이니 엄마는 아빠와 오빠 셋의 도시락을 싸고 아침밥까지 차리는 어메이징한 아침을 매일 보내셨죠. 그렇게 정신 없이 식구들을 보내고 엄마는 항상 싱크대 한 켠에 서서 대충 밥에 물 말아 혼자 식사를 하셨어요.

"엄마~ 앉아서 드세요~"

"아니야. 괜찮아. 엄마는 이게 편해."

엄마는 편하다고 하셨지만, 어린 제 눈에는 항상 그게 맘에 걸렸어요.

'난 이담에 엄마가 되면 절대 저렇게 먹지 말아야지, 혼자 먹을 때 더 예쁘고 맛있게 먹을 거야.'

어쩌면 가족들을 보내고 혼자 먹는 점심 식사가 나를 위해 요리하는 유일한 시간일지도 몰라요. 식구들과 함께일 땐 어떻게든 식구들이 좋아하는 메뉴로 요리를 하게 되고, 정작 내가 먹고 싶은 건 뒷전이 될 때가 많으니까요. 식구들을 내보내고 빨래에, 청소에 한바탕 집안일을 마친 기특한 내게 주는 선물. 맛있는 점심.

그 누가 봐도 초라하지 않게… 내 딸이 봐도 속상하지 않게… 그렇게 혼자서도 예쁘게 차려먹는 습관을 들였어요. 가끔은 먹는 사진을 찍어 엄마에게 보내기도 하지요.

"아이고~ 이쁘게도 차려먹네~ 잘했다, 잘했어."라며 엄마가 칭찬해 주십니다.

때론 가끔 그 신념이 무너져 양푼 가득 밥에, 고추장에, 김치에 마구 비빌 때도 있지만,

그것 또한 나름의 맛이 있으니 나쁘지 않고요.

매일은 아니더라도 가끔 나를 위해 맛있고 예쁜 음식을 차려보세요.

그리고 정성스럽게 대접하세요.

사랑하는 나에게….

열무비빔국수

⏱ **조리 시간** 20분

🍚 2인분

뜨거운 여름만 되면 생각나요.
국수를 후다닥 삶아 냉장고에서 갓 꺼낸 살얼음
동동 떠있는 열무김치를 부어 먹으면 잠시나마
더위가 싹 가시는 것 같죠.
제가 만든 매콤! 새콤! 달콤!한 비빔장에 국수를
비비고 잘 익은 열무김치를 얹어 한입 가득
넣으면 없던 입맛도 돌아온답니다.

🛒 **READY**

중면 2인분(약 200g), 열무김
치 2줌, 삶은 계란 2개, 참기
름·참깨 약간씩

비빔장 식초 2큰술, 고추장 1
큰술, 사과즙 1큰술, 고춧가
루 ½큰술, 다진 마늘 ½큰술,
설탕 1큰술, 김치국물 ½컵

🍲 **HOW TO MAKE**

1 **비빔장** 재료를 모두 섞어주세요. 전
날 만들어 냉장고에 넣어도 돼요.

2 국수를 삶아요(p.31 참고). 중면은 5
분, 소면은 4분 정도 삶으면 돼요.

3 삶은 국수는 곧장 찬물에 박박 헹궈
주세요.

4 **비빔장**과 국수, 열무김치를 한데 섞
어 쓱쓱 비벼주세요. 참기름과 참깨
를 뿌리고 삶은 계란을 얹어 맛있게
드세요.

오이소박이말이국수 한 그릇 면

⏱ 조리 시간 20분
🍵 2인분

오이소박이가 남아서
처치곤란일 때 만들어 드세요.
김치말이국수와는 또 다른
아삭거리는 식감의 국수가 짜잔 완성됩니다.

🛒 READY

소면 2인분(약 200g), 오이소
박이 2덩이, 김치국물 1컵,
물 1컵

🍜 HOW TO MAKE

1 오이소박이(p.39 참고)는 양끝의 모
양을 살려 자르고, 속은 따로 빼놓은
뒤 채 썰어주세요.

2 김치국물에 물(또는 채소 육수나 시
판 냉면 육수로 대체 가능) 1컵을 섞
어 총 2컵 분량으로 만들어주세요.

3 국수를 삶은 뒤 찬물에 여러 번 헹구
고 동그랗게 모양을 만들어 그릇에
담아요. 그 위에 **2**를 붓고 오이를 취
향껏 얹어요.

제이맘의 홈쿡 TIP 오이소박이의 식감과
삼삼한 국물의 맛으로
시원하게 말아먹는 국
수예요. 맛이 조금 심심하단 생각이
들면 비빔양념장(p.25 참고) 1큰술을
넣어요. 삶은 계란을 얹어도 좋아요.

해물볶음우동

조리 시간 20분
2인분

통통한 우동 면발에 해물을 듬뿍 넣어 만들어요.
아삭아삭 씹히는 숙주의 식감이 너무 좋고, 팔랑거리는 가쓰오부시가
감칠맛을 더해주지요. 이렇게 잘 차려 식탁에 앉아 사진도 예쁘게 찍어보고,
좋은 음악 들으며 오늘도 한끼 푸짐하게 때워봅니다. 스스로를 위해 잘 차려먹은 게
언제던가요? 가끔 마음 먹고 잘 차린 한끼는 나름의 의미가 있지요.

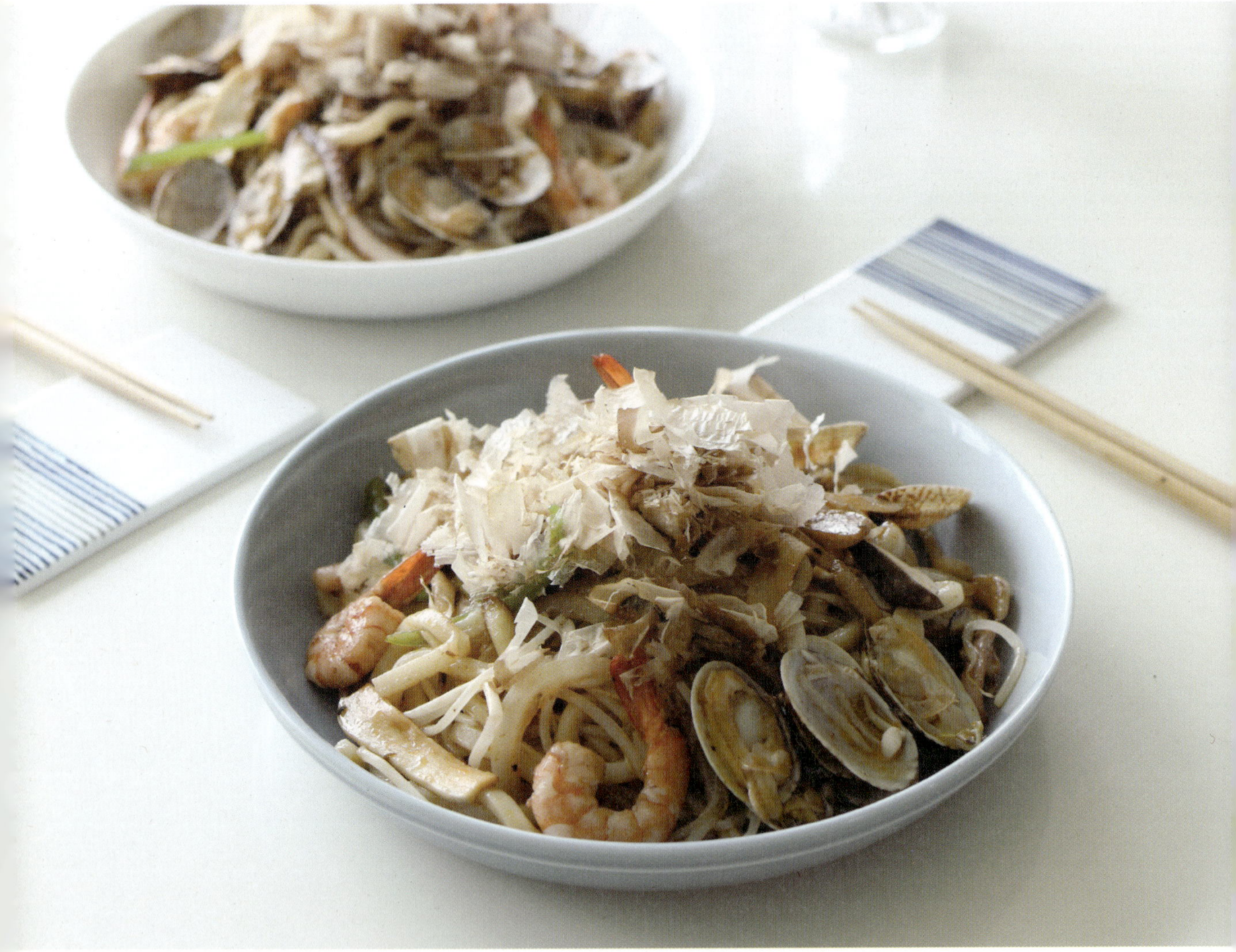

새우 7~8마리, 오징어 1마리, 바지락 1줌, 새송이버섯 1개, 피망 ½개, 양파 ½개, 우동 사리면 2봉지, 숙주 2줌, 가쓰오부시 1줌

볶음 기름 고추기름 3큰술, 마늘 3~4개

볶음 양념 굴소스 1큰술, 간장 2큰술, 맛술 2큰술, 후추 약간

HOW TO MAKE

1 새우를 손질(p.21 참고)한 뒤 껍질을 벗겨요. 오징어는 손질(p.21 참고)해서 한입 크기로 잘라주세요. 양파와 피망, 버섯도 얄팍하게 채 썰고, 마늘은 편 썰어요.

2 **볶음 기름**을 만들어요. 달군 팬에 고추기름을 한 바퀴 두르고 마늘을 먼저 볶아주세요. 고추기름이 없으면 식용유에 고춧가루를 달달 볶아 매운맛을 내도 돼요.

3 마늘 향이 나면 바지락, 새우, 오징어 순으로 넣어요. 강불에서 재빨리 볶아주면 됩니다.

4 바지락 입이 벌어지고 새우와 오징어가 분홍빛으로 익어갈 때쯤 양파와 피망을 넣어요. 채소는 너무 오래 볶으면 물컹해지니 1~2번 뒤적이는 정도면 돼요. 불 세기는 쭉 강불입니다. 그래야 해물과 채소에서 물이 안 나와요.

5 데친 우동사리, 버섯을 넣고 **볶음 양념**과 함께 볶아줍니다. 너무 뻑뻑하면 물 1~2큰술을 넣어 재료끼리 서로 달라붙지 않게 해주세요.

6 숙주를 넣고, 그 위에 볶은 재료를 덮는다는 느낌으로 젓가락으로 살살 섞어주세요. 살짝 숨이 죽는 정도면 됩니다. 숙주는 불을 끄고 남은 열만으로도 익으니까요.

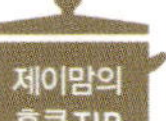

제이맘의 홈쿡 TIP
· 완성된 요리는 그릇에 옮겨 담은 뒤 가쓰오부시를 솔솔 얹어주세요. 가쓰오부시가 볶음우동의 열기로 춤을 추듯 살랑거릴 거예요.
· 볶음 양념에 청양고추나 고춧가루를 추가하면 더 매콤한 볶음우동이 된답니다. 해물은 한 가지만 들어가도 맛있게 먹을 수 있으니 집에 있는 해물과 자투리 채소를 활용해서 만들어보세요.

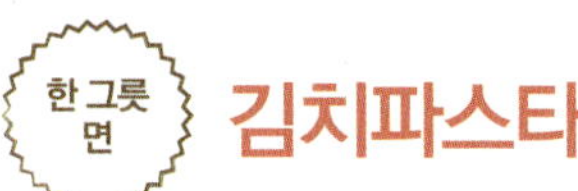

한 그릇 면

김치파스타

조리 시간 20분
2인분

'나는 토종 한국인! 파스타는 느끼해서 싫어!'라고 외치는 분들의 마음을
사르르 녹여줄 수 있는 한국스럽고 얼큰하기까지 한 매콤 김치파스타를 소개합니다.
일반 파스타 면이 아닌 펜네를 사용해 독특한 식감을 느낄 수 있어요.
사실 애아빠가 더 좋아하는 메뉴랍니다.

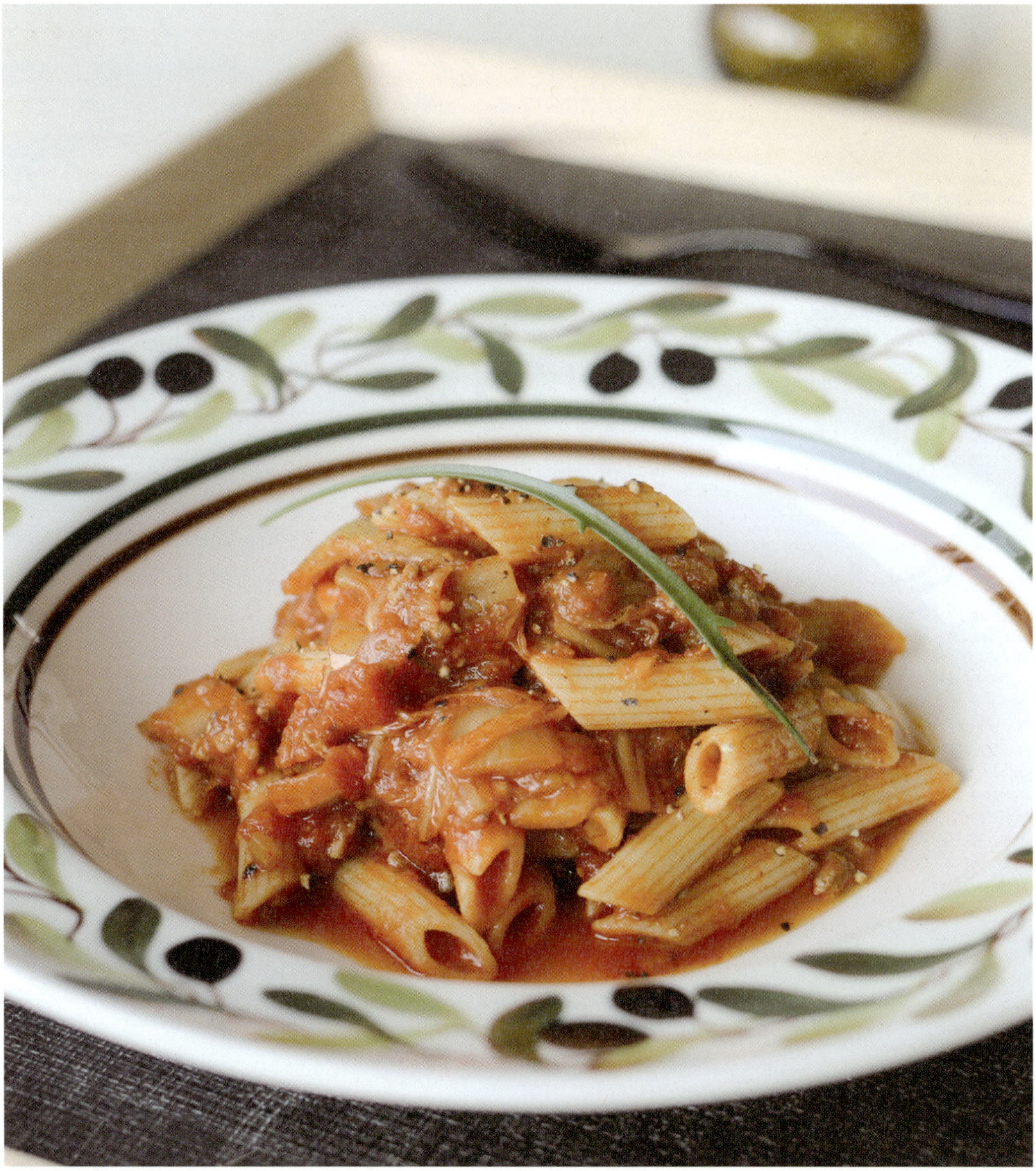

파스타면(펜네) 2줌, 김치 3~4장, 토마토소스(p.99 참고) 2컵, 다진 소고기 100g, 다진 마늘 1큰술, 올리브유 2큰술, 소금 1작은술, 후추 약간

🍳 **HOW TO MAKE**

1 면(p.31 참고)을 삶아요. 끓는 물에 올리브유 1큰술과 소금, 면을 넣고 삶는데, 시간은 파스타면 포장지에 적혀있는 시간이 가장 정확해요.

2 면이 삶아지는 동안 재료를 준비해요. 우선 김치 속을 털어내고 송송 썰어요.

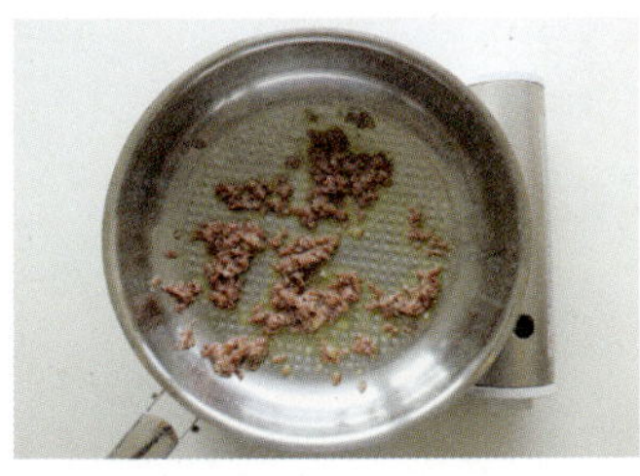

3 팬에 올리브유를 1큰술 두른 뒤 다진 마늘을 볶다가 마늘 향이 올라오면 고기를 넣어요. 강불에서 볶으세요.

4 고기의 붉은 기가 사라질 때쯤 김치를 넣고 1~2분간 볶아요.

5 토마토소스를 넣고 팔팔 끓여요.

6 여기에 삶은 파스타 면을 넣고 뒤적이며 한번 더 끓여요. 맛을 보며 소금과 후추로 간을 조절하세요.

냉메밀

⏱ **조리 시간** 20분
🥄 **2인분**

뜨거운 여름날이면 꼭 빼놓지 않고 해먹는 이것!
국물 맛 내는 게 쉽지는 않지만
쯔유를 이용하면 간편하게 해결됩니다.
라면 끓이기보다도 쉬워요.
제이맘이 강추하는 초간단 메밀국수!
올 여름, 한번 도전해보세요.

🧺 READY

메밀국수 2인분, 쯔유 1컵,
물 3컵, 무 약간, 오이 ½개,
쪽파 · 김 약간씩

🍳 HOW TO MAKE

1 물과 쯔유를 섞어 비닐봉지에 붓고 얇게 펴서 냉동실에 넣어둬요. 그래야 빨리 얼어요.

2 무는 갈아서 물기를 짠 뒤 동그랗게 뭉쳐두고, 오이는 채 썰고, 쪽파는 송송 썰고, 김은 가위로 길게 잘라요.

3 국수를 삶아요. 제품마다 다르니 봉지 뒷면에 써있는 대로 삶는 게 가장 정확해요.

4 삶은 면은 찬물에 헹궈 물기를 뺀 뒤 동그랗게 말아 그릇에 담아요. 냉동실에서 육수를 꺼내 살살 부숴 살얼음을 만들어 넣고 고명을 얹어요.

⏱ **조리 시간** 20분

🍵 **2인분**

입맛 없을 때 시원한 묵사발 한 그릇은
식욕을 돋아주고 든든하기까지 하지요.
육수를 미리 만들어 보관해놓으면 먹고 싶을 때마다
재료만 쓱쓱 썰어 만들 수 있으니 간편해서 좋고요.
식구들끼리 오붓하게 고기파티 할 때
에피타이저로도 먹곤 해요.
고기가 익는 동안 가볍게 속을 달랠 수도 있고
포만감도 주니 참 좋은 것 같아요.

RECIPE

🧺 **READY**

도토리묵 1모, 멸치육수 2컵,
오이 ½개, 자른 김치 1½컵,
김가루 1컵

육수 양념 식초 3큰술, 설탕 2
큰술, 간장 3큰술

🍳 **HOW TO MAKE**

1 멸치육수는 한 김 식힌 뒤 **육수 양념**
을 넣고 섞고, 냉동실에 넣어두세요.

2 오이는 채 썰고, 김치는 작게 송송 썰
어요.

4 묵은 길쭉하고 굵게 채 썰어요.

5 그릇에 묵, 오이, 김치를 넣어요. 냉
동실에 넣어둔 육수를 자작하게 붓
고, 김가루와 깨를 얹어요.

바지락칼국수

조리 시간 20분
2인분

비가 오거나 바람이 쌀쌀하게 부는 날이면 뜨끈한 국물이 떠오르죠?
시원하고 깔끔한 국물 맛이 으뜸인 바지락칼국수는 어떠세요?
면과 쫄깃한 바지락 살을 남김없이 먹고 국물에는 밥까지 말아 먹어요.

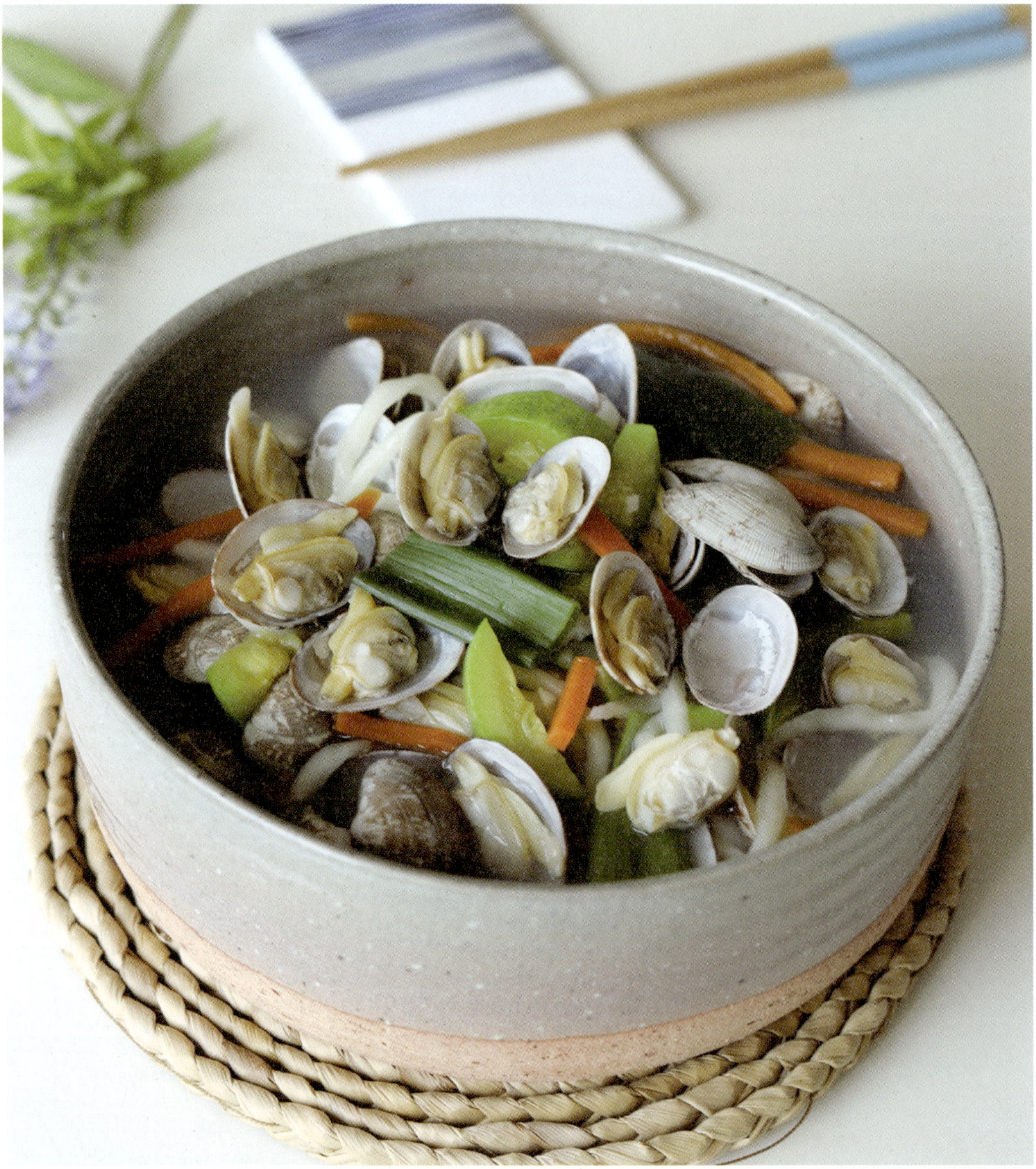

바지락 3줌, 칼국수(생면) 2
줌, 멸치육수 1.5L, 애호박 ½
개, 당근 ¼조각, 대파 1개,
다진 마늘 1큰술, 소금 약간

🧤 **HOW TO MAKE**

1 바지락을 해감해주세요(p.21 참고).

2 애호박은 두께 1cm로 통으로 썬 후
3등분해요. 당근은 얇게 채 썰고, 대
파는 4~5cm 길이로 잘라요. 대파의
흰 부분이 너무 두꺼우면 반으로 갈
라주세요.

3 멸치육수가 끓으면 바지락을 넣어
요. 불은 계속 강불에 두고요. 바지락
의 입이 하나, 둘 벌어지기 시작할 때
까지 끓여요.

4 여기에 호박과 당근을 넣고 끓여요.

5 호박이 반쯤 익었을 때 칼국수 면과
다진 마늘을 넣고 팔팔 끓여주세요
(면이 두꺼우면 면부터 넣고 끓이다
가 호박과 당근을 넣어주세요.).

6 면이 익을 때까지 끓이다가 중간에
대파를 넣고 소금으로 간해요. 바지
락의 짠맛이 있기 때문에 간은 많이
하지 않아도 돼요.

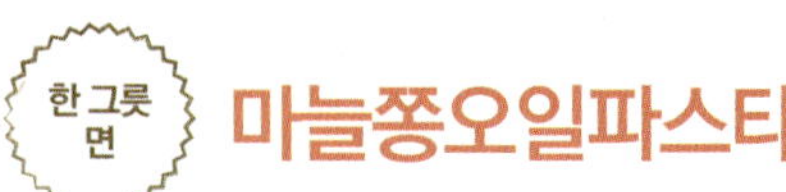

한 그릇 면

마늘쫑오일파스타

조리 시간 25분
2인분

마늘쫑은 식감이 참 좋은 채소입니다. 주로 통으로 볶거나
새우볶음에 넣어 먹는데요. 세로로 길게 잘라 면과 함께 먹으면 독특해요.
향이 좋은 매콤한 오일 파스타로 분위기를 내보면 어떨까요?

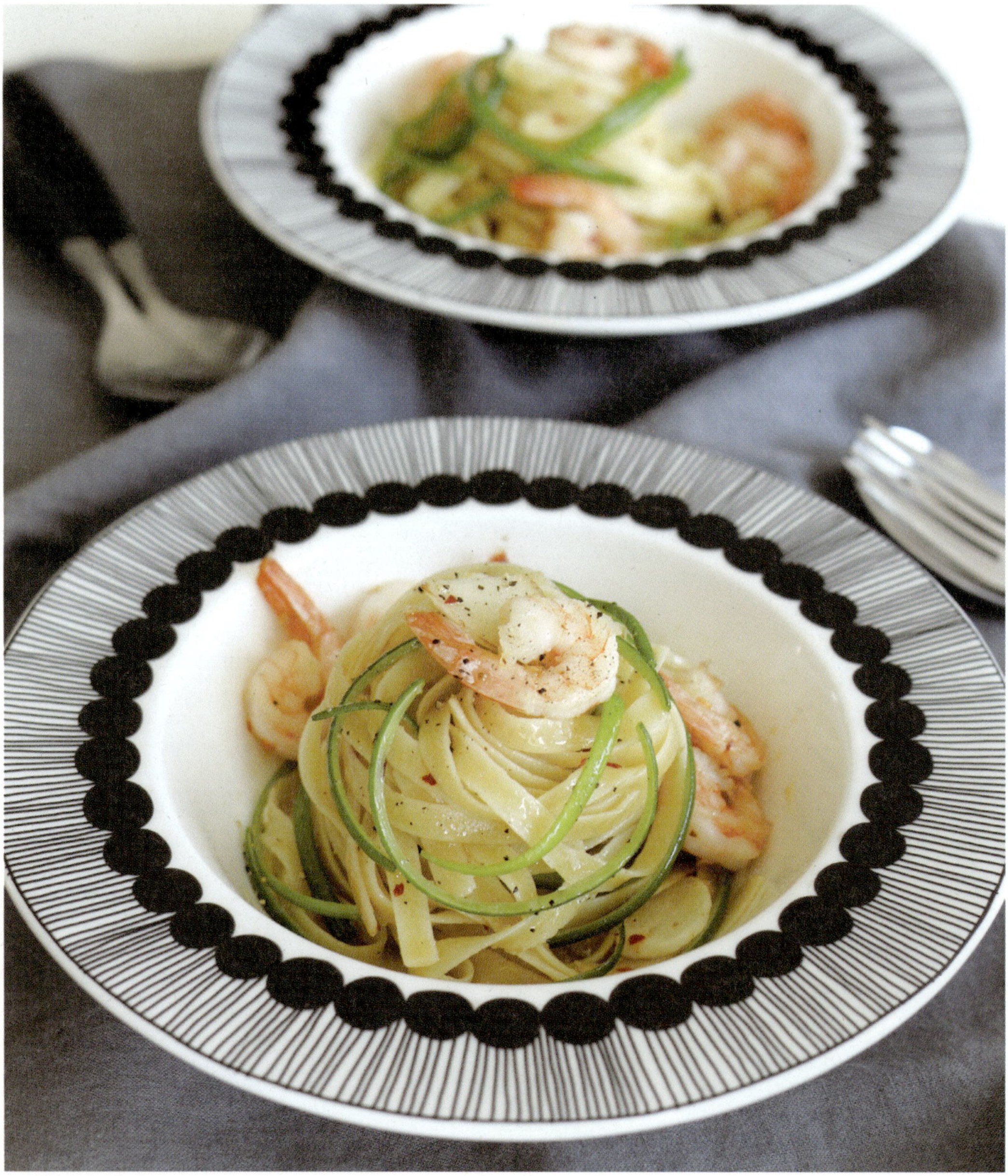

파스타면(페투치니) 2인분, 마늘 3개, 마늘쫑 10대, 소금 1작은술, 칵테일새우 10~15개, 올리브유 3큰술, 페페론치노 · 후추 약간씩

🧤 HOW TO MAKE

1 마늘은 얇게 편 썰고, 페페론치노는 칼로 다지듯이 잘라둬요.

2 마늘쫑은 양 끝을 잘라낸 뒤 반으로 뚝 잘라요(약 10cm 길이). 그 다음 세로로 길게 4등분해주세요.

3 파스타 면을 삶아요(p.31 참고). 봉지에 적힌 시간보다 1분 덜 삶아요. 삶은 면은 불지 않도록 올리브유 1큰술을 넣고 버무려주세요. 면 삶은 물은 보관해요.

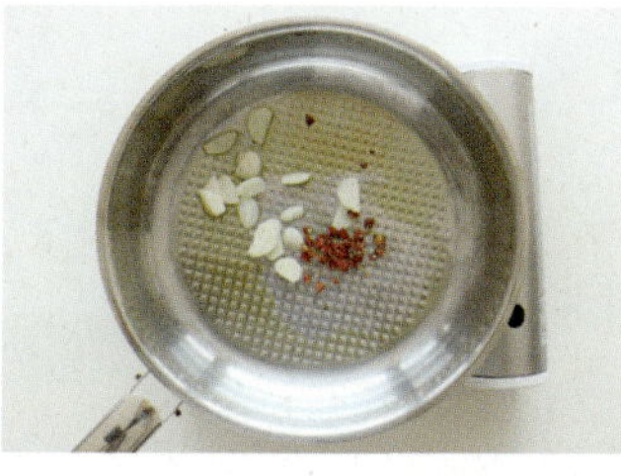

4 달군 팬에 올리브유 1큰술을 두르고 마늘과 페페론치노를 볶아 향을 내요. 지금부터 모든 볶는 과정은 강불입니다.

5 마늘 향이 올라오면 새우를 넣어요. 새우가 80% 정도(투명한 새우가 희고 붉은 빛을 띨 때) 익을 때까지 볶으면 돼요.

6 여기에 마늘쫑을 넣고 약 10초간 빠르게 볶아요.

7 바로 파스타면을 넣고 버무리듯 볶아주세요. 이때 파스타 삶은 물(**3**)을 1국자 넣고 소금과 후추로 간하고 물기가 없어질 때까지 볶아요. 올리브유 1큰술을 뿌려 내면 풍미가 깊어져요.

미트볼로제파스타

⏱ 조리 시간 20분
🍲 2인분

동글동글한 모양이 귀엽고 맛도 고소해요.
토마토소스에 부드러운 생크림이 가미된 로제 소스의 풍미가
입 안 가득 퍼지면 하루의 피로가 싹 사라지는 듯 하죠.
늘 아이와 남편 그릇에만 미트볼을 가득 담아주곤 했는데,
오늘은 온전히 나를 위해 미트볼 듬뿍 담아 한 그릇 뚝딱 비워보면 어때요?

미트볼로제파스타

미트볼(p.29 참고) 10~12개, 파스타면 2인분, 토마토소스 2컵, 생크림 1컵, 식용유 2큰술

HOW TO MAKE

1 파스타면을 삶아요(p.31 참고). 면 종류는 취향에 맞게 선택하세요.

2 그동안 달군 팬에 기름을 두르고 미트볼을 굴려 겉면을 바짝 익혀요. 약불로 하면 미트볼이 기름을 먹고 고기가 부서지기 쉬우니 처음엔 강불로 겉면을 재빨리 익혀 육즙을 잡아주세요.

3 미트볼의 겉면이 노릇해지면 약불로 줄이고, 살살 굴려 속까지 잘 익혀요. 토마토소스를 붓고 다시 익힐 거라 완벽히 익힐 필요는 없어요. 약 80% 정도만 익혀줘도 충분해요.

4 여기에 토마토소스를 붓고 중불에서 보글보글 끓여주세요.

5 소스가 끓어오르면 생크림을 붓고 잘 섞어주세요.

6 면을 넣고 뒤적뒤적 섞어준 뒤 소금과 후추로 간해요.

제이맘의 홈쿡TIP

토마토소스 만들기

재료 완숙 토마토 10개, 양파 1개, 샐러리 2~3뿌리, 올리브유 약간, 마늘 3개, 바질 잎 4~5줄기, 크러시드 레드페퍼 ½큰술, 소금·후추 약간씩

1 토마토에 십자 모양으로 칼집을 넣어 끓는 물에 10초만 넣었다 빼서 껍질을 벗기고, 주사위 모양으로 잘게 잘라요.

2 팬에 올리브유를 두른 후 중불에서 다진 마늘을 볶다가 향이 오르면 다진 샐러리와 다진 양파를 넣고 강불로 볶아요. 5분 정도 양파가 투명해질 때까지요.

3 토마토와 레드페퍼를 넣고 20~30분간 저어가며 뭉근하게 끓여요.

4 소금과 후추로 간하고 바질 잎을 넣어 1~2분 더 조려요.

한 그릇 면

장칼국수

조리 시간 20분
2인분

제가 사는 강원도에서는 요리에 막장을 많이 사용합니다.
음… 된장과 고추장의 중간 맛이라고 표현하면 적당할까요?
어릴 때 엄마가 막장을 넣고 팔팔 끓여준 찌개의 맛을 잊을 수가 없어요.
밥을 부르고 또 부르는 마법의 찌개였죠. 그 중에서도 으뜸은 막장으로 끓인 칼국수였어요.
시원하고 얼~큰한 국물 맛을 어떻게 표현해야 좋을까요?
요즘은 막장을 구하기 힘드니 된장과 고추장을 적당히 섞어서 비슷한 맛을 내봤어요.

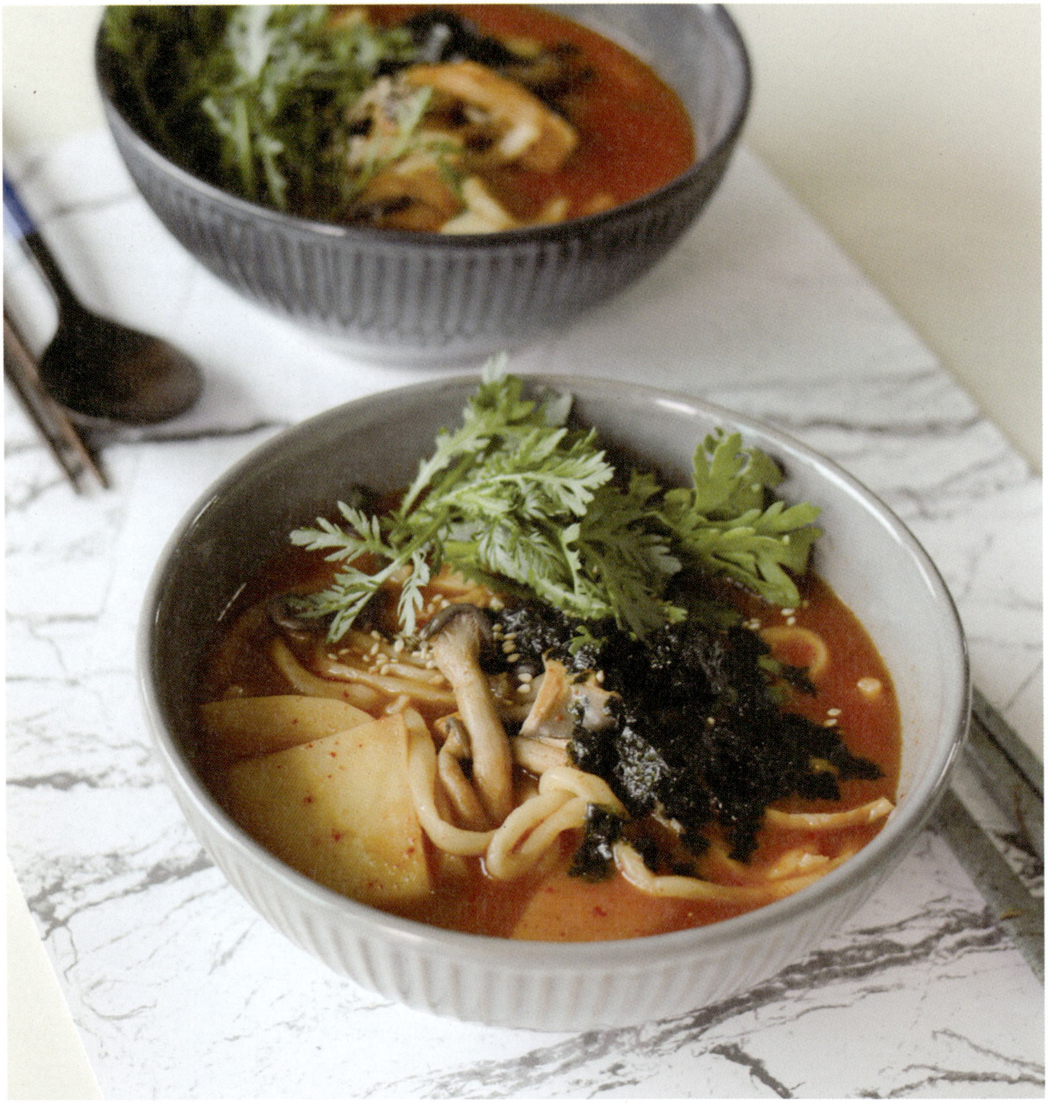

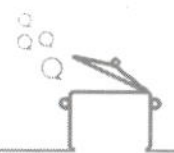

칼국수면 2줌, 느타리버섯 1줌, 감자 1개, 쑥갓 1줌, 멸치육수 1.5L, 집된장 1큰술(시판 된장은 1½큰술), 고추장 3큰술, 국간장 1큰술, 고춧가루 1큰술

🍳 HOW TO MAKE

1 감자는 4등분하고, 도톰하게 나박썰어요. 쑥갓과 버섯은 깨끗하게 씻어서 밑동을 잘라주세요.

2 감자는 찬물에 5분 정도 담가 전분을 빼요. 이 과정을 건너뛰면 감자가 잘 부서지거나 국물이 탁하고 걸쭉해집니다.

3 멸치육수가 끓으면 된장과 고추장을 잘 풀어주세요. 체에 밭쳐 육수에 살짝 담가 풀어주면 국물이 더 깔끔해집니다. 고춧가루와 국간장도 넣고 강불에서 팔팔 끓여주세요.

4 끓으면 감자를 넣어요. 강불에서 계속 끓여주세요.

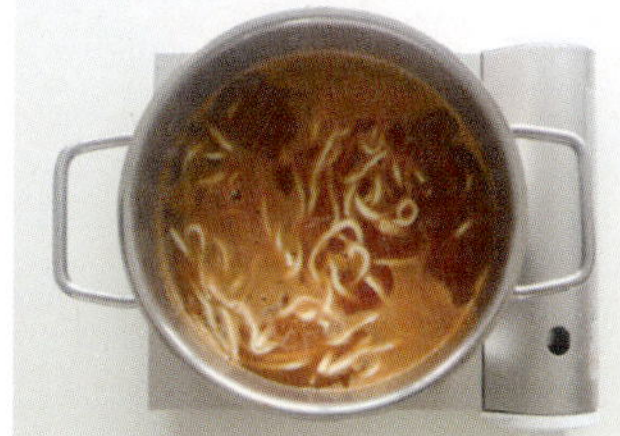

5 감자가 반 정도 익으면(젓가락으로 콕 찍어 살짝 들어가는 정도) 칼국수면을 넣어요.

6 국수와 감자가 충분히 익었으면 느타리버섯을 넣고 바로 불을 꺼요. 그릇에 옮겨 담고 쑥갓을 듬뿍 얹어 드세요.

- 매운맛을 강하게 하고 싶다면 고춧가루로 조절하거나 청양고추를 넣어도 좋아요.
- 간이 부족하다 싶으면 소금이나 국간장을 추가해주세요.
- 칼국수면을 넣기 전에 면을 한번 털어서 면에 붙은 잔여 가루를 살짝 제거해주세요. 그래야 국물이 탁해지지 않아요.
- 먹기 전에 계란을 풀고 김가루를 얹으면 고소함까지 더할 수 있어요.

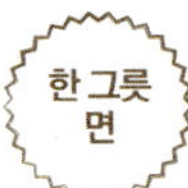

한그릇 면

짬뽕파스타

조리 시간 25분
2인분

순가락으로 국물까지 남김없이 먹게 만드는,
혼자만 먹고 싶은 치명적인 매력의 파스타예요.
속풀이에도 참 좋아서 저는 '해장 파스타'라고도 불러요.
해물의 시원한 맛과 닭육수의 깊은 맛이 어우러져 한번 맛보면 멈출 수가 없어요.

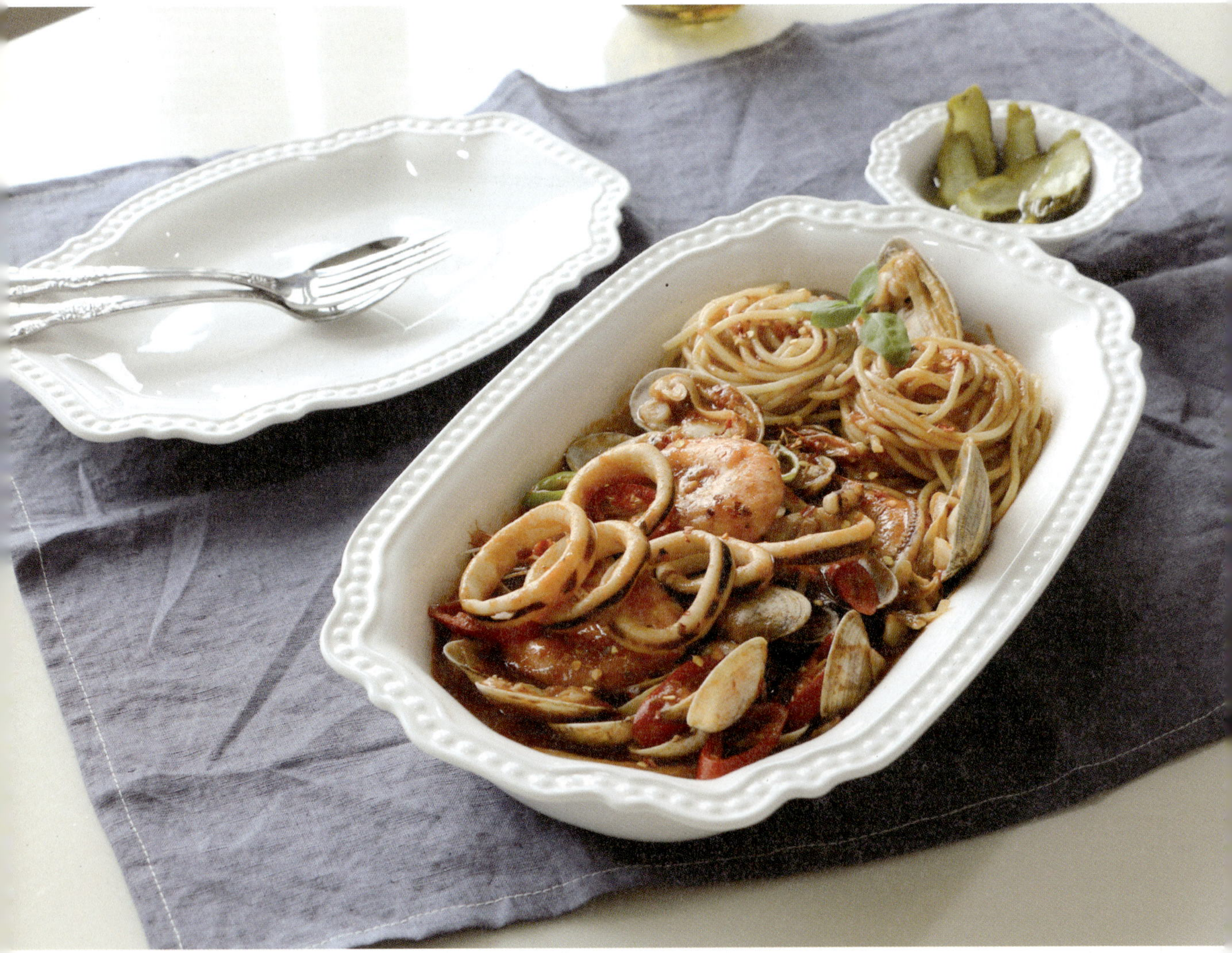

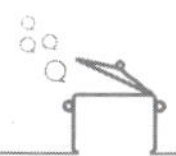

🧺 READY

새우 8마리, 오징어 1마리, 바지락 1줌, 파스타면 2인분, 레드페퍼 1작은술, 토마토소스(p.99 참고) 1컵, 닭육수 2컵, 청경채 3뿌리, 대파 1대, 마늘 5개, 양파 ½개, 청양고추 1개, 홍고추 1개, 올리브유 약간

🍳 HOW TO MAKE

1 새우, 오징어, 바지락을 손질해요.(각 해물 손질법은 p.21 참고). 오징어는 한입 크기로 썰어요.

2 청경채는 머리 부분에 십자로 칼집을 넣어 4등분하고, 양파는 채 썰고, 대파는 5~6cm 길이로 썰고, 마늘은 편 썰고, 고추는 어슷 썰어주세요.

3 파스타면을 삶아요(p.31 참고). 파스타면 봉지에 적혀있는 시간보다 1~2분 정도 빨리 꺼내서 불지 않게 올리브유 1큰술에 버무려주세요.

4 달군 팬에 올리브유를 두르고 중불에서 마늘, 대파, 레드페퍼(고춧가루로 대체 가능)를 볶아 향을 내요.

5 향이 올라오면 강불로 키우고 해물(1)을 모두 넣어요. 해물이 반 정도 익으면 양파를 넣고 함께 볶아요.

6 양파가 투명해지면 토마토소스를 부어 잘 섞은 뒤 닭육수를 붓고 팔팔 끓여요.

7 육수가 끓어오르면 면을 넣어 1~2분간 뒤적여요. 고추와 청경채를 넣고 불을 꺼주세요.

감자 옹심이

⏱ 조리 시간 40분
🍲 2인분

요리책을 내면서 제가 사는 강원도의 요리를 소개하면 좋겠다 싶었는데…
저희 집에 오신 손님들에 대접했을 때 모두 맛있다고 하셨던 요리예요.
감자를 특별하게 먹을 수 있어 좋고 국물까지 끝내주는 이름도 귀여운 감자옹심이!
과정은 좀 번거롭지만 너무 맛있으니 꼭 한번 만들어보세요

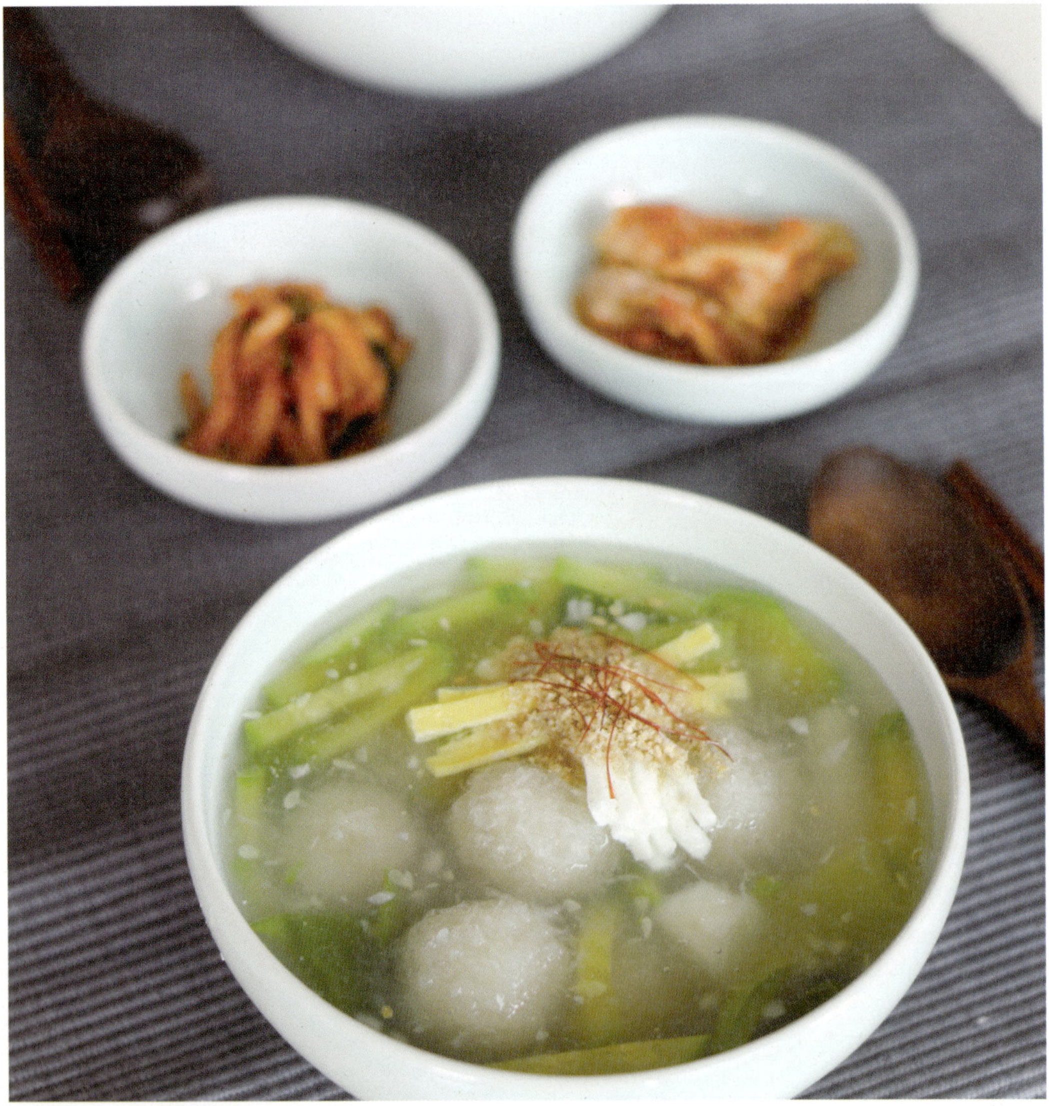

멸치육수 6컵, 감자(大) 4개,
애호박 ½개, 대파 1개, 참깨
1큰술, 소금 약간

HOW TO MAKE

1 감자는 껍질을 벗기고 강판에 갈아
요. 믹서기보다 강판에 가는 것이 백
배 더 맛있답니다. 감자를 갈고 남은
조각은 그대로 두거나, 큰 조각은 반
으로 잘라두세요.

2 강판에 간 감자는 면보에 넣어 짜거
나 체에 걸러 물기를 빼고 포슬포슬
한 건더기로 만들어요. 짜고 난 감자
물은 투명한 그릇에 담아 전분을 가
라 앉힙니다. 10분 정도 두세요.

3 그 사이에 채소를 손질해요. 대파는
큼직하게 썰고, 애호박은 통 썰기해
서 굵게 채 썰어요. 참깨는 갈아주
세요.

4 2번의 감자물에 하얗게 전분이 가라
앉았을 거예요. 위에 물은 살살 따라
내고 아래쪽 하얀 전분만 남겨두세요.

5 감자 으깨둔 것과 하얀 전분을 섞어
반죽을 만들어요. 소금 간을 살짝 해
주세요.

6 감자반죽을 동글동글하게 백 원짜
리 동전 크기로 빚어 옹심이를 만들
어요.

7 멸치육수가 끓으면 감자 조각(1)과
빚어놓은 옹심이를 넣어요.

8 옹심이가 위로 떠오르기 시작하면
애호박과 대파를 넣고, 1분 정도 더
끓여요. 국간장이나 소금으로 간하
고, 참깨를 갈아 듬뿍 얹어 드세요.

샐러드국수

⏱ **조리 시간** 20분
🍜 2인분

다이어트를 좀 해봐야겠다 생각될 때
한번씩 만들어먹곤 해요.
너무 맛있어서 다이어트가 될까 싶을 정도로
흡입하지만…. 채소를 듬뿍 먹었다는 사실에
마음은 한결 편안해지니까요.
다이어트를 꼭 해야겠다 싶으시면
채소의 양을 늘리시고, 국수 양은 확 줄여주세요.

🛒 READY

소면 2줌(약 150g), 샐러드채
소 2줌

국수 소스 간장 3큰술, 설탕
1큰술, 다진 마늘 ½큰술, 식
초 1큰술, 참기름 1큰술, 검
은깨 1작은술, 참깨 1작은술,
후추 약간

제이맘의 홈쿡 TIP
다진 땅콩을 넣으면 식
감이 좋아요.

👩‍🍳 HOW TO MAKE

1 샐러드로 사용할 채소는 잘 씻어서
물기를 털고 손으로 먹기 좋게 뚝뚝
떼어 놓아요.

2 **국수 소스** 재료를 모두 섞어주세요.

3 국수를 삶아요. 소면은 4~5분 정도면
익어요. 끓어오를 때 찬물을 살짝 부
었다가 다시 끓어오르면 불을 끄고
찬물에 여러 번 헹궈주세요.

4 소면을 둥글게 말아 채소와 함께 그
릇에 옮겨 담고, 그 위에 **국수 소스**를
부어요.

단호박영양밥

⏱ 조리 시간 45분
🥄 2인분

달달한 단호박에 쌀과 찹쌀,
좋아하는 잡곡을 넣어 만든 영양밥이에요.
단호박 그릇에 차곡차곡 영양을 채워 넣었어요.
간단한 반찬만 꺼내 식탁에 놓으면
그 자체로 요리가 됩니다. 맛도 좋고, 영양도 좋고,
보기에도 좋은 밥 요리해보세요.

RECIPE

🛒 **READY**

미니 단호박 2개, 쌀 1컵, 찹쌀 ½컵, 콩 1줌, 밤·은행·대추 각 10개 이내

🍳 **HOW TO MAKE**

1 쌀, 찹쌀, 콩을 넣고 밥을 지어요. 저는 귀리도 조금 넣어봤는데, 집에 있는 다른 잡곡을 조금 섞어도 돼요.

2 밤과 은행은 껍질을 까고, 대추는 돌려깎기한 뒤 돌돌 말아 썰어서 꽃 모양을 만들어요.

3 단호박은 꼭지 부분을 자르고 숟가락으로 속을 파낸 뒤 밥(1)으로 채우고, 밤과 대추, 은행을 고명으로 얹어요.

4 김이 오른 찜기에 넣고 10분간 쪄요. 단호박 크기에 따라 시간을 조절하세요. 옆면을 젓가락으로 찔렀을 때 잘 들어가면 익은 거예요.

한 그릇 밥

닭가슴살김치덮밥

조리 시간 15분
2인분

참 만만한 김치덮밥. 스팸을 송송 썰어 넣으면 스팸김치덮밥이 되고,
무심하게 참치캔 하나 톡 따서 넣으면 참치김치덮밥이 되는
무궁무진한 팔색조 매력을 지닌 메뉴이지요.
처음부터 김치와 밥을 넣고 달달 볶는 볶음밥과는 조금 달라요.
김치와 주재료를 먼저 맛있게 조리한 뒤 밥 위에 수북하게 얹어 먹는 덮밥이랍니다.

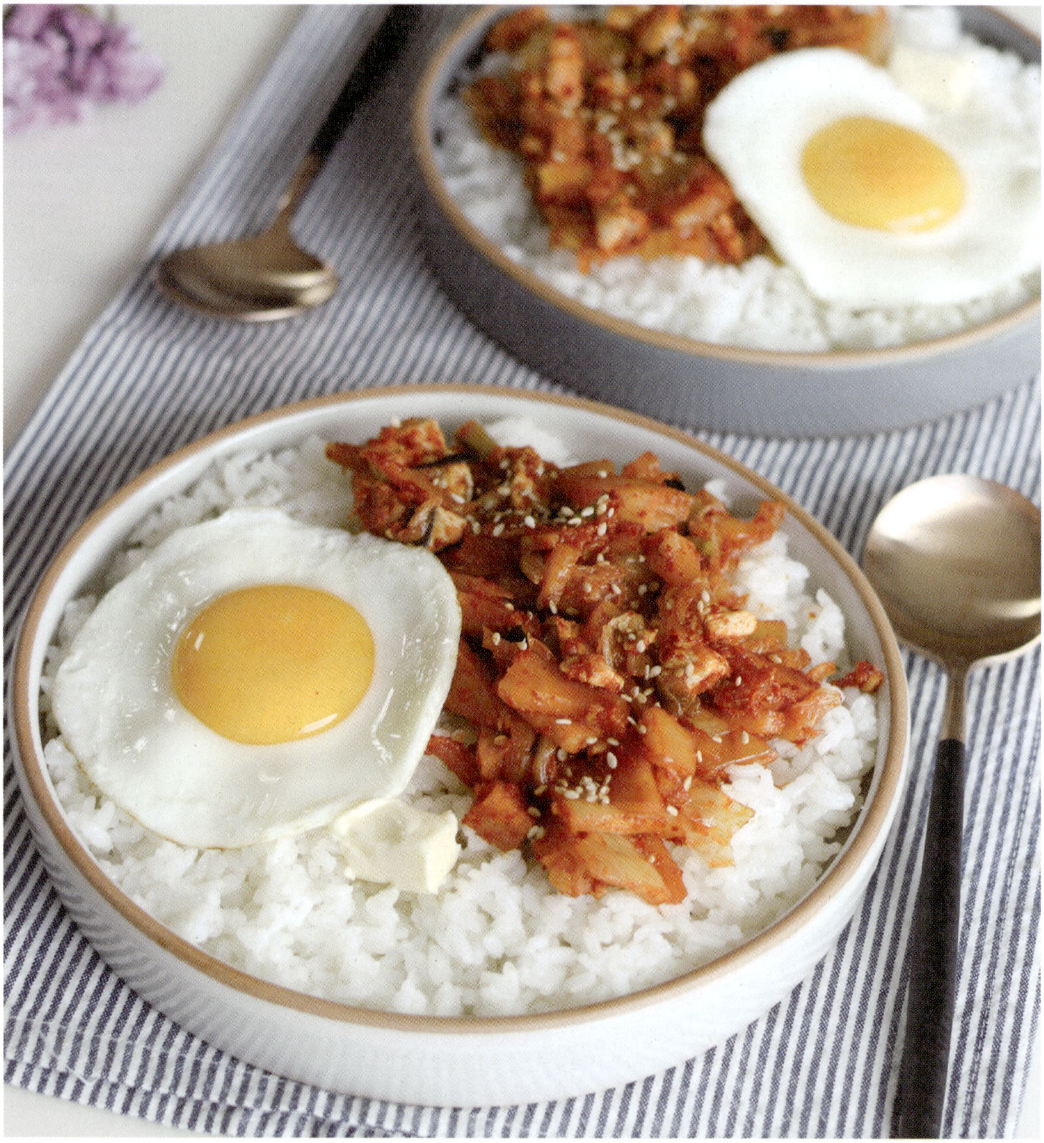

닭가슴살 1덩어리, 다진 김치 2컵, 식용유 1큰술, 고춧가루 ½큰술, 계란 2개, 버터 2조각, 대파(흰 부분) 약 10cm, 밥 1공기

HOW TO MAKE

1 대파는 작게 송송 썰고, 닭고기는 사방 1cm 정도의 크기로 사각썰기해주세요.

2 팬에 기름을 두르고 강불에서 대파를 볶아 향을 내주세요. 너무 오래 볶으면 대파가 타버리니까 적당히 향이 올라올 때까지만 볶아요.

3 여기에 닭가슴살을 넣고 함께 볶아요.

4 닭고기가 노릇하게 익어갈 때쯤 김치와 고춧가루를 넣어요. 고춧가루가 볶아지면서 매콤한 향이 날 거예요. 2~3분간 달달 볶아요.

5 그릇에 밥을 깔고 그 위에 **4**를 수북하게 얹어주세요.

6 계란프라이도 하나 만들어 김치 옆에 비스듬히 얹어주고, 그 옆에 작은 버터 조각 하나 더하면 완성!

닭가슴살 대신 참치나 햄, 돼지고기, 소고기 등을 이용해도 좋아요.

한 그릇 밥

소고기콩나물밥

조리 시간 30분
2인분

식감 좋고 고소한 콩나물과 쌀을 켜켜이 넣고 푹 익혀요.
여기에 맛있게 양념된 소고기를 듬뿍 얹고
입맛 돋우는 양념장을 곁들이면 어느새 한 그릇 뚝딱!
조금 번거로울진 몰라도 요리가 완성된 뒤 그간 미뤄놨던
드라마 한편 보면서 한 그릇 먹다 보면 기분이 좋아지실 거예요.

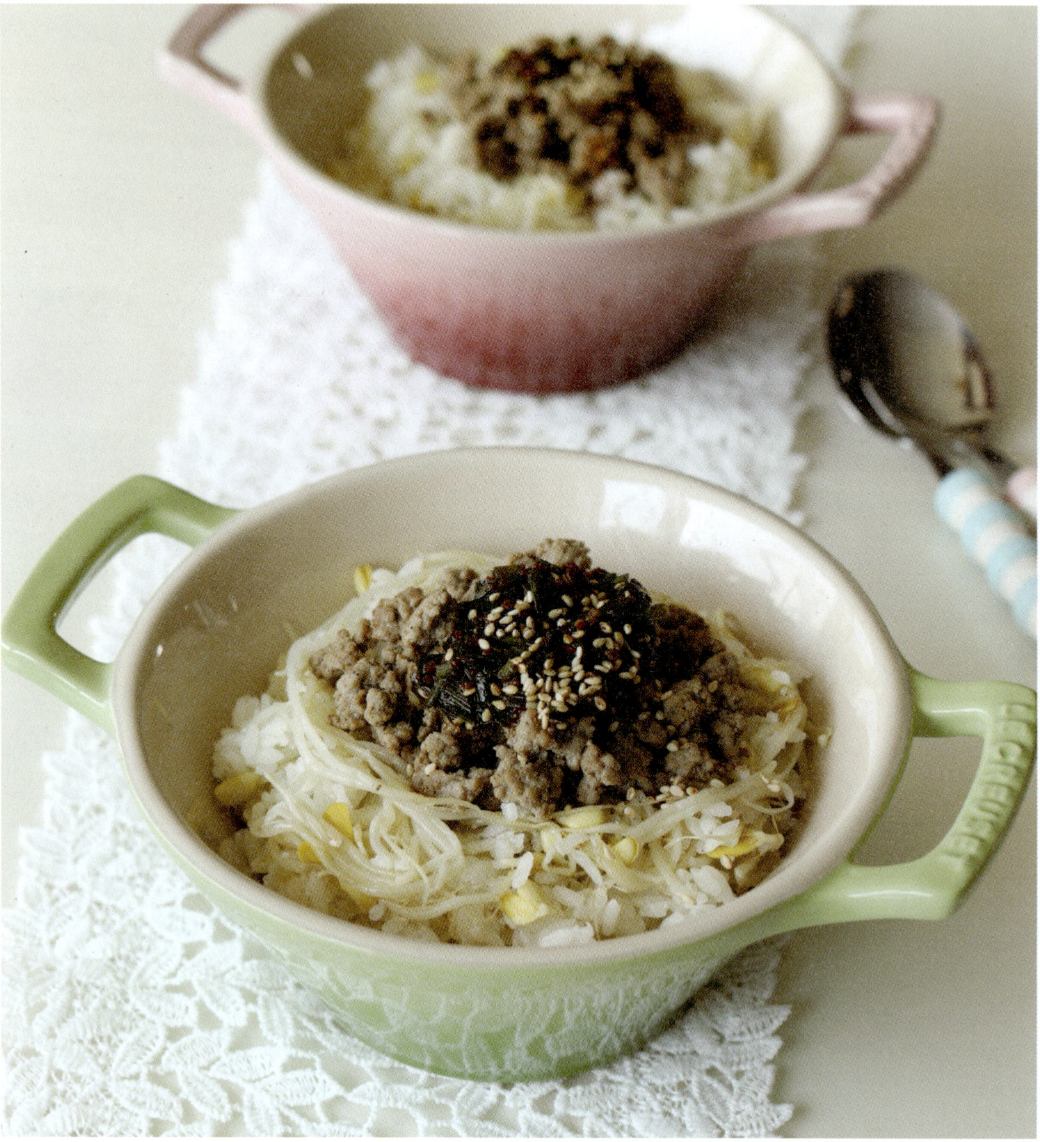

🧺 READY

소고기 다짐육 150g, 콩나물 1봉지(약 300g), 쌀 2컵, 물 1⅔컵

고기 양념 다진 마늘 ½큰술, 간장 1큰술, 맛술 1큰술, 소금·후추 약간씩

간장 양념 간장 3큰술, 다진 쪽파 1큰술, 고춧가루 ½큰술, 참기름 1큰술, 깨소금 ½큰술

🍳 HOW TO MAKE

1 쌀은 씻어서 물에 30분간 불려요.

2 콩나물은 깨끗이 씻어서 체에 밭쳐 물기를 빼주세요.

3 소고기는 **고기 양념**에 10분 이상 재워 두세요.

4 불린 쌀과 콩나물을 번갈아 냄비에 켜켜이 담아요. 쌀, 콩나물, 쌀, 콩나물 이렇게 쌀 사이사이에 콩나물을 넣어주면 돼요.

5 여기에 분량의 물을 넣어주세요. 콩나물에서 물이 나오니 평소보다 밥물을 적게 넣어요. 뚜껑을 닫고 불을 켜요. 강불에서 4~5분간 두면 끓기 시작하는데, 이때 중불로 줄이고 4분 더 두세요.

6 밥이 되는 동안 고기를 볶아요. 강불에서 젓가락으로 고기가 뭉쳐지지 않게 헤치면서 빠르게 볶아내요.

7 **간장 양념** 재료를 모두 섞어주세요.

8 밥이 다 되면 5분 정도 뚜껑을 닫은 상태로 뜸을 들여요. 밥과 콩나물을 그릇에 담고 볶은 고기와 **간장 양념**을 얹어주세요.

제이맘의 홈쿡TIP

· 콩나물과 쌀을 켜켜이 담으면 섞기도 편하고, 밥도 골고루 잘 익어 맛있는 밥이 돼요.

· 누룽지를 만들고 싶으면 **5번** 과정에서 중불로 줄인 뒤 5분간 두세요. 노릇한 누룽지가 만들어져요.

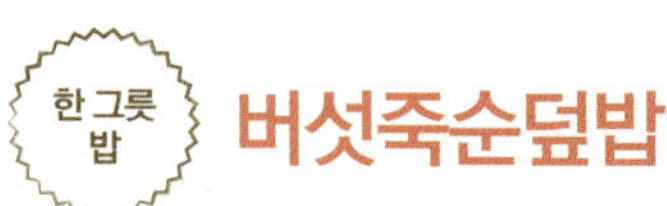

한 그릇 밥

버섯죽순덮밥

조리 시간 30분
2인분

버섯의 식감을 잘 살린 요리예요.
버섯이 국물요리에 들어가면 잔뜩 물을 머금은 물컹한 버섯이 되는데
이건 쫄깃쫄깃한 버섯의 식감을 고스란히 느낄 수 있거든요.
여기에 죽순까지 더해져 식감은 말도 못하게 좋죠.
밥에 얹어 먹어도 좋지만 우동면과 함께 볶아도 맛있어요.

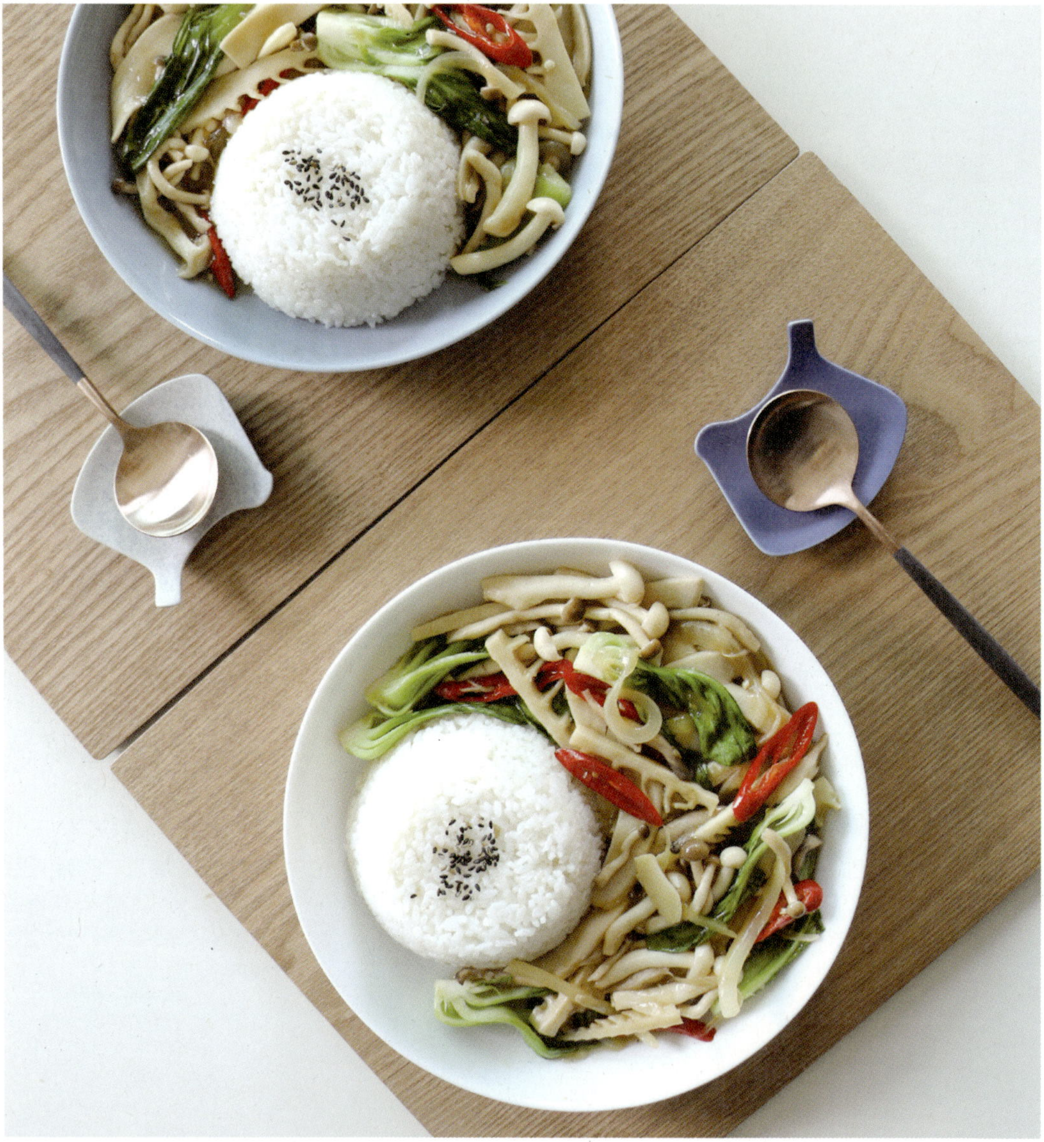

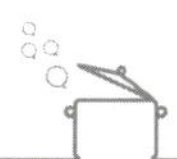

🧺 READY

새송이버섯 2개, 느타리버섯 1줌, 백만송이버섯 1줌, 삶은 죽순 1개, 양파 ½개, 마늘 4개, 홍고추 2개, 청경채 3개, 식용유 넉넉히, 참기름 약간

양념 간장 3큰술, 굴소스 1큰술, 맛술 2큰술
전분 물 감자전분 1큰술, 물 2큰술

🍳 HOW TO MAKE

1 마늘은 편 썰고, 양파는 두껍게 채 썰어요. 홍고추는 길쭉하게 어슷 썰고, 죽순은 결대로 길게 채 썰고, 청경채는 머리 부분을 십자로 갈라 4등분해 둬요.

2 새송이버섯은 길고 납작하게 썰고, 느타리버섯과 백만송이버섯은 밑동을 잘라낸 뒤 두꺼운 것만 반으로 찢어주세요.

3 웍에 기름을 넉넉히(약 3큰술) 두르고 마늘을 볶다가 향이 올라오면 양파를 넣고 볶아요. 강불에서 빨리 볶아요.

4 양파가 반쯤 익었을 때 죽순과 버섯들을 넣고 같이 볶아요. 1분을 넘기지 않게, 버섯이 살짝 숨이 죽을 정도로만 볶아야 해요. 강불을 계속 유지하세요.

5 여기에 **양념**을 넣고 한번 뒤적여요. 양념이 고루 묻을 정도, 10초면 충분해요.

6 물 1컵을 붓고, 끓기 시작하면 홍고추를 넣고 약불로 줄여요. **전분 물**로 국물 농도를 맞춰줍니다. 전분 물을 휘리릭 두른 뒤 섞어주세요.

7 청경채를 머리 부분부터 넣고 불을 꺼요. 남은 열로 청경채가 살짝 익으면 참기름을 넣어요. 밥과 함께 담아내면 됩니다.

제이맘의 홈쿡 TIP 삶은 죽순은 대형 마트에서 쉽게 구할 수 있어요. 다양한 버섯을 이용해서 만들어보세요. 팽이버섯을 넣으면 식감이 좋아요. 표고버섯을 넣으면 향이 풍부한 덮밥이 되고요. 강불에서 재빨리 볶아 버섯의 식감을 살리는 것이 가장 중요합니다.

빠르게 그러나 푸짐하게 차리는
평일 저녁

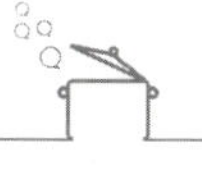

고단했던 하루의 끝, 모두가 행복해지는 시간

하루 중 가장 여유롭게 식사를 할 수 있는 저녁. 이때는 식구들에게 미리 신청 메뉴를 받아 요리할 수 있어요. 물론 냉장고 마사지를 받지 않은 즉석 반찬도 만들어야죠.

남편과 아이와 둘러 앉아 이야기 꽃을 피우며 여유롭게 식사를 합니다. 얼큰한 국이나 찌개를 끓인 날에는 남편은 슬쩍 냉장고에서 소주 한 병을 꺼내오기도 하고요. 아이는 맛있는 반찬을 더 달라고 하기도 해요. 하루 종일 고생한 가족들에게 엄마가 주는 큰 상입니다.

"수고 많았어요, 여보~ 많이 드세요."

"우리 딸, 오늘 많이 힘들었지? 기특하구나."

고단한 그들의 하루를 보상해주는 밥상은 그 어떤 산해진미가 없어도 충분히 특별합니다. 식사를 하며 서로를 응원하고, 다독여주고, 때론 함께 화도 내주고… 그렇게 우리는 더 사랑하고 아끼게 됩니다.

식사를 마치면 아이는 자기가 먹은 수저와 그릇을 설거지통에 담그고, 남편은 팔을 걷어 부치고 설거지를 합니다.

그럼 저는 간단한 과일이나 차로 후식을 준비해요.

우리의 저녁 시간은 늘 별 거 없이 이렇게 고요하고 따뜻하게 지나가지요.

행복은 별게 아니에요.

이렇게 사랑하는 사람들과 함께 밥 한술, 과일 한 조각을 나눌 수 있다는 것…

그 평범함이 가장 큰 행복이라는 거… 시간이 지날수록 확실해지는 진리입니다.

고단했던 하루를 마친 뒤 포근한 이불에 몸을 묻고 오늘도 내 가족들 잘 챙겨 먹였구나…

뿌듯한 맘으로 잠을 청해요.

두부쑥갓무침

⏱ **조리 시간** 10분

🍵 2인분

부드러운 두부와 향긋한 쑥갓의 만남!
쑥갓만 따로 무쳐먹곤 하지만 이렇게 가끔 두부를
다져 함께 무치면 훨씬 맛있어져요.
소화도 잘되고 쑥갓 싫어하는 아이들도 조금은
거부감 없이 먹을 수 있답니다.
쑥갓 대신 시금치를 사용하셔도 좋아요.
요리는 응용하는 재미가 쏠쏠하니까요.

🧺 **READY**

두부 ¼모, 쑥갓 1줌

무침 양념 소금 ½작은술, 참
기름 ½큰술, 참깨 1작은술

🍳 **HOW TO MAKE**

1 쑥갓은 시든 잎과 지저분한 부분을
잘라내고, 끓는 물에 줄기 부분부터
넣어 데쳐주세요. 5초 뒤에는 잎 부
분까지 전부 잠기게 하고, 바로 꺼내
서 찬물에 헹구면 돼요.

2 찬물 샤워를 마친 쑥갓은 한입 크기
로 자르고, 두부는 칼 옆면으로 으깬
다음 면보나 두 손으로 꼭 짜서 물기
를 최대한 빼주세요.

3 볼에 두부와 쑥갓, **무침 양념**을 넣고
살살 무쳐요. 심심하게 무쳐서 담백
하게 먹는 게 제일이지만 간이 부족
하다고 느껴지면 소금을 1꼬집 정도
만 더 넣어보세요.

오이상추겉절이

⏱ 조리 시간 5분
🍵 2인분

주말이면 가족끼리 둘러 앉아
지글지글 삼겹살 파티, 자주 하시죠?
한입 가득 상추쌈을 싸먹는 것도 좋지만 가끔은
상추 겉절이도 괜찮아요. 고기 위에 겉절이
듬뿍 올려 입에 쏙 넣으면 심쿵!
상추가 시들시들 처치곤란일 때도
이렇게 해놓으면 순식간에 빈 접시가 된답니다.

🧺 READY

상추 10장, 오이 1개, 참기름
1작은술, 참깨 약간

무침 양념 간장 1큰술, 식초
1큰술, 설탕 1작은술, 고춧가
루 1작은술

🍲 HOW TO MAKE

1 오이는 깨끗이 씻어 세로로 길게 자
른 뒤 얇게 어슷 썰어요. 상추는 한입
크기로 뚝뚝 잘라주시고요.

2 볼에 **무침 양념** 재료를 모두 넣고, 설
탕이 녹을 때까지 저어주세요.

**제이맘의
홈쿡 TIP**

간이 잘 배지 않는 배추나 무
같은 채소는 맨손으로 무쳐서
손의 온도로 간이 더 잘 밸 수
있게 하면 좋아요. 그러나 상추 같은 잎채소
는 손의 온도로 인해 채소의 숨이 죽지 않도
록 무쳐야 더 맛있게 먹을 수 있어요. 젓가락
으로 뒤적여 무쳐도 상관없고요.

3 여기에 상추와 오이를 넣고 젓가락
으로 가볍게 무친 뒤 참기름과 참깨
를 넣고 한번 더 무쳐주세요.

시금치무침

⏱ **조리 시간** 10분
🍵 2인분

나물 하면 떠오르는 '진짜 기본 반찬'이죠.
어릴 적엔 시금치라는 단어만 들어도
싫다고 안 먹곤 했는데…
이 맛있는 걸 왜 거부했을까요?
시금치나물은 만들어 바로 먹어야 맛있죠.
비빔밥이나 김밥의 재료로 써도 좋고요.
간만 잘 맞춘다면 실패하기 정말 어려워요.

🧺 READY

시금치 1단

무침 양념 소금 1작은술, 다진 마늘 1작은술, 참기름 2작은술, 참깨 1작은술

🍳 HOW TO MAKE

1 시금치를 손질(p.18 참고)한 뒤 데치고, 찬물에 헹궈내요.

2 찬물 샤워를 마친 시금치는 두 손으로 꼭 짜서 물기를 제거하고, **무침 양념**과 함께 조물조물 무쳐주세요.

매콤 콩나물무침

⏱ 조리 시간 10분
🥄 2인분

아삭한 식감의 콩나물은 담백함이 일품이죠.
최소한의 양념으로 하얗게 무쳐도 좋고,
고춧가루를 넣어 매콤하게 무쳐 먹어도 좋아요.
저는 입맛이 없을 때 찬밥에 매콤한
콩나물무침이랑 고추장을 넣고, 참기름을
한 방울 흘려 숟가락으로 쓱쓱 비벼먹어요.
이게 바로 집 나간 입맛도 돌아오는 맛이라니까요.

RECIPE

🛒 READY

콩나물 1봉지

무침 양념 고춧가루 1큰술,
다진 파 2큰술, 다진 마늘 ½
큰술, 간장 2큰술, 들기름 1
큰술, 참깨 ½큰술

제이맘의 홈쿡 TIP

· 달래나 부추와 함께 무
쳐도 맛있어요. 파채
와 함께 무치면 고기와
도 잘 어울린답니다. 달래나 파와 함
께 무칠 때는 재료에 녹아 있는 본래
의 매운맛이 있으니 고춧가루 양을 반
으로 줄여요.

· 국물이 촉촉한 콩나물무침을 만드는
레시피입니다. 물기 없는 깔끔한 콩
나물무침을 만들고 싶으면 위의 **무침
양념** 재료에서 간장 대신 소금 2꼬집
넣어주세요. 소금의 양은 간을 보며
조절하세요. 어린 아이들에게 먹일
때는 위의 레시피에서 고춧가루만 빼
주세요.

🍳 HOW TO MAKE

1 콩나물을 데쳐요. 냄비에 물을 넉넉
히 붓고 끓으면 콩나물을 넣어 뚜껑
을 연 채로 5분간 삶아요.

2 데친 콩나물은 찬물에 담가주세요.
이 과정에서 콩나무 머리에 붙어 있
던 껍질들이 제거돼요. 체에 밭쳐 물
기를 쫙 빼주세요.

3 볼에 콩나물과 **무침 양념** 재료를 넣
고 조물조물 무쳐주세요.

참나물무침

⏱ 조리 시간 5분
🥣 2인분

참나물은 어떤 스타일로 요리하던 간에
늘 맛있어요. 생으로 무심하게 쓱쓱 무치거나,
살짝 데쳐서 무치거나 상관이 없지요.
우리 가족은 생으로 무친 걸 더 좋아라해요.
참나물 특유의 향이 그대로 담겨있고,
씹는 맛도 느낄 수 있거든요.

🧺 READY

참나물 2줌

- -

무침 양념 간장 1큰술, 고춧
가루 ½큰술, 식초 1큰술, 매
실액 1큰술, 참기름 ½큰술,
참깨 1작은술

🤚 HOW TO MAKE

1 참나물은 깨끗이 씻어서 시들한 부
분은 잘라내고, 한입 크기로 잘라요.

2 **무침 양념** 재료를 섞어주세요.

3 여기에 참나물을 넣고 젓가락으로
살살 무쳐주세요. 손이 닿으면 참나
물의 숨이 죽어버려요.

부추무침

바로 만들어 먹는 밑반찬

⏱ 조리 시간 10분
🍚 2인분

부추는 금방 물크러지기 때문에
부추 1단을 사면 꼭 남아서 처치 곤란이 돼요.
그럴 때면 저는 전을 부치거나
무쳐서 반찬을 만들곤 합니다.
매콤한데 또 부추 특유의 달큰한 맛이 느껴지지요.
넉넉잡아 10분이면 뚝딱 완성되니까 급할 때
해먹기도 좋은 초간단 반찬입니다.

RECIPE

🧺 READY

부추 2줌, 양파 또는 적양파 ¼개

무침 양념 간장 1큰술, 설탕 ½큰술, 고춧가루 ½큰술, 식초 1큰술, 들기름 1큰술, 참깨 ½큰술

🧺 HOW TO MAKE

1 부추는 손질(p.18 참고)한 뒤 한입 크기로 썰고, 양파는 얇게 채 썰어요.

2 볼에 **무침 양념** 재료를 모두 넣고, 설탕이 녹을 때까지 저어주세요.

3 여기에 부추와 양파를 넣고, 쓱쓱 버무려요.

제이맘의 홈쿡 TIP
손으로 버무리는 것보다 젓가락을 이용해서 버무리는 게 좋아요. 손의 열기 때문에 부추 숨이 죽어버리면 맛이 없거든요. 그리고 간장 대신 액젓으로 간을 맞춰도 좋아요.

숙주나물무침

⏱ **조리 시간** 15분
🥣 2인분

명절 때마다 빠지지 않고 등장하는
나물 중 하나지요. 콩나물과 비슷하게 생겼지만
씹는 식감이 더 부드럽고 재미있어요.
숙주는 볶아도, 무쳐도 좋고,
쌀국수나 볶음 우동에 넣어 먹기도 좋아요.
 일단 저는 가장 기본이 되는
숙주나물무침부터 만들어볼게요.

🧺 **READY**

숙주 ½봉지, 참기름 1큰술,
참깨 1작은술

무침 양념 다진 마늘 1작은
술, 소금 1작은술, 다진 쪽파
1큰술

🍳 **HOW TO MAKE**

1 깨끗하게 씻은 숙주를 끓는 물에 2분
~2분 30초 정도 데쳐요.

2 데친 숙주는 찬물에 재빨리 헹구고,
두 손으로 꼭 짜서 물기를 빼주세요.

3 볼에 **무침 양념** 재료를 모두 넣고, 조
물조물 소금이 녹을 때까지만 무쳐
줍니다. 마지막에 참기름과 참깨를
넣고 한번 더 무쳐요.

달래무침

🕐 조리 시간 10분

🍲 2인분

매콤 새콤 싹싹 무쳐 입 안에 넣으면
봄을 머금은 것만 같은 달래무침.
달래는 봄이 되면 우리 가족 식탁에
빠지지 않고 등장하는 재료랍니다.
개인적으로 가장 좋아하는 나물이에요.
이름 마저 너무나 사랑스럽지 않나요?

🧺 READY

달래 1줌

- - - - - - - - - - - - - - - - - - - -

무침 양념 간장 1큰술, 설탕
½큰술, 식초 1½큰술, 고춧
가루 ½큰술, 참기름 1큰술,
깨소금 1작은술

🍳 HOW TO MAKE

1 손질한 달래(p.19 참고)를 5cm 정도
길이로 잘라주세요.

2 **무침 양념** 재료를 잘 섞어주세요.
설탕이 모두 녹을 때까지 저어주면
돼요.

**제이맘의
홈쿡TIP** 오래 무치면 달래 숨이
죽어버려서 맛이 없어
요. 손의 열기가 전해
지지 않게 비닐 장갑을 끼고 양념이
잘 섞일 정도로만 2~3번 뒤집어가며
무쳐주세요. 젓가락으로 살짝 버무려
도 좋고요.

3 여기에 달래를 넣고 젓가락으로 가
볍게 버무려요.

깻순나물

⏱ **조리 시간** 10분
🥄 **2인분**

깻순은 깻잎의 새순을 말해요.
깻잎은 잎 위주로 따지만 깻순은 줄기까지 따서
살짝 데쳐먹곤 하지요. 향이 참 좋아요.
최소한의 양념으로 무쳐낸 깻순나물에 고추장과
참기름을 넣고 쓱쓱 밥 비벼 먹으면 너무 맛있어요.

🧺 READY

깻순 3줌

양념 소금 2꼬집, 참기름 1큰술, 참깨 1작은술, 다진 마늘 1작은술

🍳 HOW TO MAKE

1 깻순을 살짝 데쳐주세요. 물이 끓으면 손질한 깻순을 넣고, 뒤적뒤적 10초 정도만 데친 뒤 건져내요.

2 찬물에 헹궈 손으로 물기를 꽉 짜두세요.

3 볼에 데친 깻순과 **양념** 재료를 모두 넣고 손으로 조물조물 무쳐요.

열무된장무침

⏱ 조리 시간 10분

🍵 2인분

매년 6~8월이면 우리 집 식탁은 아삭하고 시원한 열무 반찬과 함께 정겹고 소담한 한 상이 차려지지요. 시장에 나가 열무 한단 사들고 와 겉절이도 담가 먹고 무침도 해서요. 특히 줄기가 여린 열무는 무쳐야 본연의 신선함을 제대로 느낄 수 있어요.

🧺 READY

열무 1줌

무침 양념 된장 1큰술(집된장은 ½큰술), 다진 마늘 ½큰술, 들기름 1큰술, 올리고당 ½큰술, 국간장 1큰술, 참깨 약간

🍳 HOW TO MAKE

1 끓는 물에 손질한 열무를 5분간 삶은 뒤 건져내 찬물에 헹구고, 물기를 꽉 짜주세요.

2 열무를 먹기 좋은 길이로 잘라줍니다. 약 5~6cm 정도가 적당해요.

제이맘의 홈쿡 TIP

열무처럼 줄기가 두꺼운 채소류를 맛있게 무쳐 먹으려면 간을 좀 세게 하는 것이 좋아요. 채소에서 물이 나와 나중에 싱거워질 수 있거든요. 손가락으로 양념을 콕 찍어 맛보았을 때 조금 짜다 싶을 정도여야 먹을 때 간이 적당해요.

3 **무침 양념** 재료를 모두 섞어주세요.

4 여기에 열무를 넣고 조물조물 무쳐주세요.

바로 만들어 먹는 밑반찬

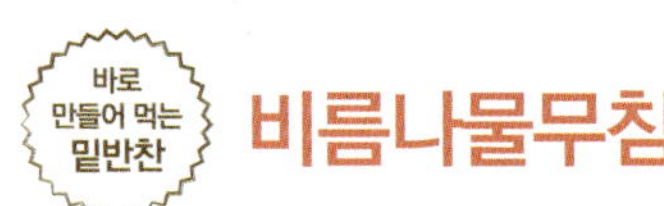

비름나물무침

조리 시간 10분
2인분

대부분의 나물이 약간의 쓴맛을 갖고 있는 것과 다르게 비름나물은 담백해요.
끝맛이 달콤할뿐 아니라 씹는 질감도 부드러워 아이들도 잘 먹지요.
아이들과 함께 먹을 땐 간단히 소금과 참기름만으로 간을 해
담백하게 먹는 것이 좋지만 전 이게 약간 심심하게 느껴지더라고요.
그래서 고추장 양념에 매콤하게 무쳐봤어요.
양념의 감칠맛과 비름나물이 잘 어우러지면서 입맛 돋는 반찬 완성!
이렇게 저는 오늘도 밥 한 공기를 뚝딱합니다.

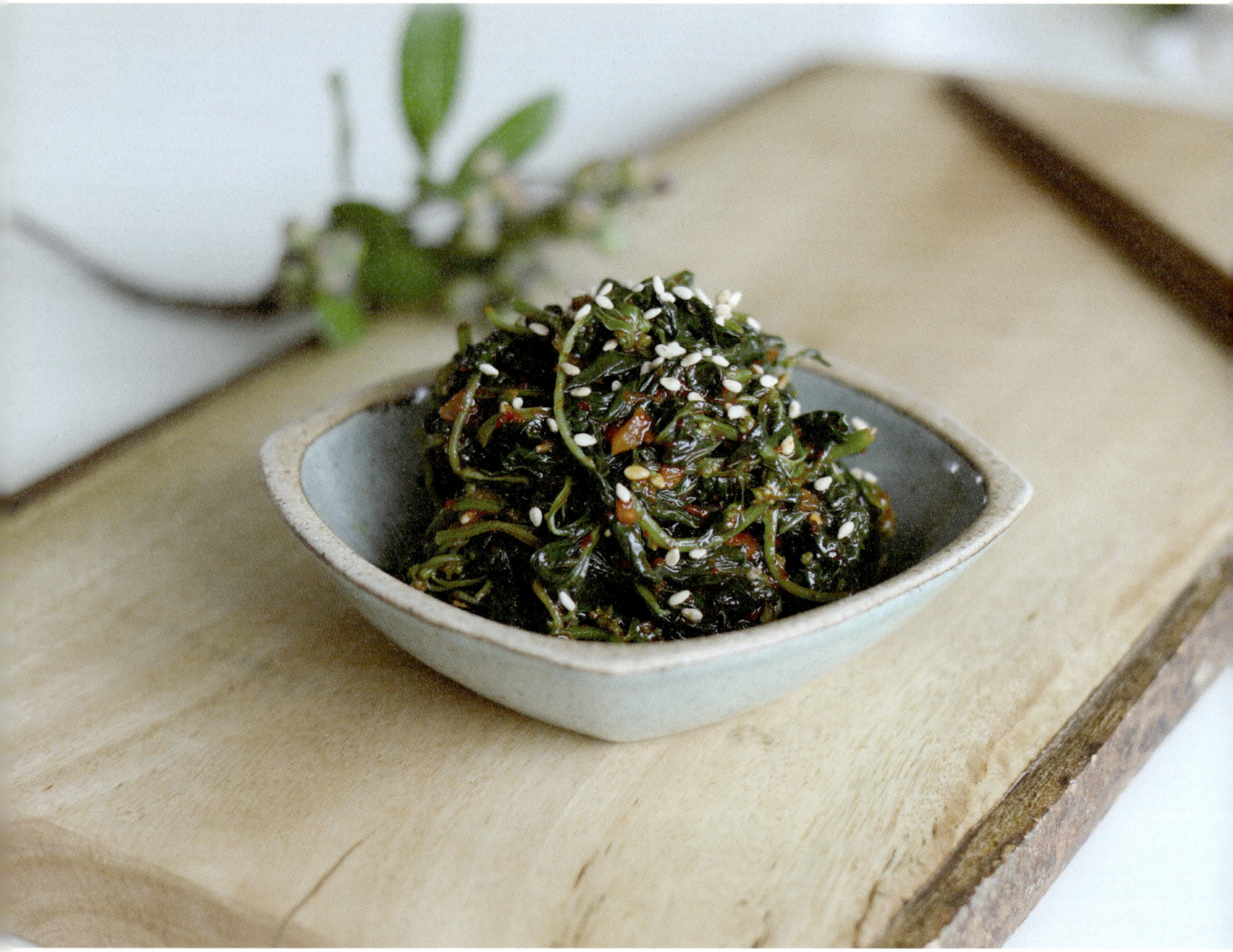

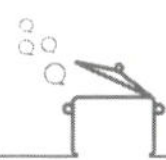

비름나물 4줌, 소금 1작은술

무침 양념 고추장 1큰술, 다진 마늘 1작은술, 고춧가루 ½큰술, 설탕 ½큰술, 참기름 1큰술, 참깨 1작은술, 식초 1큰술

🧤 **HOW TO MAKE**

1 비름나물의 굵은 줄기 부분은 단단해서 나물로 무쳤을 때 식감을 해칠 수 있으니 잎 부분과 연한 어린 줄기만 똑똑 따주세요.

2 손질한 비름나물은 깨끗이 씻은 뒤 체에 밭쳐 두세요.

3 끓는 물에 소금과 비름나물을 넣고 10~15초간 데쳐주세요. 젓가락으로 살살 뒤적이다가 바로 건져내 찬물에 헹궈주세요.

4 찬물 샤워를 마친 비름나물은 두 손으로 물기를 꽉 짜둡니다.

5 **무침 양념** 재료를 모두 섞어주세요. 참기름과 참깨는 나중에 넣으면 더 좋은데, 귀찮다면 한번에 섞어도 상관없어요.

6 준비한 나물의 양이 조금씩 다를 테니 양념을 한번에 넣지 말고 반만 넣고 무쳐 맛을 본 다음, 양념을 추가해가며 간을 조절하는 것이 좋아요. 조물조물 양념이 잘 배도록 무쳐주세요.

제이맘의 홈쿡 TIP

시금치 같은 녹색 채소를 데칠 때 소금을 조금 넣어주면 초록빛이 더욱 선명해져 먹음직스러운 나물 요리를 만들 수 있어요.

우렁뽀글장

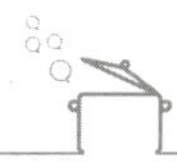

무 약 1cm 두께, 애호박 ¼
개, 새송이버섯 1개, 우렁 1
줌, 대파(흰 부분) 약 10cm,
된장 2큰술, 멸치육수 2컵,
고추 1개

밥에 쓱쓱 비벼 먹어도 좋고, 쌈장처럼 쌈을 싸먹어도 맛있는 뽀글장이에요.
단백질 덩어리 우렁을 듬뿍 넣어 구수한 된장과 함께 끓여 먹어요.
만들기도 쉽고 구수한 된장 요리.
아마 뽀글장 싫어하는 한국 사람은 없을 거예요.

HOW TO MAKE

1 무, 새송이버섯, 호박은 모두 사방 1cm 정도 크기로, 대파는 작게 송송 썰어주세요.

2 멸치육수를 팔팔 끓여요.

3 육수가 끓으면 된장을 풀고, 다시 끓어오를 때 무를 넣고 더 끓여요. 매콤하게 먹고 싶으면 이때 고춧가루 ½ 큰술을 넣으면 돼요.

4 우렁과 호박, 버섯, 대파를 모두 넣고 계속 끓여요.

5 끓어오르면 어슷 썬 고추를 넣고 불을 꺼주세요.

김치뭉텅찌개

돼지고기 목살(또는 앞다리살) 250g, 김치 ⅛포기(잘랐을 때 2컵 가득 분량), 두부 ½모, 대파(흰 부분) 약 10cm, 멸치육수 4컵, 고춧가루 1큰술, 국간장 1큰술, 식용유·소금 약간씩, 다진 마늘 1큰술

어릴 적 어머니께서 끓여주시던 김치찌개는 별다른 재료가 안 들어갔는데도 그렇게 맛있을 수가 없었어요. 흰밥에 한술 얹어 비벼먹기도 하고, 아버지는 자연스레 반주를 한잔 하실 수밖에 없는 매력적인 맛이었지요. 대충 끓여도 맛 좋은 김치찌개, 우리 가족이 제일 좋아하는 메뉴랍니다.

1 돼지고기와 두부, 김치는 모두 투박하게 듬성듬성 썰어주세요. 대파는 어슷 썰어주세요.

2 달군 냄비에 돼지고기를 넣고 강불에서 볶아주세요. 돼지고기는 지방이 많은 부위면 기름을 두르지 않아도 되지만 살코기의 경우 기름을 살짝 둘러주세요.

3 고기 겉면이 익으면 김치와 고춧가루를 넣고 함께 볶아줍니다.

4 김치 향이 알싸하게 올라온다 싶으면 멸치육수, 다진 마늘, 국간장을 넣고 뚜껑을 닫은 채로 중불에서 10분간 푹 끓여주세요.

5 여기에 두부와 대파를 넣고 부족한 간은 소금으로 맞춘 뒤 1~2분간 더 끓여주세요.

국과 찌개

얼큰 소고기뭇국

조리 시간 40분
2인분

뭇국은 하얗고 깔끔 담백하게 끓여도 맛있지만 빨갛게 끓이면 더 진국이랍니다.
육개장과는 다른 깔끔하면서도 개운한 맛이 끝내주거든요.
해장으로도 좋고 여름철 몸보신용으로도 으뜸!
찬바람이 불 때도 생각나는 사계절 맛있는 국이에요.

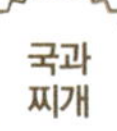

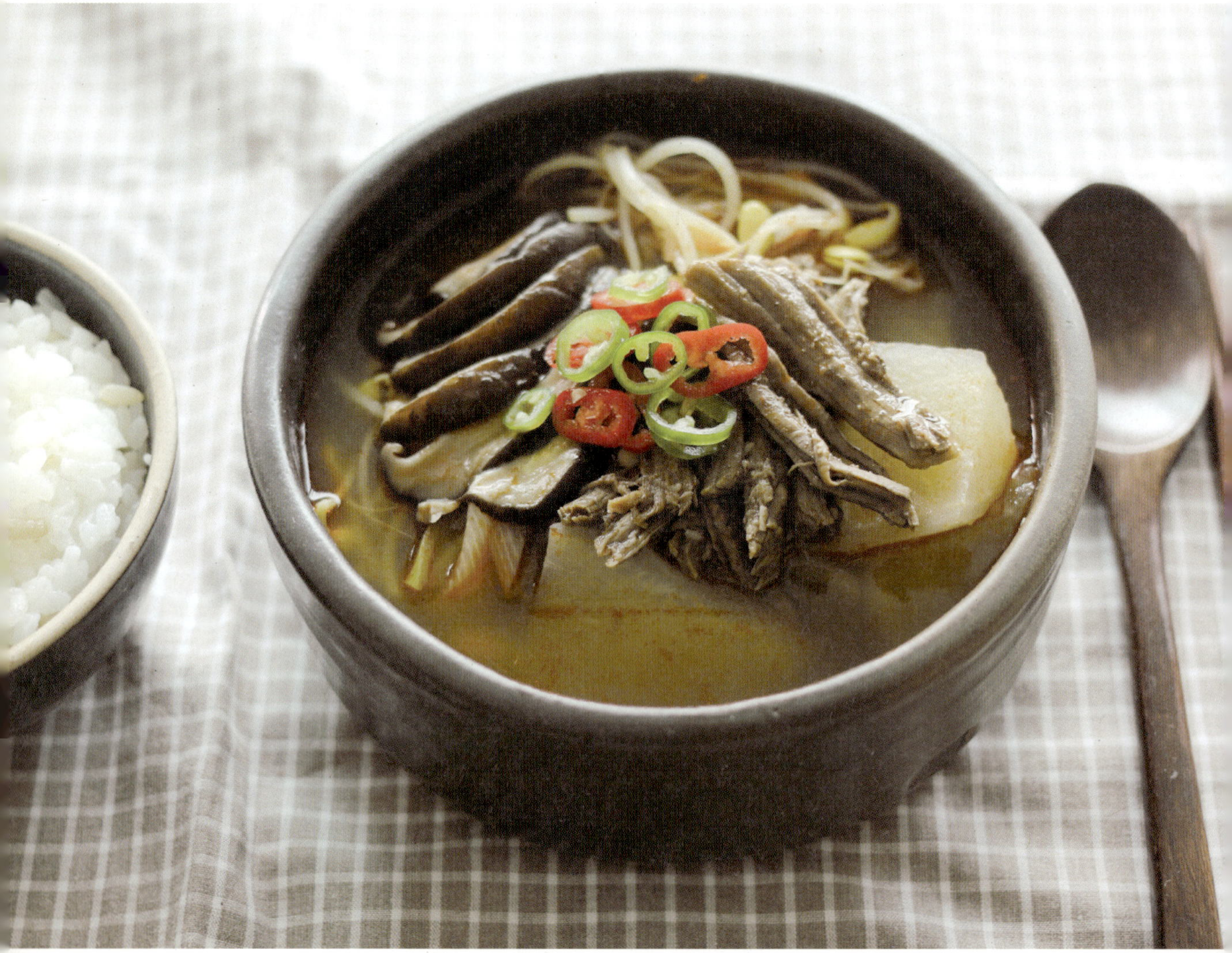

소고기 양지 300g, 무 약 5cm
두께, 표고버섯 1줌, 대파(흰
부분) 약 10cm, 콩나물 1줌,
소금 · 국간장 약간씩

고기 양념 고춧가루 1큰술,
다진 마늘 1큰술, 국간장 2큰
술, 들기름 1큰술

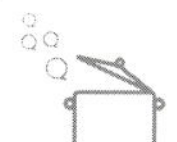

🤚 **HOW TO MAKE**

1 소고기는 찬물에 30분간 담가 핏물
을 빼주세요.

2 무는 투박하게 삐져 썰고, 표고버섯
은 밑동(검은 부분)을 자른 뒤 잘게
찢고, 갓 부분은 도톰하게 썰어줍니
다. 대파는 어슷 썰기해주세요.

3 냄비에 물을 넉넉히 붓고, 고기를 넣
어 강불에서 삶아주세요. 냉동했던
고기를 사용한다거나, 고기 잡내가
걱정된다면 통마늘 4~5개, 통후추 10
개를 넣고 함께 삶으면 돼요. 끓어오
르면 거품을 걷어내고 뚜껑을 닫은
채 중불에서 30분 정도 푹 삶아요. 삶
은 고기는 결대로 쭉쭉 찢어주세요.

4 고기 삶은 물은 한번 더 끓여요. 끓어
오르면 무를 넣고 다시 끓여요.

5 무가 익는 동안 아까 찢어놓은 고기
에 **고기 양념** 재료를 모두 넣고 손으
로 조물조물 해주세요.

6 무가 반 정도 익으면(살짝 반투명해
지면) 양념한 고기를 넣고 강불에서
팔팔 끓여줍니다.

7 무가 완전히 익으면 표고버섯과 콩
나물, 대파를 넣고 2~3분간 더 끓여
요. 중간중간 맛을 보며 소금이나 국
간장으로 부족한 간을 해주세요. 매
운맛을 원한다면 고춧가루나 청양고
추를 추가하면 됩니다.

꽁치김치찌개

조리 시간 30분
2인분

냉장고가 텅텅 비어 무얼 먹을까 고민할 때, 바로 주방 어딘가에 저장해놓은 통조림이
빛을 발하는 때입니다. 한동안 묵혀두었던 김장 김치에 꽁치 통조림을 넣고,
바글바글 끓이면 밥 한 공기 해치우는 건 일도 아니죠.
주의해야 할 점은 비린내를 잡는 거예요.
지금, 비린내 안 나게 꽁치김치찌개 끓이는 법을 알아볼까요?

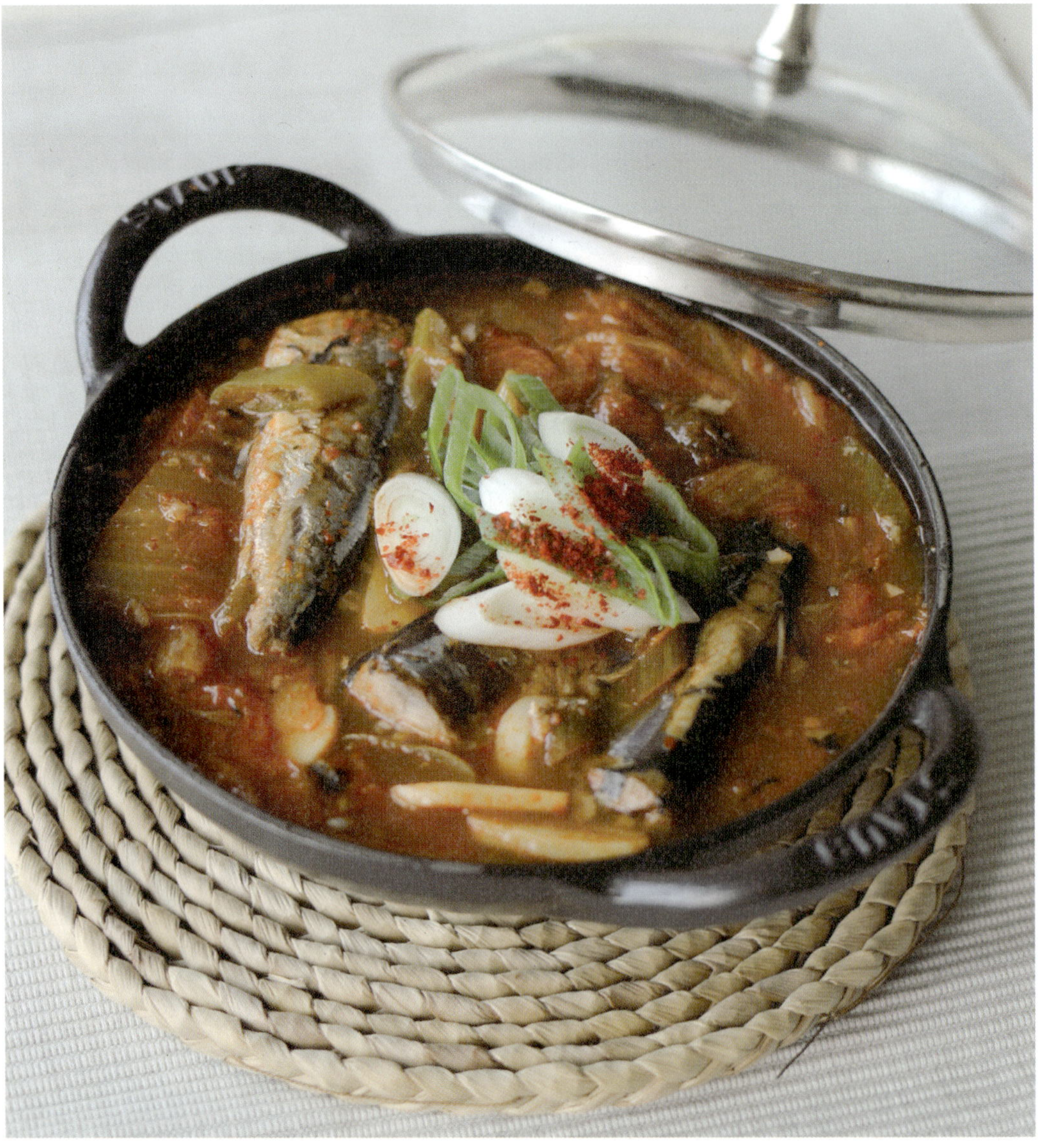

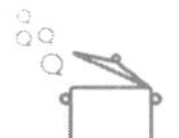

멸치육수 4컵, 식용유 2큰술,
꽁치 통조림 1캔, 김치 ¼포
기, 마늘 3개, 청양고추 1개,
대파 약 10cm, 고춧가루 1큰
술, 매운 고춧가루 ½큰술

HOW TO MAKE

1 고추와 대파는 어슷 썰고, 마늘은 편으로 썰어주세요.

2 김치는 한입 크기로 듬성듬성 썰어줍니다. 속을 많이 넣은 김치라면 속을 살짝 털어내요.

3 꽁치 통조림은 건져낸 뒤 뜨거운 물을 2~3번 부어 비린내를 날려주세요.

4 냄비에 기름을 두르고 마늘과 고추를 볶아 향을 내요.

5 1분 정도 볶아서 향이 올라오면 김치를 넣고 함께 볶아요.

6 여기에 고춧가루를 넣어주세요. 고춧가루의 양은 취향껏 조절하면 돼요(레시피대로 하면 매콤한 김치찌개가 됩니다.). 2~3분 정도 강불에서 달달 볶아주세요.

7 여기에 멸치육수 2컵을 부어 끓으면 꽁치를 넣고, 뚜껑을 닫은 채로 중불에서 5분간 바글바글 끓여주세요.

8 육수 2컵을 마저 붓고 끓여요. 끓어오르면 국간장이나 소금으로 간을 하고, 대파를 넣은 뒤 한소끔 끓여주세요.

고등어 통조림도 같은 방법으로 조리하세요. 비린내에 특히 예민하신 분이라면 꽁치에 뜨거운 물을 붓는 과정 대신, 끓는 물에 소주나 청주 ½컵을 넣고 꽁치를 살짝 데치듯이 1~2분간 끓인 뒤 사용하시면 됩니다.

국과 찌개

바지락순두부찌개

조리 시간 20분
2인분

순두부찌개는 담백하게 김치만 넣어 끓이기도,
고기를 넣고 푸짐하게 끓이기도 하지요.
하지만 우리 가족은 시원하게 바지락 넣고 끓여 먹는걸 더 좋아해요.
바지락을 넣으면 국물 맛이 깊어지고, 바지락살 골라먹는 재미도 느낄 수 있거든요.
쫄깃한 바지락살과 부드러운 순두부의 조화가 매우 좋답니다.

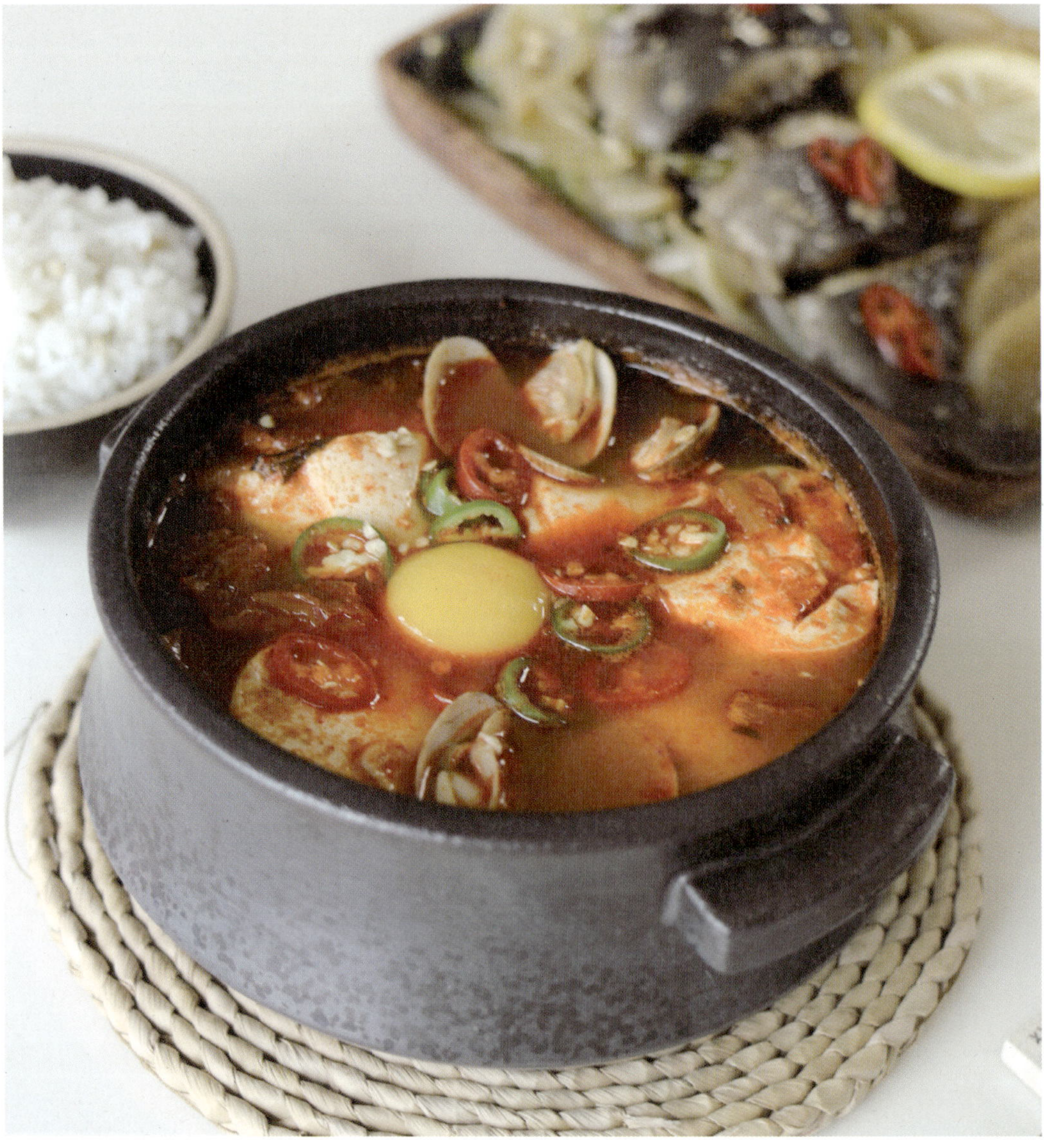

포장 순두부 1봉지, 바지락 1줌, 김치 1줌, 계란 1개, 들기름 1큰술, 멸치육수 2컵, 다진 마늘 ½큰술, 고춧가루 1큰술, 새우젓 1작은술

🍳 HOW TO MAKE

1 바지락을 손질해요(p.21 참고).

2 김치는 작게 송송 썰어주세요.

3 냄비에 들기름을 두르고 김치, 다진 마늘, 고춧가루를 넣어 강불에서 3분간 달달 볶아주세요.

4 여기에 멸치육수를 붓고 팔팔 끓여요.

5 육수가 끓기 시작하면 바지락을 넣고 더 끓여요.

6 바지락이 입을 벌리기 시작하면 새우젓으로 간하고, 순두부를 넣으세요. 순두부는 팩을 반으로 잘라 넣은 뒤 숟가락으로 듬성듬성 자르면 돼요.

7 중불에서 바글바글 2~3분 정도 더 끓이다가 계란을 가운데 퐁당 떨어뜨려요. 부족한 간은 소금으로 하세요. 더 매콤하게 먹고 싶다면 청양고추를 넣어주세요.

제이맘의 홈쿡 TIP

• 더 매콤한 순두부찌개를 만들려면 **3번** 과정에서 들기름 대신 고추기름을 사용하세요. 고추기름이 없다면 식용유에 고춧가루를 넣고 볶아 매운 향을 내면 됩니다.

• 순두부를 넣으면 간이 약해지기 때문에 순두부 넣기 전, 국물의 간을 간간하게 해서 찍어 먹었을 때 조금 짜다 싶을 정도로 끓이다가 순두부를 넣어야 간이 딱 맞아요. 이때 후추를 넉넉히 넣으면 식당에서 파는 순두부찌개 맛이 나요.

청국장순두부찌개

⏱ **조리 시간** 20분
🥘 2인분

구수한 청국장은 특유의 냄새 때문에 끓이기
꺼려지긴 하지만 그럼에도 불구하고 거부할 수
없는 매력이 있지요.
언젠가 제가 사는 지역의 한 청국장집에서
순두부로 끓여낸 담백한 청국장을 맛본 후 저희는
항상 청국장엔 모두부 보다는 순두부를 넣어
먹어요. 김치도 넣지 않고 담백하게 끓여낸
청국장이에요.

🧺 **READY**

청국장 ½덩이, 순두부 2컵,
건표고버섯 2줌, 멸치육수 2
컵, 고춧가루 ½큰술, 송송
썬 대파 약간

🍲 **HOW TO MAKE**

1 건표고버섯은 물에 3~4분간 불린 뒤
물기를 꼭 짜주세요. 생표고버섯을
쓸 경우에는 그냥 잘라만 주면 돼요.

2 순두부는 체에 밭쳐 물기를 빼내요.

3 멸치육수가 끓어오르면 청국장을 풀
어요.

4 한번 더 끓어오르면 순두부와 고춧
가루, 건표고버섯을 넣고 한소끔 더
끓여요. 마지막에 대파를 얹어요.

사골순대국

⏱ 조리 시간 15분
🍲 2인분

집에서 직접 끓인 사골국으로 만든 순대국은
여느 유명 순대국집보다 맛이 좋답니다.
이렇게 집에서 한번 끓여먹은 뒤엔 조미료 맛
가득한 시판 순대국은 절대 못 먹는다는 거!
향도 맛도 깊어 한 숟가락 뜨자마자
'어허~ 시원하다~'하는 소리가 절로 나올 거예요.

🧺 READY

사골육수 4컵, 순대 2줌, 머
릿고기 2줌, 부추 1줌, 들깨
가루 2큰술

다대기 양념 고춧가루 2큰
술, 맛술 1큰술, 국간장 1큰
술, 다진 새우젓 ⅓큰술, 다
진 마늘 1큰술, 다진 청양고
추 1큰술

**제이맘의
홈쿡TIP**

• 새우젓 1큰술에 물 1큰
술, 고춧가루와 후추를
살짝 섞으면 순대나 머
릿고기를 찍어먹거나 부족한 간을 맞
출 수 있어요. 산초가루나 고추기름을
추가해도 됩니다.
• 사골육수만 있으면 뚝딱 만들 수 있
는 국이에요. 시판 사골 육수로 끓여
도 돼요.

🍳 HOW TO MAKE

1 **다대기 양념** 재료를 모두 섞은 뒤 랩
을 씌워 냉장고에 넣어요. 부추는 다
듬어서 5~6cm 정도 길이로 잘라요.

2 냉장 순대는 먹기 좋은 크기로 썰어
요. 너무 작게 썰면 금방 풀어지므로
약간 도톰하게요.

3 뚝배기에 사골육수를 붓고 끓여요.
뚝배기는 어느 순간 확 넘칠 수 있으
니까 중불로 데우듯이 끓이세요.

4 육수가 끓으면 순대와 머릿고기를
넣어요. 고기와 순대가 따끈하게 데
워질 때까지 끓이세요. 부추와 **다대
기 양념**, 들깨가루를 넣어 드세요.

버섯닭개장

⏱ **조리 시간** 50분
🍲 2인분

겨울에 얼큰하고 따끈한 육개장 한 그릇이면 속도
든든해지고, 추위도 이겨낼 수 있는 힘을 얻어요.
그런데 이 육개장에 소고기 대신 닭을 사용하면 더
담백해진답니다. 이 맛이 좋아 우리 가족은
육개장보다 닭개장을 더 자주 끓여먹어요.
다른 재료는 최소화하고 버섯을 듬뿍 넣은 닭개장!
건더기는 씹을수록 고소하고 국물에 밥을 말아
먹어도 너무 맛나요.

🧺 READY

백숙용 닭 1마리(11호 닭), 통
마늘 5~6개, 통후추 15~20개,
청주(또는 소주) ½컵, 느타
리버섯 1팩, 고사리 1줌, 대
파 2개

양념 다진 마늘 1큰술, 국간
장 4큰술, 고춧가루 5큰술,
들기름 1큰술, 청주 2큰술

🍲 HOW TO MAKE

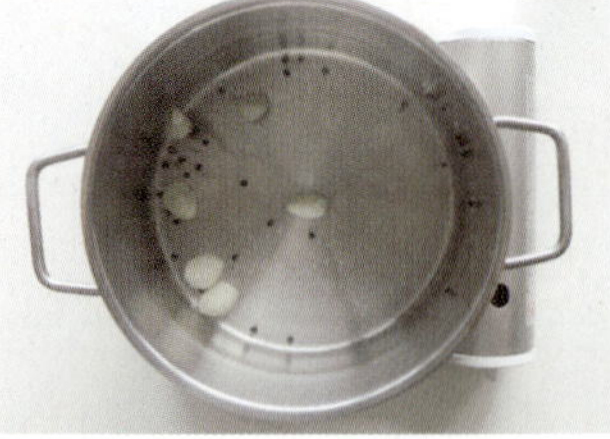

1 냄비에 물(2L)과 통마늘, 통후추, 청
주를 넣고 끓여요.

2 물이 끓으면 닭을 넣고 뚜껑을 닫은
채 중불에서 30분간 푹 삶아요. 닭의
크기에 따라 시간을 조절하세요.

   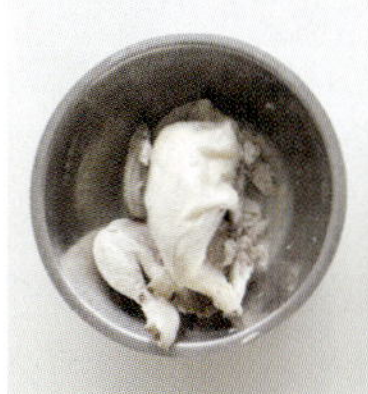 

3 닭을 삶는 동안 느타리버섯은 밑동을 자르고 끓는 물에 살짝 데친 뒤 물기를 꽉 짜요. 대파는 7cm 길이로 자른 뒤 세로로 반 갈라서 끓는 물에 5초 정도 가볍게 데치고 찬물에 헹군 뒤 물기를 빼주세요.

4 고사리를 손질(p.18 참고)해서 한입 크기로 잘라요.

5 익은 닭을 꺼내서 한 김 식힌 뒤 비닐장갑을 끼고 살을 발라내요. 닭 삶은 물은 버리지 마세요. 나중에 국물로 쓸 거예요.

6 닭 삶은 물은 면보에 한번 걸러요. 귀찮으면 둥둥 뜬 기름을 걷어내고 체에 한번 밭쳐 국물만 따로 둬요.

7 볼에 닭고기와 버섯, 대파, 고사리, **양념** 재료를 모두 넣고 조물조물 버무려주세요.

8 냄비에 **7**번을 넣고 강불에서 1~2분간 달달 볶아요. 닭에서도 기름이 나오고 양념에 들기름이 들어가 잘 볶아질 거예요. 기름이 부족하다 싶으면 식용유 1~2큰술을 넣고 볶아주세요. 맵게 드시려면 고추기름에 볶아도 됩니다.

9 한 차례 볶은 뒤 닭육수(**6**)를 붓고 뚜껑을 닫은 채 강불에서 팔팔 끓여주세요. 끓기 시작하면 중불로 줄이고 3~5분간 더 끓여요. 이때 청양고추나 고춧가루로 매운맛 조절하시고, 부족한 간은 소금으로 조절하세요. 후추도 좀 넣고요.

• 이 레시피에서 닭 대신 소고기를 넣으면 일반 육개장이 됩니다. 육개장은 고기를 통으로 푹 삶은 뒤 결대로 찢어서 조리하면 돼요.
• 저는 최소한의 재료로 끓여봤는데요. 여기에 불린 토란대, 데친 숙주 등을 넣어 푸짐하게 드셔도 좋아요.

국과
찌개

새우완자탕

조리 시간 30분
2인분

고소하고 맛있는 새우! 맛뿐만 아니라 키토산, 칼슘, 타우린 등을 듬뿍 함유하고 있어서 건강에도 참 좋죠. 싱싱한 새우를 구하기 힘든 계절에 마트에서 사온 냉동 새우살로 조리해서 맛있는 새우완자탕을 만들어봤어요. 뜨끈한 국물이 생각나는 추운 날, 한번 도전해보세요.

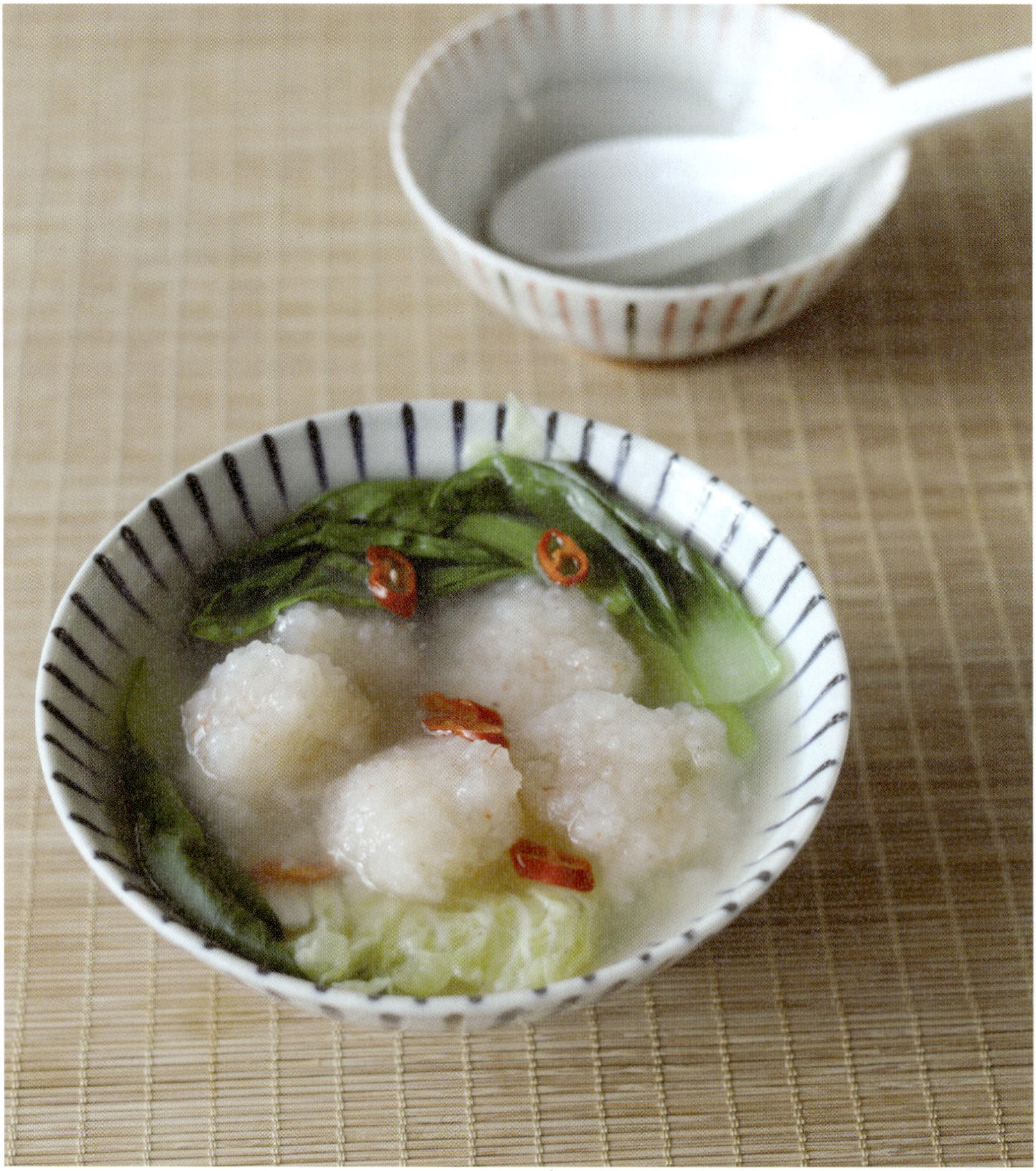

새우살 2줌(약 200g), 계란(흰자만) 1개, 전분가루 3큰술, 맛술 1큰술, 소금·후추 약간씩, 멸치육수 4컵, 배춧잎 3장, 청경채 3뿌리, 홍고추 약간

HOW TO MAKE

1 배춧잎은 4등분하고, 청경채는 잎을 하나씩 따고, 홍고추는 송송 썰어요.

2 멸치육수를 끓여요.

3 육수가 끓는 동안 새우완자를 후다닥 만듭니다. 새우살은 칼로 다져요. 믹서기에 갈면 너무 곱게 갈려 식감이 죽어요. 여기에 전분가루와 계란 흰자, 맛술을 넣고 후추로 살짝 간한 뒤 잘 섞어주세요.

4 육수가 팔팔 끓을 때 완자를 넣으면 다 풀어져버려요. 방울이 보글보글 올라올 정도로 끓으면 중불로 줄이고, 숟가락 2개를 이용해서 새우반죽 (3)을 동그랗게 만들어 넣어요. 한 숟가락으로 새우반죽을 ½큰술 뜨고, 다른 숟가락으로 긁어내듯 물에 퐁당 빠뜨리면 돼요. 저으면 완자가 풀어지니 그대로 두세요. 익으면 알아서 떠오른답니다.

5 완자가 거의 다 떠오르면 배추와 청경채, 홍고추를 넣고 소금으로 간해요. 한소끔 더 끓이면 됩니다.

- 살캉거리는 청경채의 식감을 좋아한다면 청경채를 제일 마지막에 넣고 넣자마자 불을 끄세요.
- 계란은 흰자만 넣어야 하얗고 깨끗한 완자가 만들어져요. 노른자를 넣어도 상관은 없어요.
- 국물에 계란물을 풀어 넣어도 고소하고 맛있어요. 저는 깔끔한 국물이 좋아 넣지 않았어요.
  새우완자 대신 게살이나 생선살을 넣어도 돼요.

국과
찌개

고추장찌개

조리 시간 25분
2인분

된장찌개, 김치찌개는 한국인의 소울 푸드죠.
전 세계 어떤 산해진미를 먹어도 결국 생각나는 건
구수하고 얼큰한 찌개와 모락모락 김이 나는 흰밥일거예요.
평소 찌개를 즐겨먹는다면 고추장찌개도 한번 시도해보세요.
된장찌개, 김치찌개와는 다른 묘한 매력이 있어 숟가락을 멈출 수가 없어요.

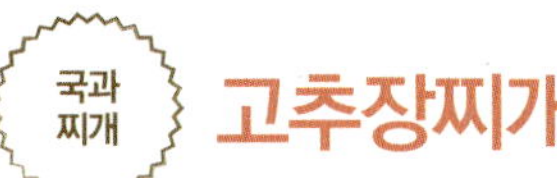

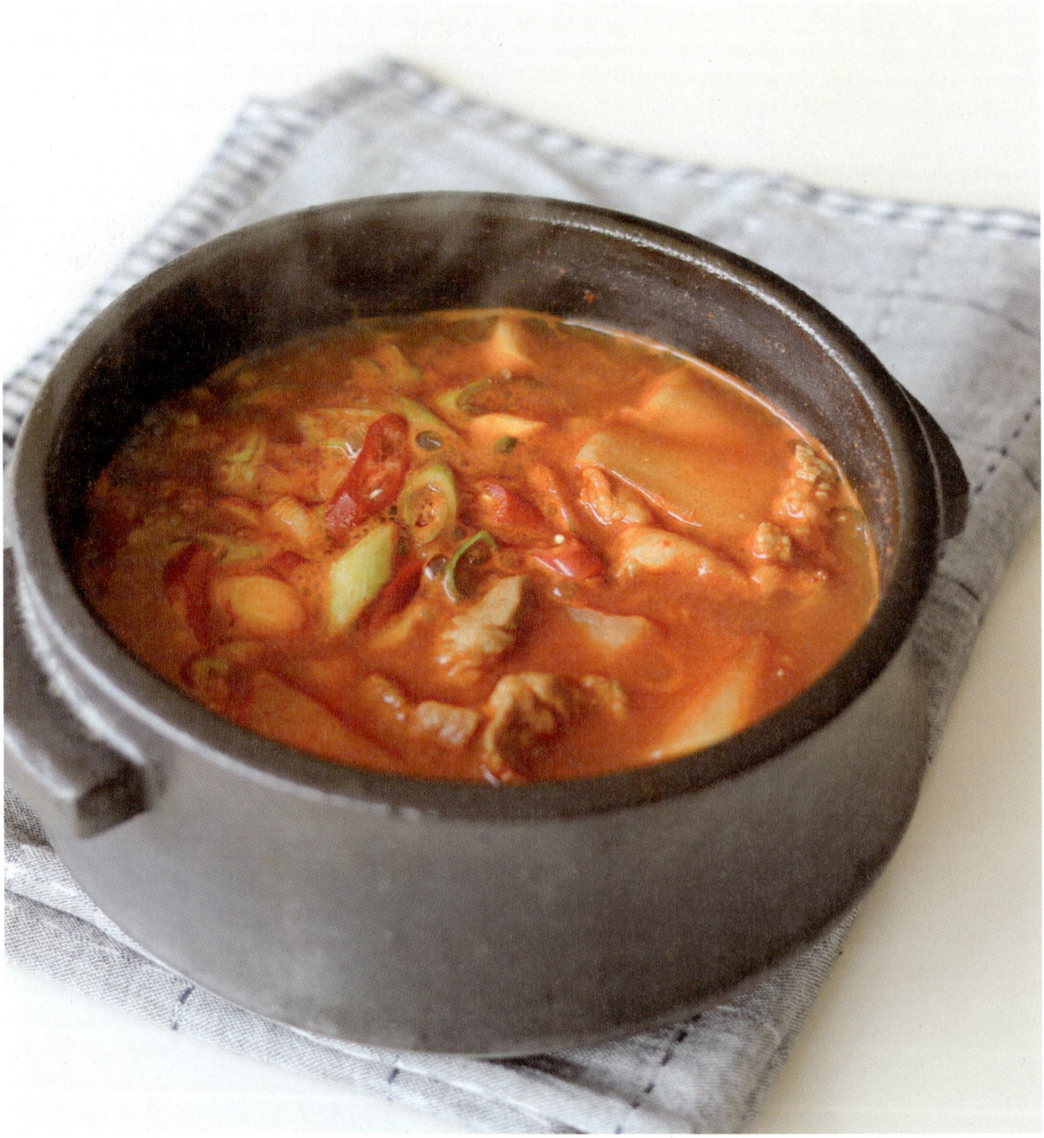

돼지고기(다리살이나 목살 처럼 기름이 조금 붙어 있는 부위로) 200g, 감자 1개, 무 약 3cm 두께, 물 3컵, 대파 1 개, 고추 1개, 다진 마늘 1큰 술, 고춧가루 1큰술, 고추장 1큰술, 국간장(또는 새우젓) 약간

HOW TO MAKE

1 껍질을 벗긴 감자와 무는 삐져 썰기 해요. 고추는 어슷 썰고, 대파는 5cm 길이로 잘라요. 대파의 머리 부분이 너무 두꺼우면 반으로 가르세요. 고기는 한입 크기로 잘라요.

2 냄비에 고기를 넣고 강불에서 볶아 요. 고기의 기름기 많은 부분으로 냄 비 바닥을 문지르면 기름이 배어 나 와요. 고기에 붉은 기가 사라질 때까 지 볶아요.

3 여기에 감자와 무를 넣고 3분간 함께 볶아요.

4 다진 마늘과 고춧가루를 넣고 2분 더 볶아주세요. 마늘 향이 나고 고춧가 루의 매콤함이 올라올 거예요. 고춧 가루가 타기 직전까지 볶아요.

5 여기에 건더기가 잠길 만큼 자작하 게 물을 붓고, 고추장을 풀어요. 국간 장으로 간을 하는데 처음에는 간을 심심할 정도로 했다가 나중에 추가 하세요.

6 뚜껑을 닫고 중불에서 뭉근히 끓여 요. 10분 뒤 무와 감자를 젓가락으로 찔러 쑥 들어가면 돼요. 너무 오래 끓 이면 감자가 부서져 국물이 탁해지 니 주의하세요. 마지막으로 간은 맛 보면서 맞추고, 대파와 고추를 넣어 한소끔 더 끓여요.

• 물 대신 다시마육수나 멸치육수를 써도 돼요.
• 버섯이나 두부 등 다른 재료를 추가해서 끓여도 돼요. 다만 양파는 국물이 달아 지니 주의! 고추장 자체에 단맛이 있으므로 양파는 되도록이면 넣지 마세요. 매 운맛은 청양고추나 고춧가루로 조절하세요.

부대찌개

사골육수 3~4컵, 햄 종류별로 1줌씩, 떡국 떡 1줌, 쑥갓 1줌, 두부 ¼모, 팽이버섯 1줌, 슬라이스 체다치즈 1장, 김치 1줌, 베이크드 빈스 2큰술, 청양고추 약간

다대기 양념 고춧가루 2큰술, 국간장 2큰술, 고추장 1큰술, 다진 마늘 1큰술, 고추기름 1큰술, 후추 약간

햄을 좋아하는 아이도, 얼큰한 국물을 좋아하는 아빠도 모두
만족하는 메뉴예요. 식당에서 먹는 것보다 푸짐한 재료로 양껏 먹을 수 있는
게 홈메이드의 장점이기도 하고요. 건더기를 건져 먹고 국물에
라면사리를 넣어도 참 맛있어요. 부대찌개를 끓이는 날이면
딸도 남편도 저도 모두 배가 남산만큼 불러서 뒤뚱거린답니다.

HOW TO MAKE

1 두부는 도톰하게 썰고, 김치는 송송 썰어주세요.

2 햄은 먹기 좋은 크기로 잘라주세요.

3 **다대기 양념** 재료를 모두 섞어요.

4 전골 냄비에 모든 재료를 보기 좋게 둘러 담은 뒤 사골육수와 **다대기 양념**을 넣고 끓이면서 드세요.

제이맘의 홈쿡 TIP
• 사골육수 대신 멸치육수를 사용해도 돼요. 간 고기를 넣으면 국물 맛이 더 좋아집니다.
• 당면이나 쫄면 등 사리를 넣어도 좋고, 남은 국물에 라면 사리를 넣어도 좋아요.

매콤 오징어뭇국

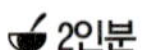

조리 시간 15분

2인분

오징어 1마리, 무 약 3cm 두께, 어슷 썬 대파 ½개, 식용유 1큰술, 멸치육수 4컵, 고춧가루 1큰술, 청양고춧가루 ½큰술, 다진 마늘 1큰술, 새우젓 ½큰술, 후추 약간

얼큰하고 시원하기까지 한 오징어뭇국이에요. 기분 탓일까요?
재료는 별로 안 들어가는데 이상하게 짬뽕 맛이 나기도 하고요.
맑은 오징어뭇국도 맛있지만 이렇게 얼~큰하게 끓인 오징어뭇국의
알싸한 향이 부엌에서 솔솔 피어나면 입맛이 마구 돌아요.

HOW TO MAKE

1 무는 나박썰기하고, 대파는 어슷 썰어주세요.

2 오징어는 손질(p.21 참고)한 뒤몸통에 지그재그 칼집을 넣고, 한입 크기로 잘라요.

3 달군 냄비에 식용유를 두르고 무, 고춧가루, 다진 마늘을 넣어 2분간 볶아주세요. 고춧가루가 볶아지며 매콤한 향이 올라올 거예요. 무의 가장자리가 투명해지며 익을 거고요.

4 여기에 멸치육수를 붓고 강불에서 뚜껑을 닫은 채 팔팔 끓여요. 청양고춧가루와 새우젓을 넣어 간하세요.

5 무를 젓가락으로 찔렀을 때 쑥 들어가면 오징어를 넣어요. 오징어가 동글동글 말리며 익으면 간을 소금으로 조절하고, 대파를 넣어 한소끔 끓여주세요. 취향에 따라 후추를 톡톡 넣어요.

간단 요리

오징어불고기

조리 시간 15분
2인분

제가 새댁이었을 시절, 오징어볶음을 만들면 어찌나 물이 많이 배어 나오는지…
호기롭게 시작하였다가 수 차례 실패했던 기억이 나네요.
저와 같은 경험해보신 분 계신가요?
여러 번의 실패를 겪고 터득해낸 오징어볶음 레시피입니다.
강불에 빠르게 볶아내 매콤하고 쫀득쫀득한 오징어볶음! 손을 재빨리 움직여보세요.

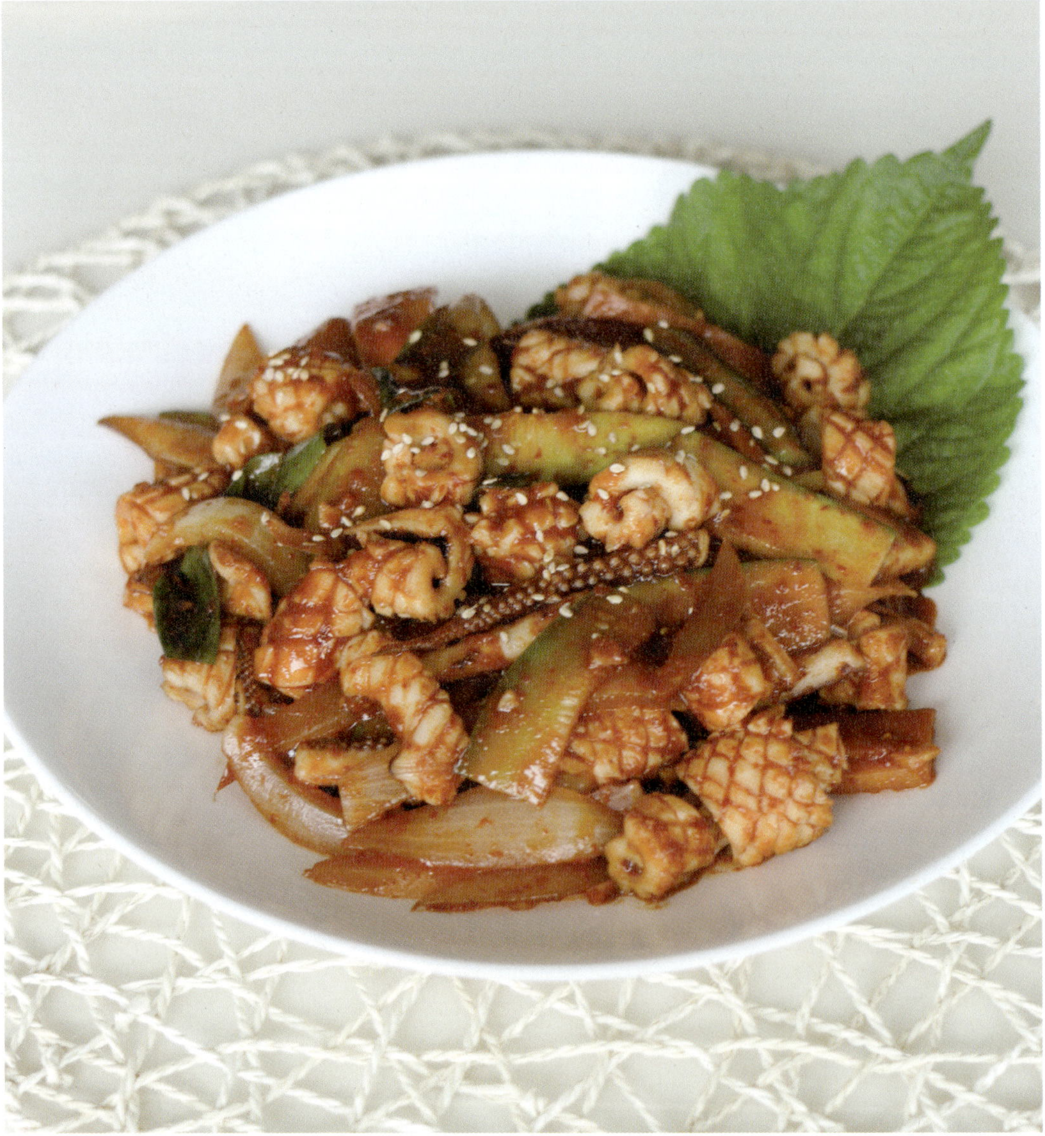

오징어 2마리, 애호박 ½개, 당근 ¼개, 양파 1개, 청양고추 1개, 대파 10cm, 식용유 약간

양념장 다진 마늘 3큰술, 간장 3큰술, 굴소스 1큰술, 고춧가루 3큰술, 맛술 2큰술, 매실청 1큰술

HOW TO MAKE

1 오징어는 손질(p.21 참고) 후 몸통 안쪽에 촘촘하게 칼집을 넣어요.

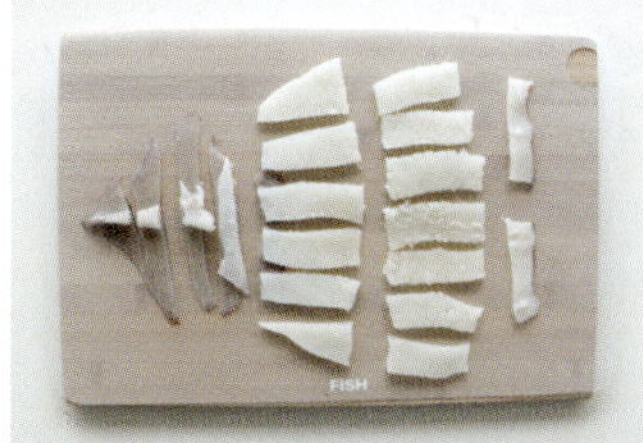

2 오징어 몸통을 사진처럼 잘라요. 그래야 나중에 예쁘게 말린답니다. 다리는 한입 크기로 잘라둬요.

3 **양념장** 재료를 모두 섞어주세요.

4 양파는 두껍게 채 썰고, 당근과 호박은 직사각 썰기하고, 대파는 5cm 길이로 썰어 반으로 갈라둬요.

5 달군 팬에 기름을 두르고 기름에서 연기가 나면 당근, 양파, 호박 순으로 넣어 강불에서 재빨리 볶아주세요. 볶는 시간은 1분이면 돼요.

6 여기에 오징어를 넣고 1분간 빠르게 볶아주세요. 오래 볶으면 질겨집니다.

7 **양념장**을 붓고 뒤적뒤적 잘 섞어주세요. 오래 볶을 필요 없이 2~3번만 뒤적이면 돼요.

8 대파를 넣고 바로 불을 끈 뒤에 한번 정도만 뒤적이고 접시에 옮겨 담아요. 팬 위에 오래 두면 남은 열기 때문에 국물이 생기니 주의하세요.

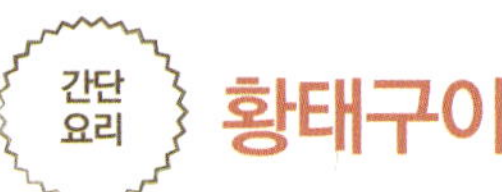

간단 요리

황태구이

조리 시간 20분
2인분

해장의 대표주자 황금 빛깔의 황태! 술 마신 다음날엔 황태해장국 만한 것도 없지요.
야식을 즐기는 우리 가족의 아침 식사로 종종 등장하곤 하는 메뉴예요.
또 하나, 맛있는 양념을 듬뿍 얹어 촉촉하게 구운 황태구이도 있어요!
매콤한 것이 당기는 날 더할 나위 없이 좋답니다.

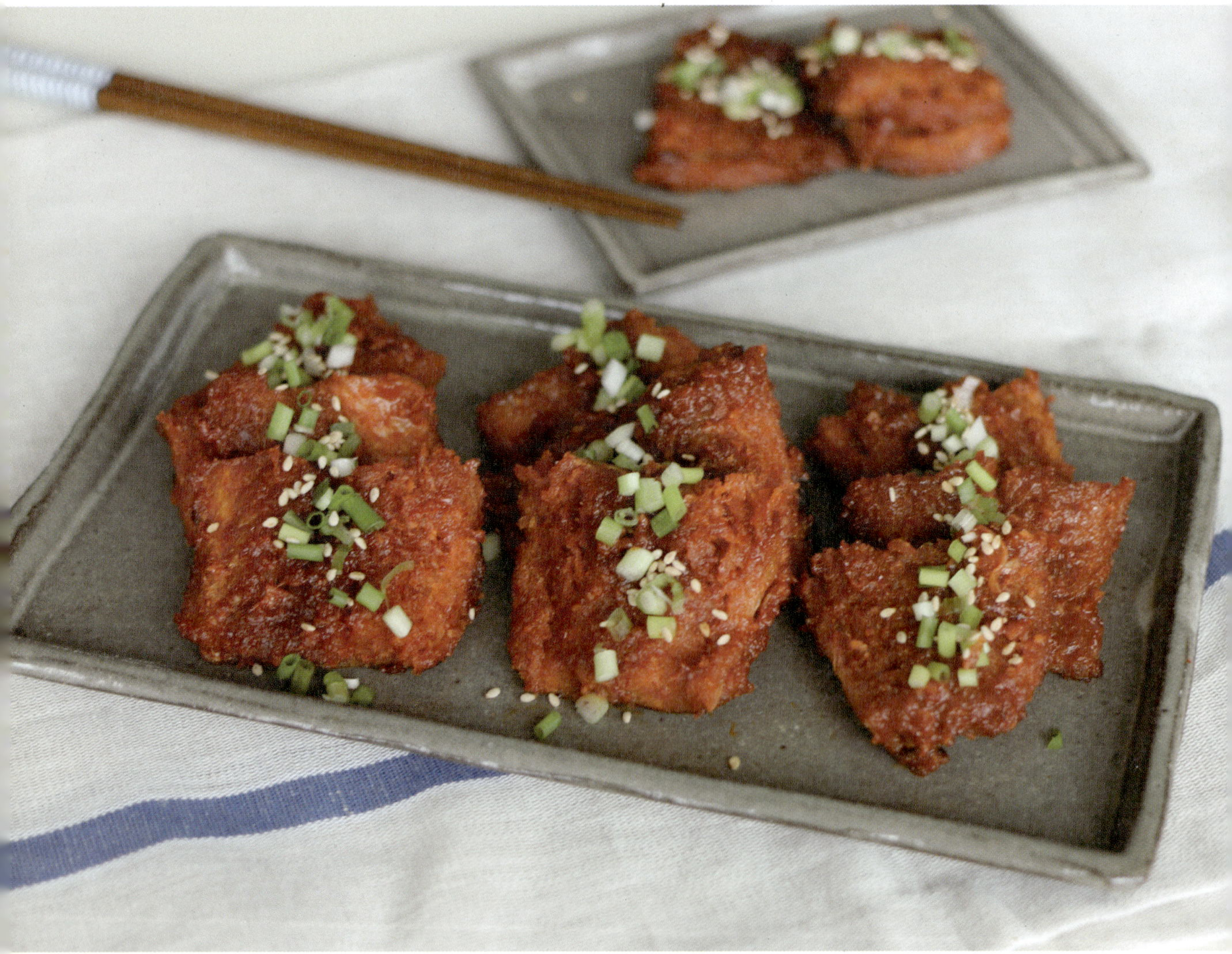

🧺 READY

황태 2마리, 식용유 2큰술, 들기름 2큰술, 다진 쪽파 · 참깨 약간씩

양념 양파 ¼개, 마늘 2개, 물 2큰술, 고추장 2큰술, 고춧가루 1큰술, 매실액 1큰술, 간장 1큰술

🍳 HOW TO MAKE

1 손질한 황태(p.21 참고)는 흐르는 물에 씻은 뒤 체에 밭쳐 5분간 둡니다. 물에 오래 담가두면 맛이 빠져나가니까 물에 적신다는 느낌으로만 씻어주시면 돼요. 그럼 저절로 황태가 통통해지면서 불어요.

2 그동안 **양념**을 만들어요. 믹서기에 양파, 마늘, 물을 넣고 간 뒤에 모든 **양념** 재료를 넣고 섞어요.

3 불은 황태는 적당한 크기로 잘라주세요.

4 달군 팬에 식용유와 들기름을 함께 둘러주세요. 들기름만으로 구우면 아까우니까 식용유와 들기름을 섞는 거예요. 황태를 올리고 약불에서 뒤집어가며 2~3분간 초벌구이해요.

5 황태의 살이 탱글탱글해진 느낌이 들면 앞뒤로 **양념**을 발라주세요. 불이 세면 **양념**이 타니까 약불에서 구워요.

6 물 1큰술을 넣고 뚜껑을 덮거나 호일로 씌워 놓으면 더 촉촉해져요. 이렇게 1~2분 더 두었다가 불을 끕니다. 다진 쪽파와 참깨를 얹어서 드세요.

제이맘의 홈쿡 TIP

· **양념**은 전날 미리 만들어서 냉장고에 두었다가 사용하면 좋아요.

· 황태는 통으로 굽는 것보다 잘라서 굽는 것이 양념이 많은 면에 묻어 더 맛있답니다.

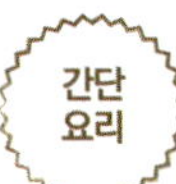

간단 요리

돼지고기감자조림

조리 시간 15분
2인분

가끔 남편의 반찬 투정이 속상할 때가 있어요.
한 상 가득 차려줘도 또 다른 반찬을 찾으니 말이죠.
그럴 때면 이 돼지고기감자조림을 후다닥 만들어 식탁 위에 무심하게 올려두곤 한답니다.
그럼 반찬 투정 쏙 들어가고 식탁 위엔 빈 그릇만 덩그러니 남아요.
이 요리는 반찬으로 즐겨도 좋고, 밥 위에 듬뿍 얹어 덮밥으로 즐겨도 좋아요.

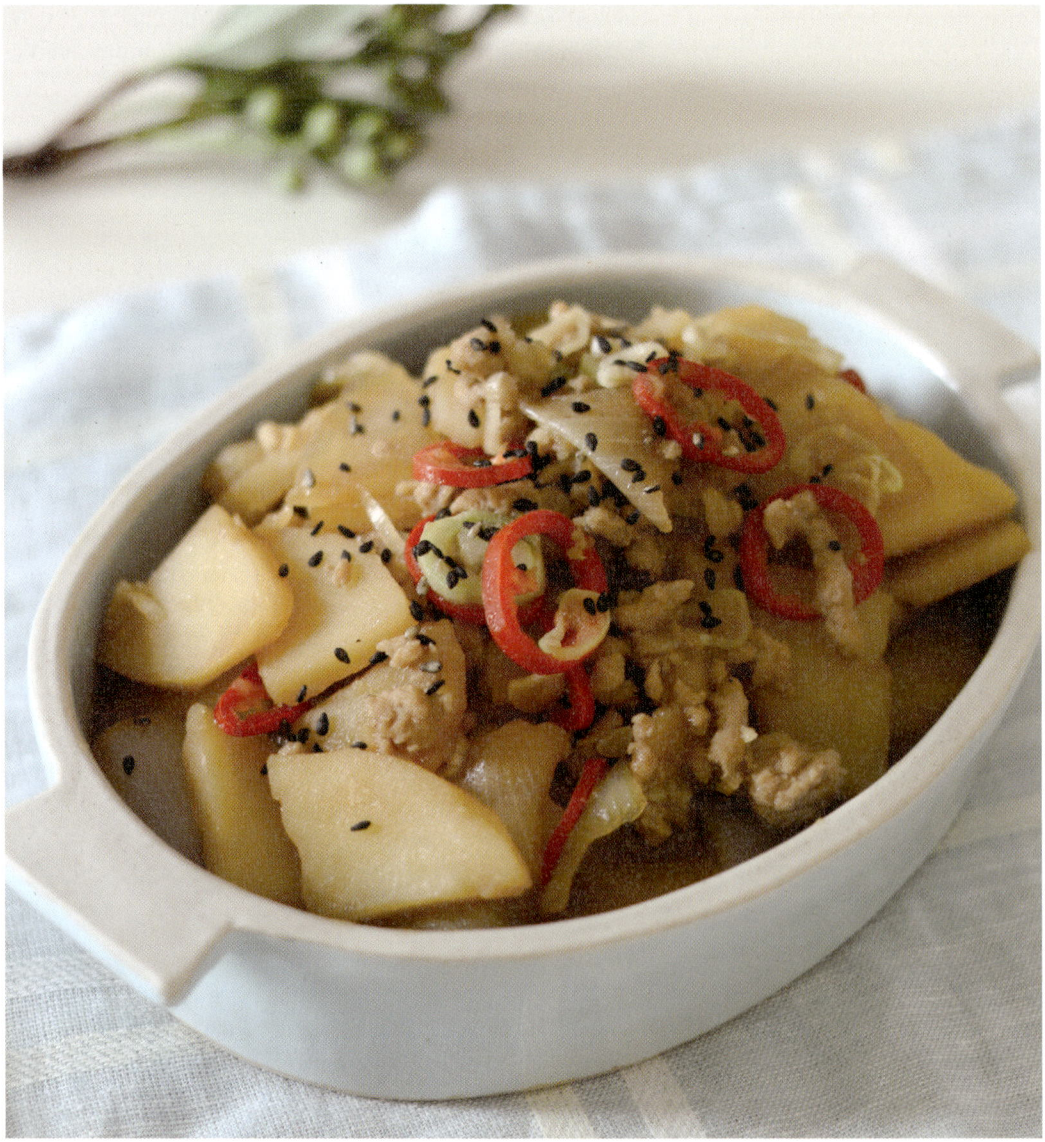

돼지고기 간 것 1컵(약 100g),
감자 2개, 양파 ½개, 다시마
육수 2컵, 홍고추 1개, 대파
(흰 부분) 약 10cm, 참기름
½큰술

조림 양념 간장 2큰술, 올리
고당 ½큰술, 청주 1큰술, 쯔
유 2큰술

HOW TO MAKE

1 감자는 4등분하고, 0.5cm 정도의 두
께로 나박썰기한 뒤 물에 담가 전분
기를 빼주세요.

2 양파도 감자와 비슷한 크기로 잘라
요. 양파 ½개를 가로로 반 자르고 세
로로 3등분 하면 돼요.

3 홍고추와 대파는 송송 썰어주세요.

4 다시마육수가 끓으면 중불로 줄이고
감자를 넣어요. 뚜껑을 닫고 익혀주
세요.

5 감자가 반 정도(젓가락으로 찔렀을
때 살짝 들어가는 정도) 익으면 **조림
양념**을 붓고 계속 끓여요.

6 끓으면 돼지고기와 양파를 넣고 뚜
껑을 연 채로 조려요. 자주 섞으면 감
자가 부서지니까 주의하세요. 2~3분
정도 조리면 고기와 양파, 감자가 모
두 충분히 익었을 거예요. 국물은 자
작하게 남아있을 거고요.

7 홍고추와 대파를 넣고 잘 섞은 뒤 불
을 끄고 참기름을 둘러 향을 내요.

제이맘의
홀쿡 **TIP**

돼지고기감자조림덮밥으로도
즐겨보세요. 예쁜 그릇 위에
밥을 담고, 그 위에 돼지고기
감자조림을 듬뿍 얹어내면 열 반찬 부럽지 않
답니다.

더덕구이

조리 시간 40분
2인분

피더덕 300g, 들기름 3큰술

양념 간장 3큰술, 고춧가루 2큰술, 고추장 1큰술, 맛술 1큰술, 다진 마늘 ½큰술, 다진 파 1큰술, 매실액 1큰술, 참기름 1큰술, 물엿 1큰술, 물 1큰술

더덕은 맛도 향도 참 좋은 식재료예요. 손질도 까다롭고 가격도 만만치 않아 요리 초보자들이 쉽게 엄두를 못 내는 재료이기도 하죠.
하지만 손질도, 조리도 저를 따라 해보면 그리 어렵지 않을 거예요.
평범한 밥상에도 더덕구이 하나 놓으면 금새 한정식 집 부럽지 않은 한 상이 되지요. 생신상이나 초대상에도 내보세요.
초대받은 분들 모두 실력자라고 칭찬할 거예요.

HOW TO MAKE

1 더덕을 손질(p.19 참고)해요.

2 **양념** 재료를 모두 섞어주세요.

3 더덕을 밀대나 방망이로 펴주세요. 무작정 두드리면 갈라지거나 찢어질 수 있으니 여러 번에 걸쳐 살살 펴주세요. 특히 두꺼운 부분은 밀대 끝으로 톡톡 두드려서 펴면 돼요.

4 **양념**을 골고루 묻혀서 10분 이상 재워둡니다. 하루 정도 두었다 구워 먹어도 좋아요.

5 팬에 들기름을 넉넉히 두르고 더덕을 구워요. 이때 불이 세면 양념이 다 타버리니 중불에서 뒤집어가며 3~5분간 구워주세요.

간단 요리

가자미알감자조림

조리 시간 20분
2인분

가자미는 살이 단단하고 뼈 바르기도 쉬워서
조림으로 만들기에 제격인 생선이에요.
무나 감자와 함께 조리면 너무나도 맛있는 밥도둑 반찬이지요.
저는 주로 알감자와 함께 조려먹어요.
감자도 생선도 더 맛있어지는 조림이라 아이들 반찬으로도 좋답니다.

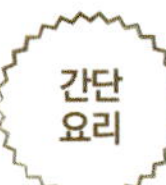

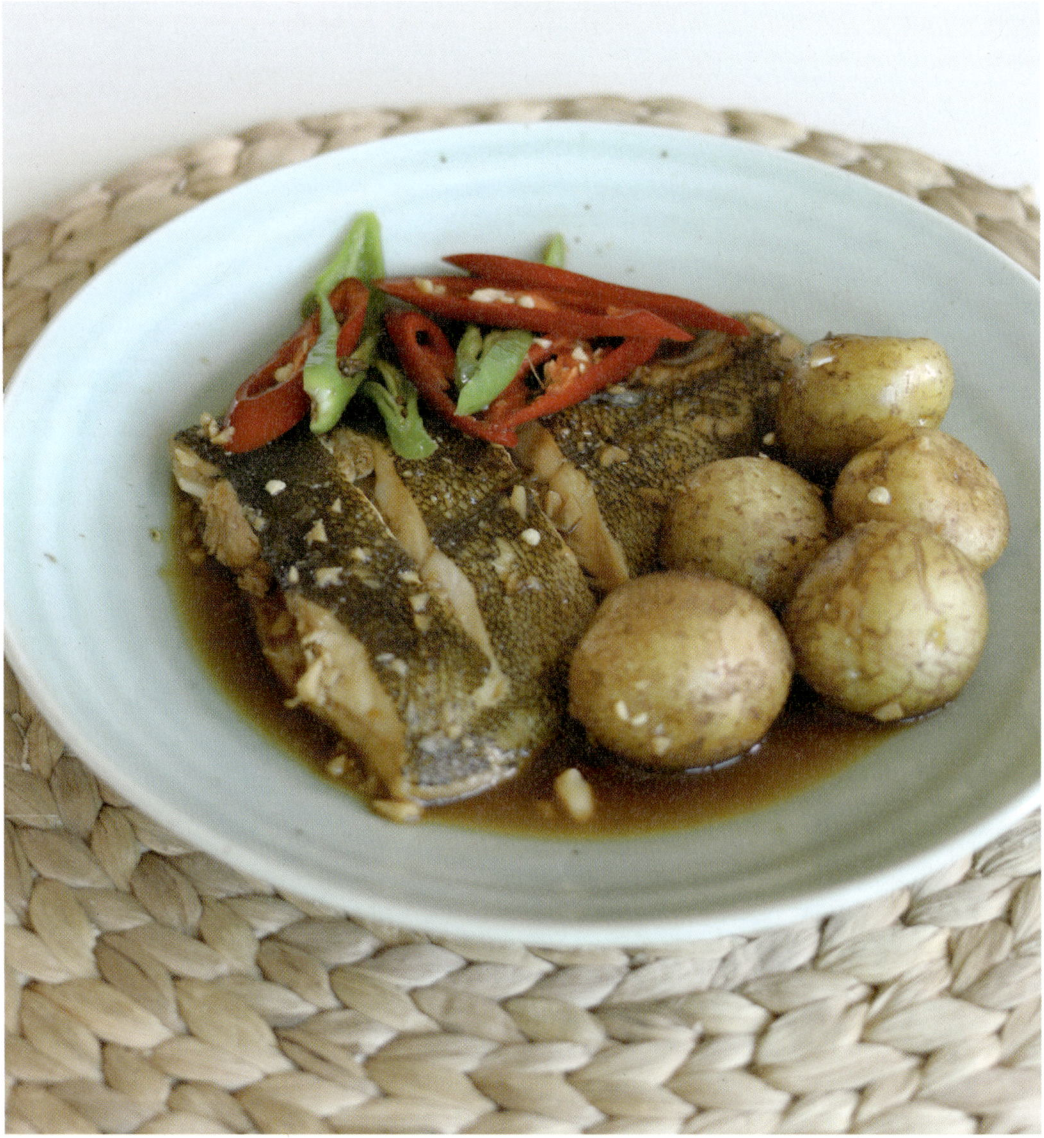

가자미 2마리, 알감자 10~12개, 홍고추 · 풋고추 1개씩, 물엿 3큰술, 물 3컵, 고춧가루 ½큰술

양념 다진 마늘 1큰술, 간장 6큰술, 맛술 2큰술

HOW TO MAKE

1 알감자는 껍질째 깨끗하게 씻고, 가자미는 흐르는 물에 씻은 뒤 앞뒤로 칼집을 2~3번씩 내주세요.

2 홍고추, 풋고추는 길게 어슷 썰어주세요.

3 냄비에 물을 붓고 끓으면 감자를 넣어요. 뚜껑을 닫고 강불에서 익혀주세요.

4 감자에 젓가락을 찔러 익었는지 확인해보세요. 젓가락이 겨우 들어갈 정도로 살짝 익었을 때 **양념**을 붓고 다시 익혀요.

5 젓가락이 쑥 힘들이지 않고 들어갈 정도로 푹 익으면 가자미를 넣어요. 뚜껑을 닫고 중불로 줄여 2분간 찌듯이 익혀주세요.

6 뚜껑을 열고 물엿을 넣은 후 가자미에 국물을 끼얹으며 조려주세요. 알감자도 굴려가며 양념을 고루 묻혀요.

7 고추를 넣고 국물이 거의 없어질 때까지 조려요.

• 감자는 크기가 다 다르기 때문에 한번에 다 넣고 익히면 어떤 것은 익고, 어떤 것은 덜 익게 돼요. 처음에는 큰 감자를 먼저 넣고 익히다가 젓가락을 찔렀을 때 힘겹게 들어가면 작은 감자들을 넣고 익히세요. 그럼 골고루 익는답니다. 번거롭다면 큰 감자를 반으로 잘라 넣어도 돼요. 감자 대신 무를 사용해도 맛있어요.
• **양념**에 고춧가루(½큰술)를 추가하거나 청양고추를 넣으면 매콤한 생선조림이 됩니다.
• 생선을 너무 오래 익히게 되면 뻣뻣하고 맛이 없어지니 주의하세요. 가자미 대신 다른 생선을 넣어도 돼요.

간단
요리

숙주돈가스

조리 시간 30분
2인분

숙주는 식감이 정말 좋아요. 입 안 가득 넣어 씹으면 아삭거리는 게 너무 맛있죠.
돈가스는 또 어떻고요. 두 재료가 만났어요. 돈가스 전문 식당을 운영하는 친구에게
특별히 사사 받은 돈가스 소스까지 아낌없이 공개하려고요.
돈가스를 이 소스에 찍어 한입 베는 순간, 특별한 날에만 부모님 손잡고 간
경양식 집에서 맛보았던 그때 그 맛이 떠오를 거예요.

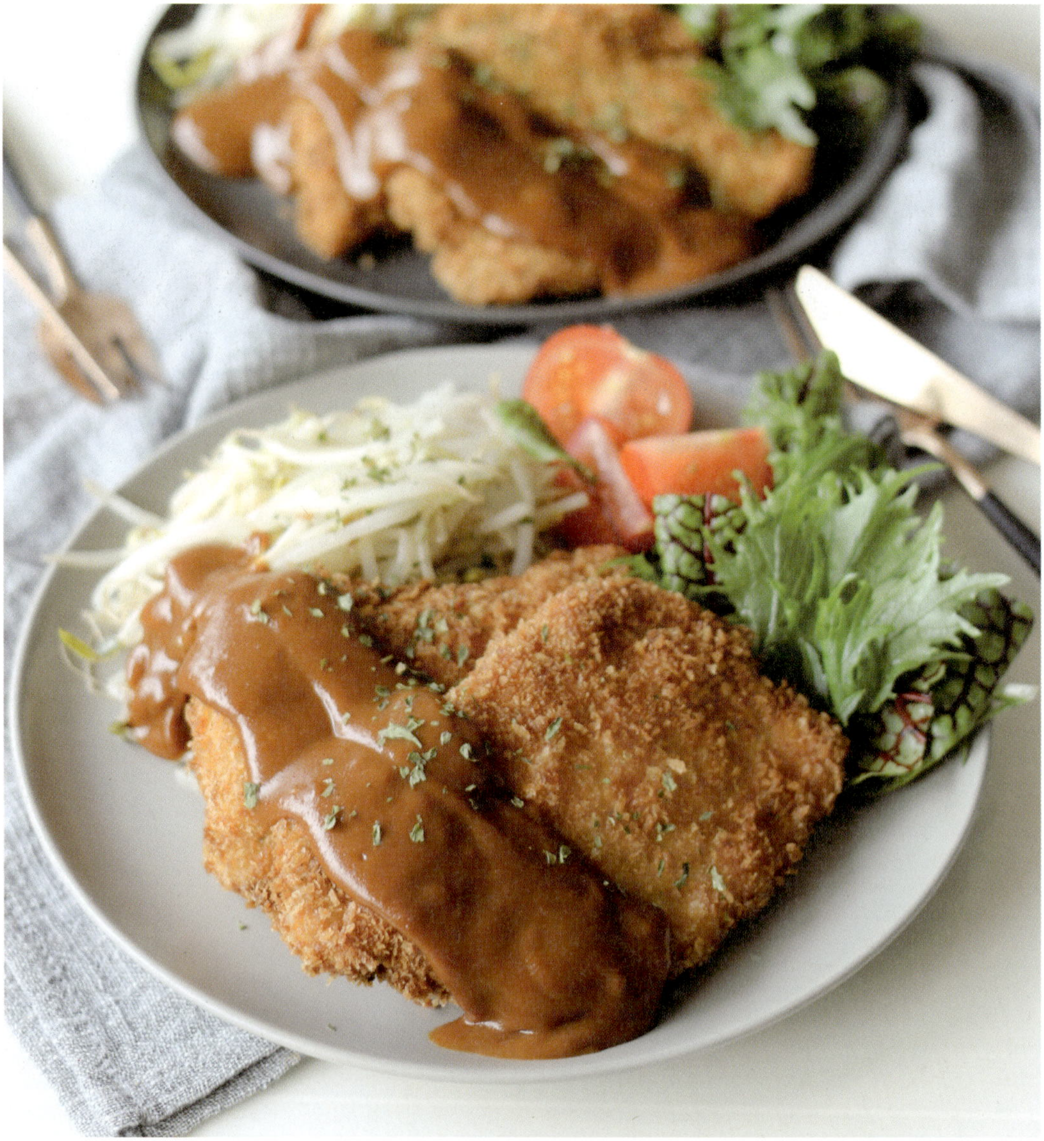

🧺 **READY**

돈가스(p.28 참고) 4장, 숙주 2줌, 샐러드채소 2줌, 식용유 적당량

돈가스 소스 하이라이스 가루 5큰술, 설탕 3큰술, 토마토케첩 5큰술, 우유 ½컵, 물 1컵

🧤 **HOW TO MAKE**

1 냄비에 **돈가스 소스** 재료를 모두 넣고 강불에서 저어가며 끓여주세요. 끓기 시작하면 약불로 줄이고 2~3분 정도 더 끓여주세요. 농도가 걸죽해질 때까지 끓이면 돼요.

2 냄비에 기름을 넉넉히 붓고 끓여요. 돈가스 가루를 살짝 넣어봤을 때 가라앉았다가 금새 떠오르는 정도의 온도면 돼요. 돈가스를 넣고 노릇하게 잘 구워요. 불이 너무 세면 겉만 타고 속은 익지 않으니 온도가 너무 오르는 것 같으면 불을 살짝 줄였다가 다시 키우세요.

3 튀긴 돈가스는 체에 밭쳐 기름을 빼내고요.

4 달군 팬에 기름을 두르고 숙주를 넣어 강불에서 휘리릭 볶아요. 숙주에 다른 간은 하지 않아요. 30초 정도 빠르게 볶아주세요.

5 볶은 숙주를 그릇에 담고 그 위에 튀긴 돈가스를 얹어요.

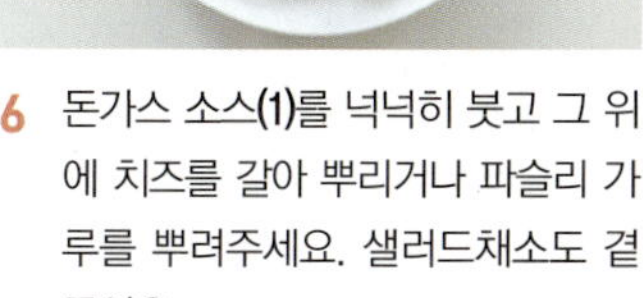

6 돈가스 소스(1)를 넉넉히 붓고 그 위에 치즈를 갈아 뿌리거나 파슬리 가루를 뿌려주세요. 샐러드채소도 곁들여요.

가지롤

가지는 색도 예쁘고 맛도 좋은데 물컹한 식감 때문에 싫어하는 분들이 많더라고요.
저도 어릴 땐 가지 반찬은 잘 안 먹었던 것 같아요. 이 맛있는걸 말이죠.
저와 같은 분들을 위해 구운 가지에 토마토소스를 곁들여 와인 안주로도 괜찮은
가지롤을 만들어 봤어요. 가지에 은은하게 박힌 그릴 자국이 식욕을 돋우는,
눈이 참 즐거운 요리가 완성되었습니다.

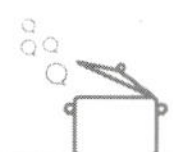

가지 1개, 베이컨 4장, 파프리카(색깔 별로) ¼개씩, 토마토소스(p.99 참고) 1컵, 다진 마늘 1큰술, 페페론치노 ½큰술 (10개 정도), 바질 잎 2~3장, 올리브유 1큰술

HOW TO MAKE

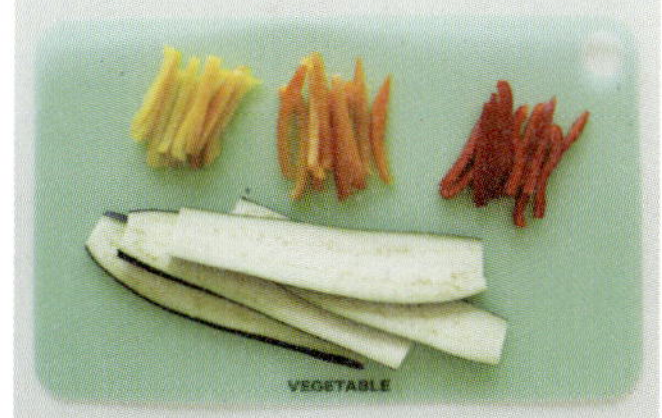

1 가지는 세로로 도톰하게 썰어줍니다. 파프리카는 각각 작게 채 썰어주세요.

2 가지를 구워요. 그릴에 구우면 가지에 자국이 생겨 더 먹음직스러워 보이기에 저는 그릴을 사용해요. 가지를 뒤집지 말고 한쪽 면만 살짝 익혀요. 너무 익으면 물컹해지므로 강불에서 약 10초만 구워줍니다.

3 베이컨은 앞뒤로 기름이 흘러나오고 부드러워질 정도로만 살짝 구워요. 바짝 구우면 뻣뻣해져서 롤을 말기 힘들어져요.

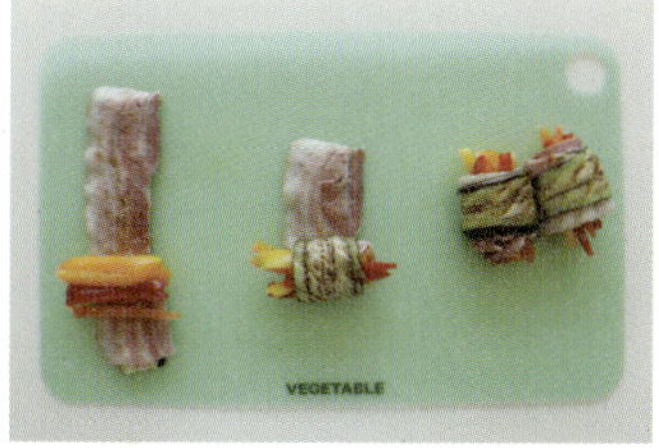

4 가지의 구운 면이 바닥을 향하게 놓고, 그 위에 베이컨을 올린 뒤 파프리카 약간을 올려 돌돌 말아요.

5 팬에 올리브유 1큰술을 두르고 다진 마늘과 페페론치노를 넣고 볶아 향을 내요.

6 여기에 토마토소스를 붓고 약불에서 끓여요.

7 가지롤, 바질 잎을 넣어요. 마지막엔 치즈를 갈아서 뿌려줘요.

• 파프리카 말고도 양파나 버섯 등 다양한 재료를 넣어 말아 보세요.

• 매콤한 것이 싫다면 페페론치노를 빼고 토마토소스에 우유나 생크림을 조금 넣어 섞어요. 부드러운 맛의 가지롤이 됩니다.

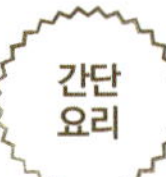

간단
요리

매콤 콩나물잡채

조리 시간 30분
2인분

잡채는 날이면 날마다 찾아오는 그런 반찬이 아니에요. 들어가는 재료도 많고
조리 과정도 번거로워서 생일이나 특별한 날에만 먹을 수 있어요.
각 재료들을 따로 볶고 무치고 보통 일이 아니거든요.
재료가 푸짐하게 들어간 잡채도 맛있지만 우리 집에서는 재료를 최대한 적게 넣어요.
콩나물이 들어간 매콤한 잡채를 즐겨 먹는답니다.
만드는 법도 간단한데 맛만은 그 어떤 고급 잡채보다도 끝내줘요.

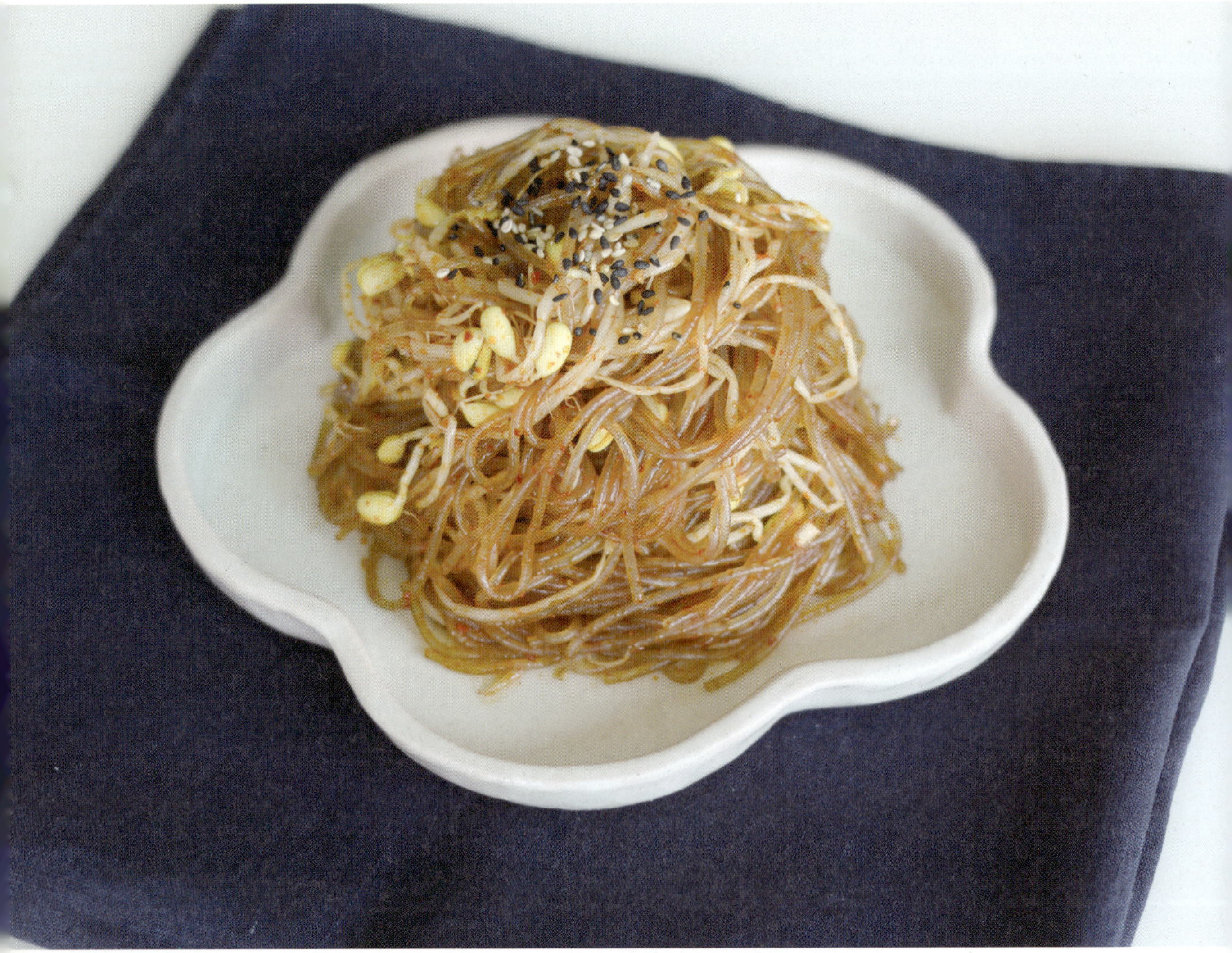

당면 1줌, 콩나물 ½봉지(약 150g), 식용유 3큰술, 참기름 1큰술

잡채 양념 간장 4큰술, 고춧 가루 1큰술, 다진 마늘 ½큰 술, 설탕 1큰술

🍳 HOW TO MAKE

1 당면을 찬물에 넣고 30분간 불려주 세요. 시간이 부족할 때는 끓는 물에 10분간 삶아요. 불어난 당면은 체에 받쳐 물기를 빼줍니다.

2 끓는 물에 콩나물을 넣고 뚜껑을 연 채로 4~5분 정도 삶은 뒤 찬물에 헹 궈놓아요.

3 **잡채 양념** 재료를 모두 섞어주세요.

4 팬에 기름을 두르고 불린 당면을 넣 어요. 불은 중불에 두세요.

5 **잡채 양념**을 붓고 뒤적여요. 당면에 양념이 골고루 묻게 1~2분간 볶아주 세요. 당면이 투명해지면서 부드러 워질 거예요.

6 콩나물을 넣고 함께 볶아주세요. 가 볍게 뒤적이며 볶다가 마지막에 참 기름을 넣고 불을 꺼주세요.

• 당면은 곧장 삶는 것보다 물에 불렸다가 볶거나 삶아야 시간이 지나도 불지 않고 맛있어요.
• 취향에 따라 고춧가루나 청양고추를 넣으면 매콤하게 즐길 수 있어요.

사과오이냉국

⏱ **조리 시간** 20분
🥄 2인분

여름에는 불 앞에서 국 끓이기 정말
싫을 때가 있어요. 그럴 때는 냉국이 최고랍니다.
요리하는 사람도 먹는 사람도 시~원하게
만들어주는 냉국이요.
저는 육수를 따로 내지 않고 녹차를 이용해봤어요.
간편하고 깔끔한 맛이 나네요.

🧺 READY

미역 약간(불렸을 때 1줌 정
도의 양), 오이 ½개, 사과
¼개, 녹차 티백 1개, 소금 2
작은술, 설탕 2큰술, 식초 5
큰술, 뜨거운 물 ½컵, 찬물
1½컵, 홍고추 1개, 참깨 ½
큰술

🍳 HOW TO MAKE

1 미역은 찬물에 담가 불려요.

2 녹차 티백에 뜨거운 물 ½컵을 부어
요. 3분 뒤에 찬물을 넣어 총 2컵 분
량을 만들고 소금, 설탕, 식초를 넣고
잘 섞은 뒤 냉장고에 넣어둬요.

3 오이와 사과는 채 썰고, 불린 미역은
물기를 꽉 짠 뒤 잘게 썰고, 홍고추는
송송 썰어놓아요.

4 차가워진 녹차물에 **3**의 재료를 넣고,
잘 섞은 뒤 얼음을 띄우거나 냉장고
에 넣어 차게 드세요.

약고추장

⏱ 조리 시간 20분
🥄 2인분

우리 집에서는 쌈장보다 더 사랑 받는 게
바로 이 약고추장이에요. 쌈밥에도 잘 어울리고
반찬이 없을 때 밥에 쓱쓱 비벼먹기만 해도
너무 맛있거든요. 약고추장을 밥 속에 넣고
주먹밥을 만들어 도시락을 싸도 좋아요.

RECIPE

🧺 READY

소고기 우둔살 다짐육 250g
고기 밑간 다진 마늘 1큰술,
간장 ½큰술, 맛술 1큰술, 참
기름 1큰술, 후추 · 생강가루
약간씩

고추장 양념 고추장 10큰술,
물엿 2큰술, 맛술 1큰술, 설
탕 1큰술, 매실액 2큰술, 참
깨 1큰술

🍳 HOW TO MAKE

1 다짐육은 밑간해서 5분 정도 두세요.

2 달군 팬에 밑간한 다짐육을 올려 강
불로 볶아요. 고기가 뭉치지 않도록
빠르게 젓가락으로 볶아주세요.

3 고기가 다 익어 붉은 기가 없어지면
고추장 양념을 모두 넣어요. 약불로
줄여 타지 않게 3~4분 정도 볶아요.

버섯불고기

⏱ 조리 시간 30분
🍚 2인분

잔칫날이나 명절이면 빠지지 않고 등장하는
대표 메뉴입니다.
요즘엔 시판 불고기 양념이 잘 나와서 많은 분들이
편리하게 사용하고 계시지만 저는 직접 만들어써요.
생각보다 간단하거든요.
홈메이드 양념으로 자극도 덜 하고 삼삼한 맛의
불고기 요리를 완성해보세요.

🧺 READY

소고기(불고기용) 600g, 버섯
(느타리버섯, 팽이버섯 등)
각 1줌씩, 양파 ½개, 고기 양
념(p.24 참고) 1컵

🍳 HOW TO MAKE

1 소고기는 키친타월로 꾹 눌러 핏기
를 제거하고, 고기 양념에 무쳐주세
요. 이 상태로 밀폐용기에 옮기고,
손질한 버섯(p.19 참고)도 한 켠에 담
아 랩을 씌워 냉장고에 30분 두세요.

2 달군 팬에 재운 고기를 올려 중불에
서 볶아줍니다. 젓가락으로 고기를
풀어주며 골고루 익혀주세요. 불고
기용은 고기가 얇아 오래 익히면 질
겨져요.

제이맘의
홈쿡 **TIP**

고기를 재울 때 버섯
을 양념에 함께 넣으면
버섯이 양념을 흡수해
서 고기는 싱겁고 버섯은 짜요. 버섯
을 한 켠에 두거나 따로 두어 마지막
에 넣고 볶아야 간도 골고루 맞고, 버
섯 식감도 좋답니다.

3 고기의 붉은 빛깔이 사라져갈 때쯤
버섯과 양파를 넣고 함께 볶아요.

4 마지막에 버섯을 넣고 1분 정도 가볍
게 볶아주세요.

도토리묵말이

간단 요리

⏱ **조리 시간** 15분
🍵 **2인분**

묵 요리를 먹을 때 젓가락으로 집다 보면
묵이 잘라지고 으깨져 먹기 불편하죠?
조금만 손을 쓰면 이렇게나 쉽게 먹을 수 있답니다.
먹기도 편하고 보기에도 예뻐서
손님 초대상에 올려도 손색없는 쉬운 요리예요.

RECIPE

🛒 READY

오이 1개, 도토리묵 1모, 양파(또는 적양파) ½개, 파프리카 ½개, 어린잎채소 약간

양념 간장 2큰술, 식초 1큰술, 설탕 ½큰술, 참깨 1작은술, 참기름 1작은술(취향에 따라 고춧가루 ½큰술)

🍳 HOW TO MAKE

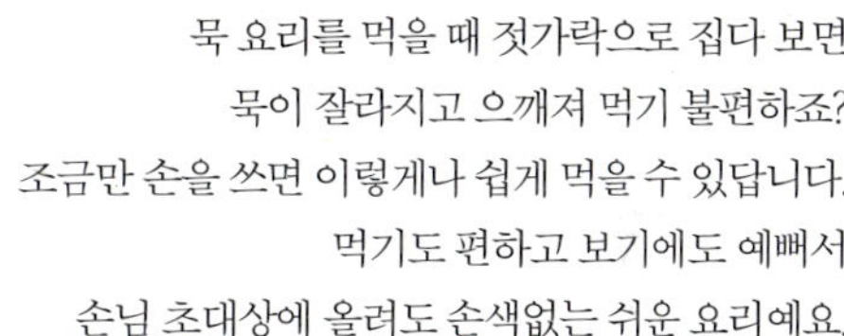

1 오이는 필러를 이용해 세로로 길게 슬라이스해요.

2 양파와 파프리카는 채 썰고, 도토리묵은 한입 크기로 썰어줍니다.

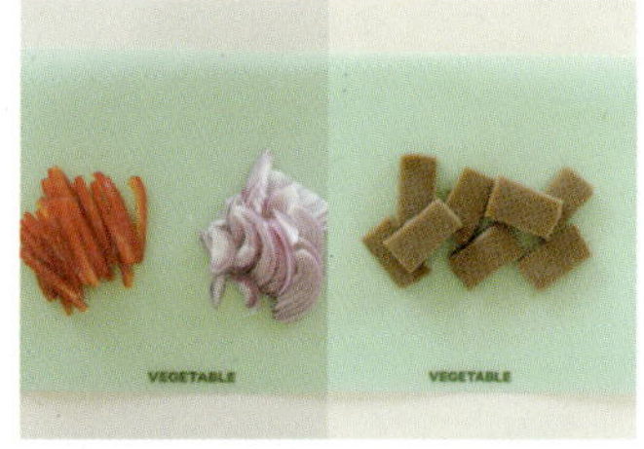

3 **양념** 재료를 모두 섞어요.

4 오이 위에 묵, 양파와 파프리카를 적당히 얹어 돌돌 말아요. 이때 오이를 조금씩 내려 말면 오이 껍질이 줄무늬를 만들어 예뻐요. 어린잎 채소를 곁들여내요. 양념장은 따로 또는 뿌려서 드세요.

제육볶음

돼지고기 목살 600g, 양파 1
개, 대파(흰 부분) 약 10cm,
깻잎 3장, 식용유 1큰술

고기 양념 다진 마늘 2큰술,
매실청 2큰술, 맛술 2큰술,
간장 3큰술, 고추장 2큰술,
고춧가루 2큰술, 생강가루 1
작은술

돼지고기를 매콤하게 양념해서 깻잎 파채를 올려 먹으면
술안주로도 밥 반찬으로도 좋은 제육볶음 완성!
만드는 과정은 간단한데 맛은 간단하지 않아요.
밥을 다 먹고도 한동안 집어먹느라 식탁 앞을 떠나질 못해요.
간편하게 차리고 싶을 때는 그대로 밥에 올려 제육덮밥으로 만들어 드세요.

HOW TO MAKE

1 고기는 큼직큼직하게 잘라주세요.
삼겹살이나 앞다리살도 좋아요.

2 양파는 도톰하게 채 썰고, 대파와 깻
잎은 매우 가늘게 채 썰어주세요(대
파채 썰기 p.15 참고).

3 **고기 양념** 재료를 모두 섞어주세요.
전날 만들어 놓으면 더욱 맛있어요.

4 볼에 고기와 양파, **고기 양념**을 모두
넣고 조물조물한 뒤 10분 이상 재워
주세요.

5 달군 팬에 식용유 1큰술을 두르고 양
념한 고기를 넣어 중불에서 볶아주
세요. 강불에서 조리하면 양념이 타고
고기가 안 익을 수 있어요. 그릇에 담
고 파채와 깻잎채를 얹어 드세요.

간단 요리

도라지오이무침

조리 시간 10분
2인분

도라지는 특유의 씁쓸한 맛 때문에 볶거나 무칠 때 신경이 쓰여요.
그 씁쓸한 맛을 좋아하는 사람이라면 상관이 없지만 그 맛 때문에 싫어하는 사람도 종종 있거든요.
이 맛있는 도라지를 더 많은 분들이 즐겼으면 하는 바람을 담아 해법 레시피를 준비해봤어요.
과정이 조금 번거로울 순 있지만 막상 해보면 아무것도 아니라는 사실!
절 믿고 오늘 저녁엔 도라지오이무침 한번 만들어볼까요?

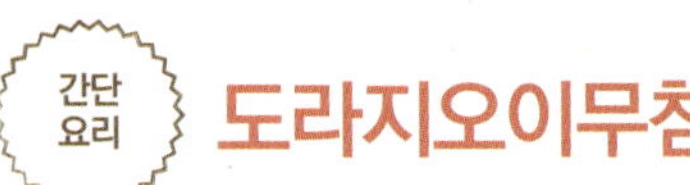

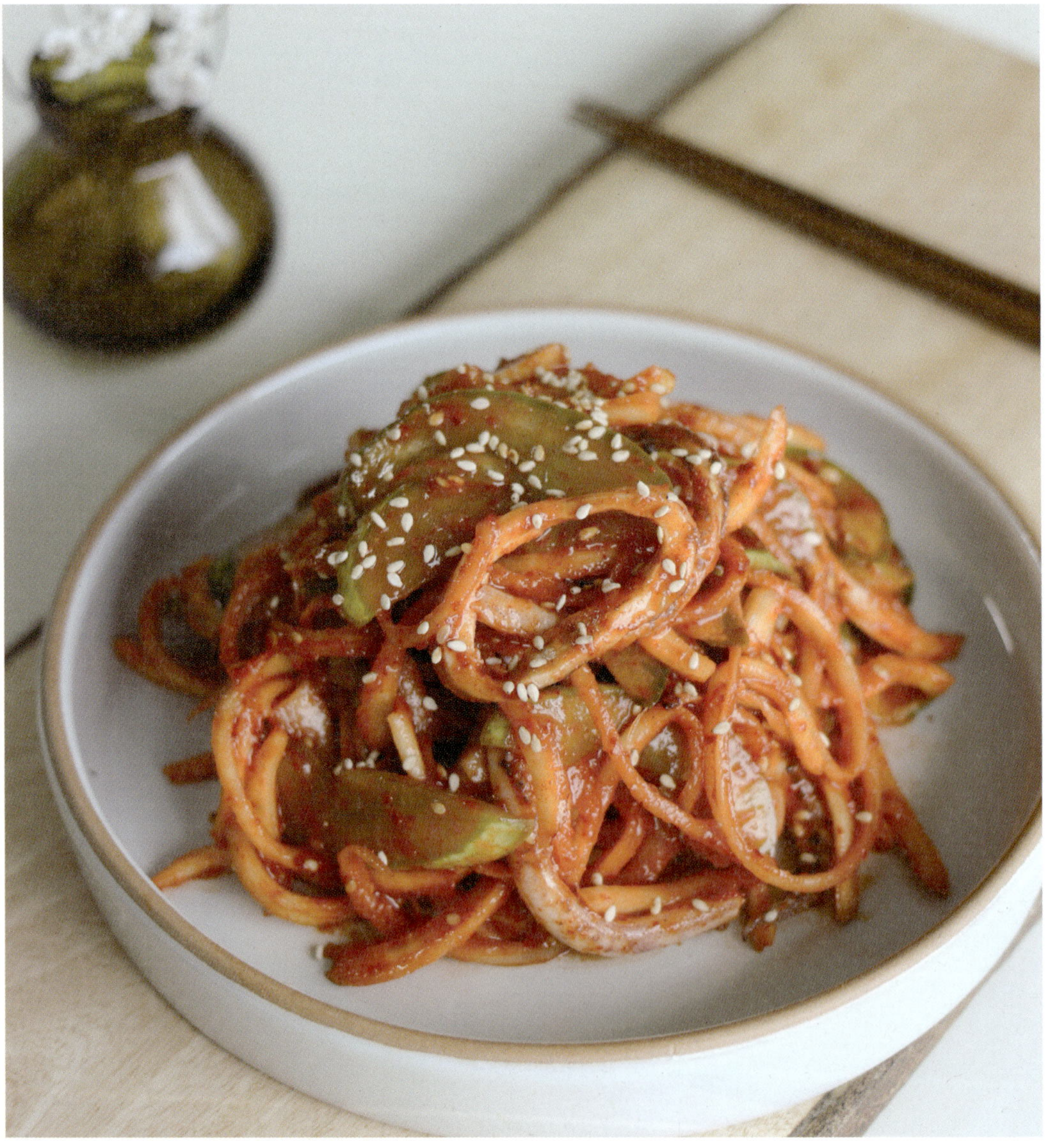

도라지 2줌, 오이 1개, 소금 1
작은술, 참기름 2작은술, 참
깨 1작은술

무침 양념 마늘 ½큰술, 고춧
가루 1½큰술, 까나리액젓 1
큰술, 식초 1큰술, 매실청 1
큰술, 고추장 1큰술, 올리고
당 1큰술

HOW TO MAKE

1 도라지는 껍질을 벗기고 세로로 길
게 잘라주세요. 껍질이 벗겨져 있는
도라지를 샀다면 얇게 자르면 돼요.
너무 길면 반으로 잘라 먹기 편하게
손질해주세요.

2 볼에 물 ½컵, 소금 1큰술, 도라지를
넣고 손으로 바득바득 빨래하듯이
문질러요. 이 과정에서 도라지가 부
드러워지고 쓴맛도 빠진답니다. 찬
물에 2~3번 헹구고 물에 5분간 담가
두세요.

3 오이는 반으로 자른 뒤 어슷 썰고 소
금을 넣어 3분간 절여요. 절인 오이
는 물에 헹궈 물기를 손으로 꽉 짜 놓
아요.

4 도라지도 건져서 물기를 두 손으로
꽉 짜주세요. 최대한 물기가 없어지
도록 면보로 감싸 짜주면 더 좋아요.
꽉 짜지 않으면 무치는 도중에 물기
가 나와서 맛없는 무침이 돼요.

5 **무침 양념** 재료를 모두 섞어주세요.

6 여기에 도라지와 오이를 넣고 손으
로 조물조물 무쳐요.

7 마지막으로 참기름과 참깨를 넣고
한번 더 버무려주세요.

살짝 데친 오징어를 넣어 함
께 무치면 요리에 가까운 반
찬이 돼요. 여기에 국수를 비
벼 먹어도 맛있답니다.

간단 요리

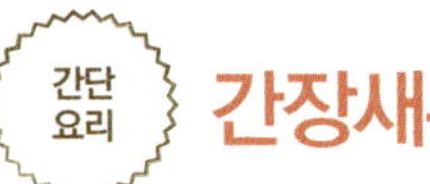

간장새우장

조리 시간 40분
2인분

생물 새우가 많이 나오는 계절이 되면 꼭 담가요.
초밥을 해 먹거나 밥에 비벼먹기도 하고,
남은 간장 국물은 여러 가지 양념으로도 활용하기 좋거든요.
입맛도 없고 뭔가 해먹기도 귀찮은 날에 새우장 하나면 밥 한 그릇 싹 비울 수 있답니다.

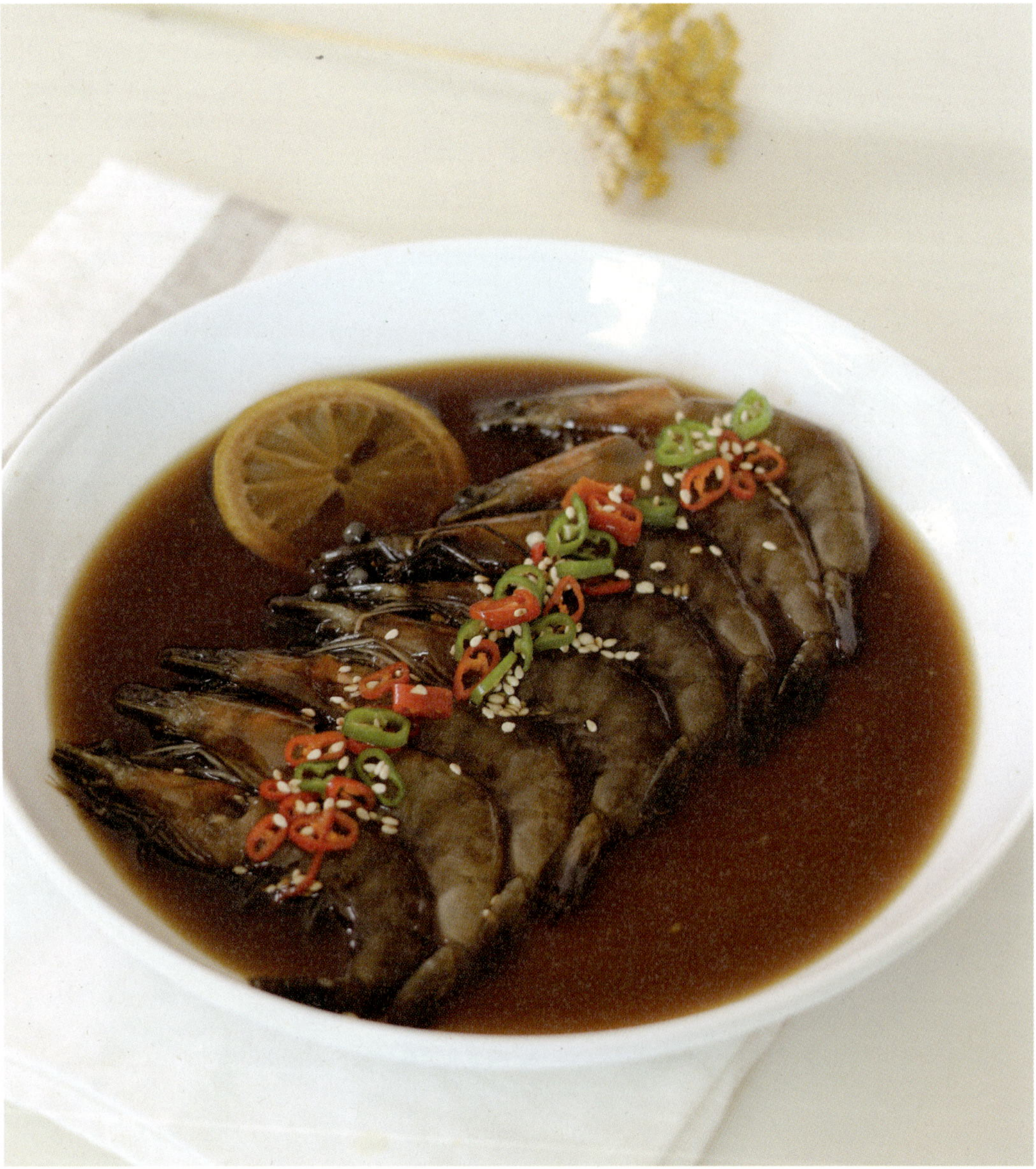

생물 새우 700g(약 40마리),
청양고추 1개, 홍고추 1개,
레몬 1개

간장 양념 간장 1컵, 까나리
액젓 1컵, 물 6컵, 마늘 5개,
생강 ½개, 사과 1개, 대파(흰
부분) 1개, 양파 1개, 건고추
1개, 물엿 ⅓컵, 감초 3조각,
건대추 3알

HOW TO MAKE

1 새우를 손질(p.21 참고)해요.

2 사과는 껍질째 4등분 해 씨를 제거하
고, 양파는 반으로 가르고, 대파는 큼
직하게 잘라 뿌리도 버리지 말고 잘
씻어둬요. 마늘은 통으로 준비하고,
생강은 얇게 편 썰고, 건고추는 반으
로 잘라요.

3 냄비에 **간장 양념** 재료를 모두 넣고
뚜껑을 닫아 중불에서 40분간 끓여
요.

4 **간장 양념**을 체에 거른 뒤 완전히 식
혀요.

5 유리 용기에 새우를 켜켜이 담고, 식
힌 **간장 양념**을 부어요.

6 슬라이스한 레몬과 어슷 썬 홍고추,
청양고추를 함께 넣어요. 냉장고에
2~3일 정도 보관했다가 간장 물만 따
라내서 한번 더 끓인 후 완전히 식혀
서 다시 새우에 부어요.

제이맘의 홈쿡 TIP

이 레시피로 간장게장을 만들
어도 맛있어요. 게장은 새우보
다 껍질이 두껍기 때문에 간장
비율을 조금 높이는 게 좋아요. 간장새우를
활용해 초밥을 만들어도 돼요. 껍질을 벗기고
식초(½큰술) 간을 한 밥에 얹어 드세요. 새우
머리 내장을 짜내 올려도 맛있어요.

HOME PARTY
1

손님 초대 · 집들이 파티

—

모든 것이 서툰 새댁이 가장 먼저 치러야 할 관문이 바로 집들이에요. 사실 요리 초보 시절에는 누군가 집에 온다는 자체가 부담으로 다가오지요. 무얼 대접하면 좋을까… 배달음식으로 때우기는 성의가 없어 보이고 말이죠. 그때를 회상하며 준비해봤어요. 간단한 요리들로 그럴 듯하게 차려 손님들에게 대접해보세요. 먹는 이도 기쁘고, 하는 이는 뿌듯한 그런 상차림입니다.

1 고동무침　　　**2** 사과청경채무침　　　**3** 생연어초밥　　　**4** 소고기불초밥

❶ 고동무침

1

양파는 채 썰고, 당근과 오이는 얇게 직사각 썰기해요.

2

소라는 데치고, 먹기 좋은 크기로 자르세요.

3

대파는 아주 가늘게 채 썰어 (p.15 참고) 찬물에 담그고, **무침 양념** 재료는 모두 섞어요.

4

볼에 모든 재료를 넣고 양념을 넣어 잘 버무려요. 마지막으로 참기름과 참깨를 넣고 한번 더 버무리고, 대파채를 얹어 내요.

🛒 READY

데친 소라(또는 고동) 2줌, 양파 ⅓개, 당근 ¼개, 오이 1개, 대파 1개
무침 양념 고춧가루 2큰술, 청양고춧가루 ½큰술, 간장 3큰술, 다진 마늘 1큰술, 설탕 1큰술, 고추장 1큰술, 식초 2큰술, 참기름 1큰술, 참깨 약간

❷ 사과청경채무침

1

청경채는 잎을 하나씩 떼어내고 큰 잎은 반으로 잘라요. 사과는 껍질째 얇게 슬라이스해요.

2

볼에 **무침 양념** 재료 모두와 청경채, 사과를 넣고 가볍게 무쳐 내요.

🛒 READY

사과 ½개, 청경채 4~5줄기
무침 양념 간장 1½큰술, 고춧가루 ½큰술, 설탕 ½큰술, 매실청 1큰술, 식초 1큰술, 참기름 ½큰술, 참깨 1작은술

❸ 생연어초밥

밥에 **단촛물**을 넣어 잘 섞고, 생연어는 얇게 슬라이스해주세요.

밥을 1큰술씩 떼어내 한입 크기로 길쭉하고 동글동글하게 빚어주세요. 힘을 줘서 꾹꾹 누르기보다는 밥알이 깨지지 않도록 살살~ 가볍게 뭉쳐요. 그 위에 취향대로 고추냉이를 올립니다.

그 위에 연어를 얹고, 양파마요소스를 1작은술씩 얹고, 적양파와 무순, 케이퍼를 얹어요.

⌚ READY

밥 1공기, 생연어 1덩이(약 150g), 채 썬 적양파 ¼개, 무순 · 케이퍼 · 고추냉이 약간씩, 양파마요소스 2큰술
단촛물 식초 1큰술, 설탕 1작은술, 소금 1꼬집

TIP
- 볼에 양파 ⅛개, 마요네즈 3큰술, 레몬즙(또는 식초) ½큰술, 꿀 1작은술, 소금 · 후추 · 파슬리가루는 1꼬집씩 섞어서 갈아주면 양파마요소스가 됩니다.
- 연어를 손으로 오래 만지면 신선도가 떨어져요. 연어를 썰 때 연어를 잡는 손은 차갑게 하거나 비닐장갑을 끼세요. 생연어가 아닌 훈제연어 슬라이스를 쓰시면 더 간편해요.

❹ 소고기불초밥

TIP

요리용 토치는 마트나 캠핑용품 전문점에서 쉽게 구할 수 있어요. 만원 안팎의 가격으로 구입할 수 있는데, 여러모로 쓰임이 좋아요. 음식에 불맛을 내고 싶을 때 또는 음식 모양을 살리고 싶을 때 사용해보세요.

HOW TO MAKE

1 고기는 아주 얇게 회를 뜨듯이 잘라주세요. 고기를 냉동실에 10분 정도 넣었다가 썰면 잘 썰려요. 이 과정이 힘들면 불고기감처럼 얇게 썰려있는 고기를 사오시거나 정육점에서 썰어달라고 하세요.

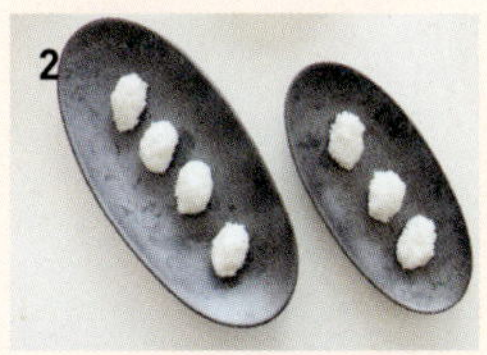

2 밥은 양념해서 동글 길쭉하게 빚어놓아요. 취향에 따라 고추냉이를 조금 바르셔도 돼요.

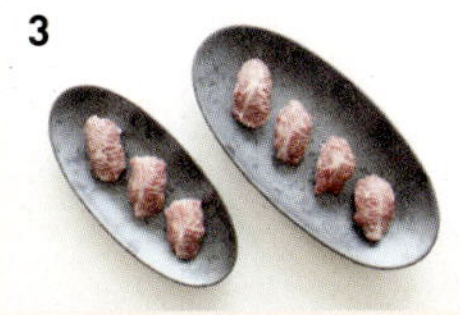

3 밥 위에 고기를 얹어서 감싸주세요.

4 토치로 고기 겉면을 살짝 구워줍니다. 팬에 고기를 앞뒤로 구워도 돼요. 그 위에 스테이크 소스를 뿌려요. 취향에 따라 구운 마늘이나 다진 쪽파를 얹어도 돼요.

PART 3
특별한 게 먹고 싶어!
제이맘의
주말 밥상
WEEKEND HOMECOOK

우리 집을 카페처럼

주말 아점

└ ESSAY 조금은 풀어져도 괜찮아

└ **수프와 죽**

└ **샐러드**

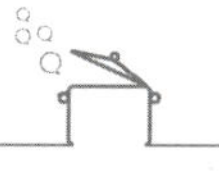

조금은 풀어져도 괜찮아

조금은 느슨해져도 괜찮은 주말 아침입니다.

부산스러운 평일 아침과는 달리 오늘만큼은 주방이 고요하네요. 엄마의 주방에 여유가 들어찹니다.

오늘은 간단한 요리로 저도, 부엌도 한숨 돌리려고요.

주말이니까 평소 제가 가장 좋아하는 빵으로 늦은 아침을 대신해도 괜찮겠죠?

불금이라고 밖에서 달리고 온 남편을 위해서는 따끈한 죽이나 수프로 아침에 속을 풀어줘야겠네요.

아이와 함께 느릿한 브런치를 예쁘게 차려 먹는 것도 좋을 것 같아요.

카페 같은 분위기로 원플레이트 요리와 맛있는 음료를 내놓아볼까요?

남편도, 아이도 셰프가 될 수 있는 날이에요. 저는 좀 편하게 앉아 두 사람의 조리 과정을

진두지휘해보기도 합니다.

계란프라이 같은 불을 쓰는 조리는 남편이 맡고,

샐러드에 들어갈 채소를 뜯거나 과즙기에 주스를 내리는 것은 아이가 도와줘요.

이렇게 아점을 간단히 해결하고 가족과 함께 가까운 곳에 콧바람 쐬러 나가야지요.

오늘은 어딜 가볼까?

함께 식사를 준비하며 또 우리는 신나는 계획을 세웁니다.

창가에 앉아 간단한 브런치를 즐기며, 바깥 날씨도 살피고, 아침 뉴스 내용도 이야기하고,

다른 날과는 조금 다른 고요하면서도 설레는 오전을 만끽해요.

루/마늘 크루통

⏱ 조리 시간 15분
🥄 2인분

루는 수프의 농도를 맞춰주고 풍미를 좋게 해주는
역할을 해요. 감자나 고구마처럼 전분이 들어있는
재료로 요리할 때는 루를 넣지 않아도 됩니다.
수프에 얹으면 식감을 좋게 해주고,
고소한 맛까지 더해주는 크루통!
식빵이 남았을 때 소진용으로 좋아요.
저는 빵이 남으면 얼려놓았다가
수프나 샐러드 먹을 때 크루통으로 만들어 먹어요.

RECIPE

🧺 READY

루 버터 50g(녹였을 때 3큰술), 밀가루 50g(4큰술)

마늘 크루통 식빵 2장, 녹인 버터(또는 올리브유) 2큰술, 다진 마늘 ½큰술, 파슬리가루 1작은술

루

🍳 HOW TO MAKE

1 팬에 버터를 넣고 녹여요. 강불에서는 버터가 타거나 거품이 날 수 있으니 약불에서 녹이세요.

2 버터가 다 녹아 액체가 되면 밀가루를 넣어요. 강불로 키워 10초간 재빠르게 볶다가 약불로 줄여요.

3 4~5분 정도 약불에서 눌러 붙지 않게 잘 저어가며 볶아주세요. 베이지색 루가 만들어질 거예요. 조금씩 소분해서 냉동실에 넣고 쓰면 됩니다.

마늘 크루통

🍳 HOW TO MAKE

1 식빵은 가로, 세로 각 5~6등분해서 주사위 모양으로 잘라요.

2 팬에 버터와 다진 마늘, 파슬리가루를 모두 넣고 약불에서 볶아요.

3 식빵을 넣고 뒤적뒤적하다가 재료가 잘 스며들었으면 중불로 키워 노릇노릇 구워줍니다.

제이맘의 홈쿡TIP

루 3번 과정에서 불이 너무 세거나 볶는 시간을 너무 길게 잡으면 갈색의 루가 되어버려요. 노르스름한 색이 되기 직전에 불을 꺼야 수프에 사용할 베이지 색의 루가 됩니다. 넉넉히 만들어 냉동실에 얼려두었다가 필요할 때마다 조금씩 꺼내 사용하셔도 돼요. 무조건 밀가루와 버터의 양을 1대 1 비율로 사용하시면 됩니다. 완성된 루를 수프에 넣을 때는 불을 끈 상태에서 넣어야 덩어리가 안 생겨요!

자색고구마수프 

⏱ 조리 시간 20분

🍵 2인분

한때 컬러 푸드의 유행으로 파프리카나
브로콜리 등 색이 예쁜 채소들이
많은 사랑을 받았었죠. 사람들이 요리할 때
제일 꺼리는색이 보라색일 것 같아요. 익숙하지
않은 색감에 거부감이 들거든요. 그렇지만
가지를 비롯해 자색양파, 적양배추, 비트 등
보라색을 내는 맛난 식재료가 참 많답니다.
그 중에서도 자색고구마는 수프나 카페라테를
만들었을 때 더 고급스러운 느낌이 나요.

🛒 READY

자색고구마 2개, 양파 ½개,
마늘 3개, 우유 2컵, 생크림 1
컵, 올리브유 적당량

🍳 HOW TO MAKE

1 자색고구마를 찜기에 쪄요. 찐 고구마
일부는 조각내고, 나머지는 으깨요.

2 양파는 채 썰고, 마늘은 편 썰어요.

3 냄비에 올리브유를 두르고 중불에서
양파와 마늘을 볶아주세요. 양파에
갈색 빛이 돌면 우유와 생크림, 으깬
고구마를 넣고 더 끓여요.

4 한소끔 끓어오르면 불을 끄고 식혔
다가 핸드블렌더로 곱게 갈아주세
요. 한소끔 또 끓이고, 썰어둔 고구마
조각을 얹어드세요.

수프와 죽

호두버섯수프

조리 시간 20분

2인분

두뇌 건강과 피부에 좋은 호두와 다양한 버섯으로
만들 수 있는 건강한 한끼예요.
집에 자투리 버섯이 많은 날, 만들어보면 참 좋아요.
한 숟가락 뜨자마자 고소한 향과 맛이 입안 가득 퍼질 거예요.

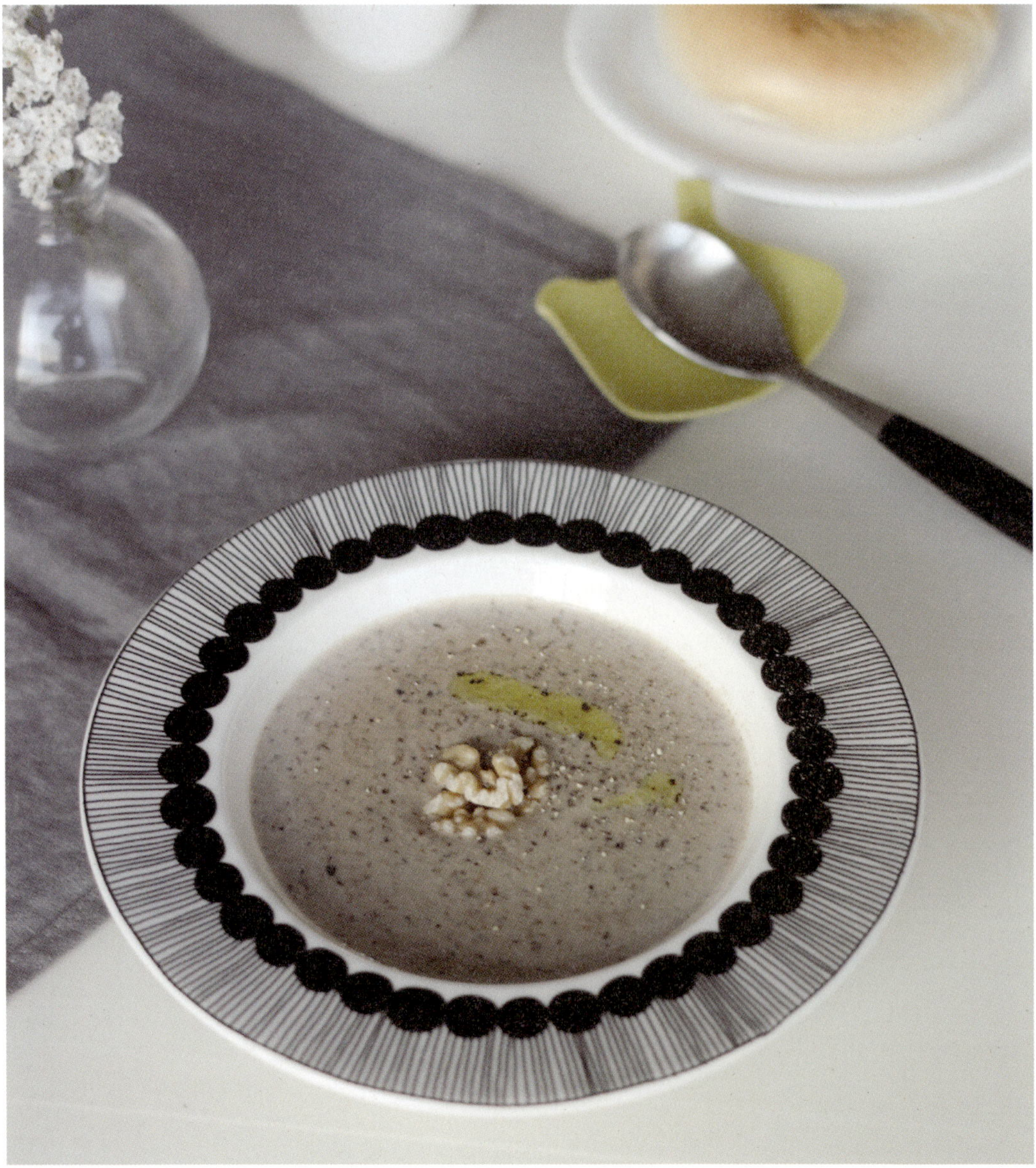

생크림 1컵, 우유 3컵, 표고버섯 1개, 느타리버섯 1줌, 양송이버섯 6개, 마늘 5개, 양파 ½개, 호두 1줌, 버터 1큰술, 루 1큰술, 소금 · 후추 약간씩

HOW TO MAKE

1 양송이버섯은 통통하게 썰고(얇게 썰면 버섯에서 물이 나와서 맛이 없어요.), 표고버섯의 밑동은 잘라낸 뒤 잘게 찢어두고 머리 부분은 양송이버섯과 같은 두께로 썰어요. 느타리버섯은 밑동을 잘라내고, 양파는 채 썰고, 마늘은 편 썰어요.

2 호두는 토핑으로 올릴 것 3~4개만 남기고, 나머지는 칼로 꾹꾹 눌러 다져주세요.

3 냄비에 버터를 넣고 버터가 녹으면 마늘과 양파를 넣어 중불에서 1~2분간 볶아주세요.

4 마늘과 양파에 갈색 빛이 돌기 시작하면 버섯을 전부 넣고 1~2분간 더 볶아주세요.

5 우유와 생크림을 붓고 끓여요. 강불에선 갑자기 넘쳐버릴 수 있으니 중불에서 천천히 끓여줍니다.

6 끓기 시작하면 약불로 줄인 뒤 다진 호두를 넣어요. 2~3분간 더 끓이다가 불을 끄고 한 김 식혀주세요.

7 다 식었다면 핸드블렌더나 믹서기로 곱게 갈아주세요. 뜨거운 상태로 믹서기에 넣으면 재료가 넘쳐 위험할 수 있으니 꼭 식힌 뒤에 조리하세요.

8 여기에 루를 넣고 잘 풀어준 뒤 불을 켭니다. 강불에서 1~2분간 끓여 수프의 농도를 원하는 상태로 조절하고, 소금과 후추로 간해주세요.

갈릭포테이토수프

⏱ 조리 시간 20분
🍵 2인분

감자는 언제 어디서나 쉽게 구할 수 있는 식재료입니다.
하지만 보관을 잘못하거나 너무 오랜 시간 방치해버리면
쉽게 싹이 나 처치곤란일 때도 많아요. 그렇다고 버리긴 아깝고…
이럴 땐 감자수프를 만들어보세요.
특히 감자가 많이 나는 여름철에 팔팔 끓여서
땀을 뻘뻘 흘리며 한 그릇 먹고 나면 몸보신 되는 느낌이 절로 들어요.

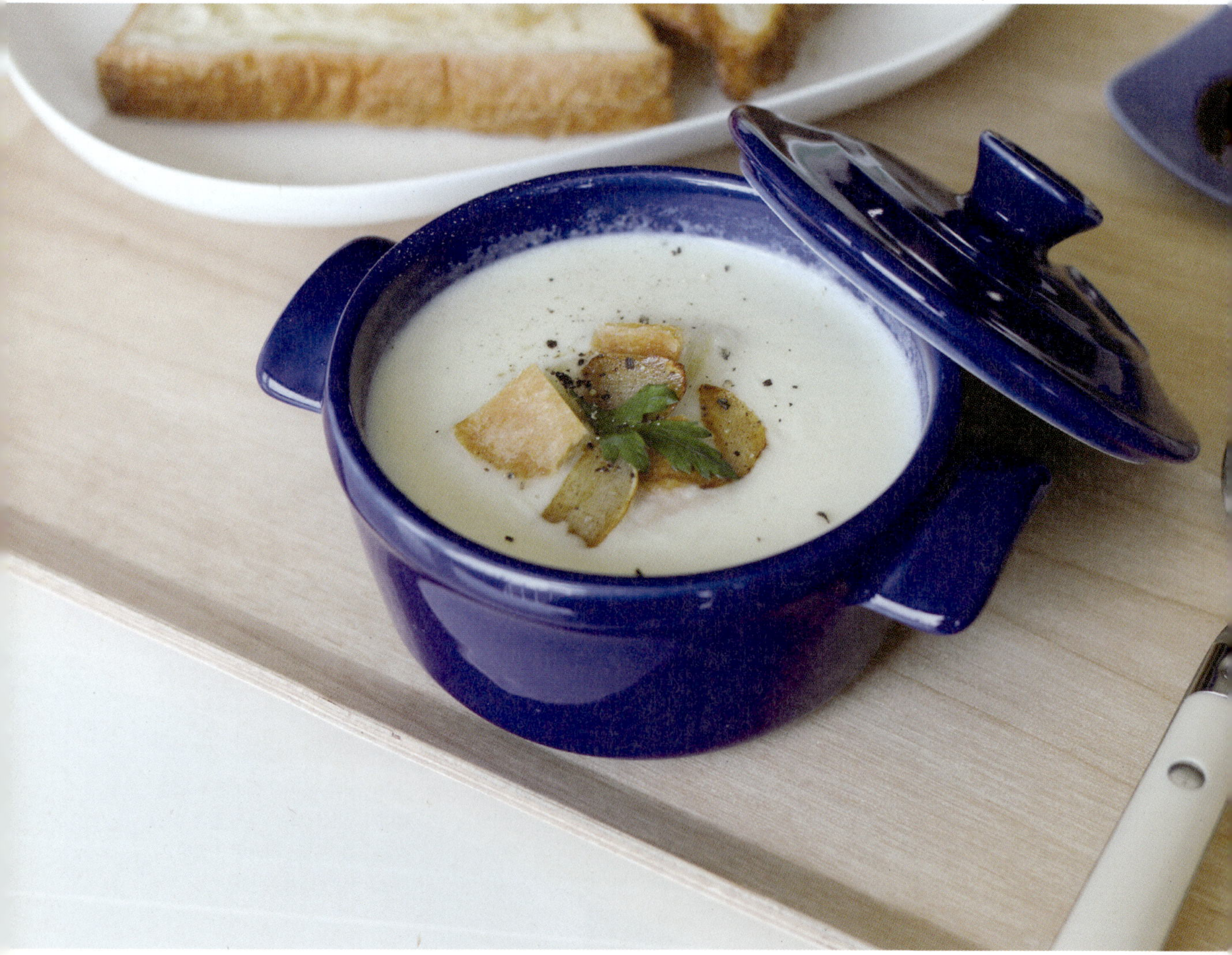

🧺 **READY**

우유 4컵, 생크림 1컵, 감자 (小) 3개, 마늘 5개, 양파 1개, 버터 2큰술, 소금 · 후추 약간씩, 올리브유 1큰술

🍳 **HOW TO MAKE**

1 감자는 깨끗이 씻은 뒤 껍질을 벗기고 반으로 잘라 평평한 쪽을 바닥에 대고 최대한 얇게 썰어요(두껍게 썰면 잘 익지 않아 조리시간이 오래 걸리고 냄비가 탈 수 있어요.). 양파는 채 썰고, 마늘은 편 썰어요.

2 냄비에 버터를 넣고 약불에서 녹여주세요.

3 여기에 감자와 마늘, 양파를 넣고 강불에서 볶아줍니다. 재료가 바닥에 눌러 붙으면 올리브유 1큰술을 넣고 볶아요. 5분 뒤에 마늘과 양파는 갈색으로 변하고, 감자는 투명하게 익기 시작할 거예요.

4 우유와 생크림을 부어요. 재료가 넘치지 않게 중불로 줄여 계속 끓여주세요. 감자가 충분히 익을 때까지 3~4분간 더 끓이다가 불을 끈 뒤 한 김 식혀줍니다.

5 다 식었으면 믹서기나 핸드블렌더로 갈아주세요. 감자수프는 곱게 갈아야 맛있으니 입자가 보이지 않을 정도로 갈아주는 것이 좋아요.

6 중불에서 농도가 되직해질 때까지 끓인 뒤 소금과 후추로 간해주세요. 그릇에 옮겨 담은 뒤 크루통과 튀긴 마늘을 얹으면 더 맛있답니다.

제이맘의 홈쿡 TIP
감자수프는 감자의 전분 때문에 루를 넣지 않아도 농도가 걸죽해요.

수프와 죽

단호박수프

조리 시간 20분

2인분

달달한 맛의 단호박과 부드러운 생크림이 만나면 2배로 맛있어져요.
일반 호박죽과는 전혀 다른 매력이 있는 단호박수프랍니다.
추운 날 아침, 또는 컨디션이 좋지 않은 어느 날,
따끈한 수프 한 그릇은 속을 편하게 해주지요.

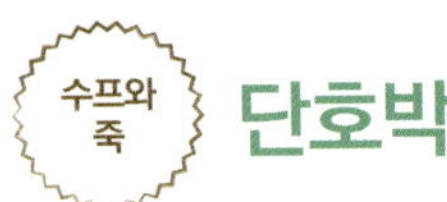

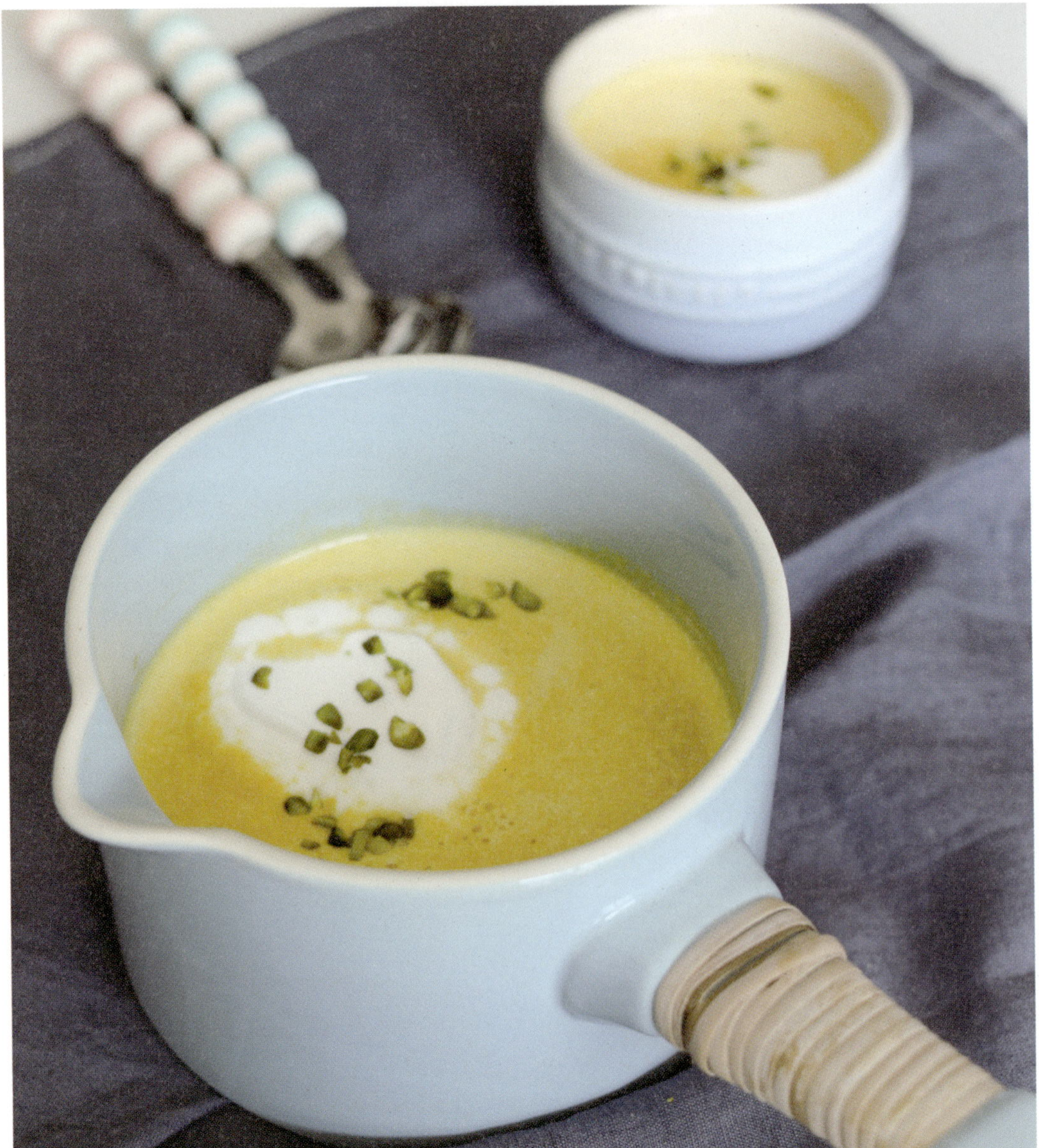

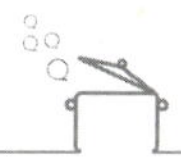

🧺 READY

단호박 ½개, 올리브유 1큰술, 우유 1컵, 생크림 1컵, 양파 ½개, 마늘 3~4개

🍴 HOW TO MAKE

1 양파는 채 썰고, 마늘은 편 썰어요.

2 단호박은 4등분해서 속을 숟가락으로 긁어내고, 껍질을 벗긴 뒤 작은 토막으로 썰어요.

3 냄비에 올리브유를 두르고 중불에서 양파와 마늘을 볶아요. 이때 버터를 조금 넣으면 좋아요.

4 양파가 투명해지면 단호박을 넣고 함께 볶아요.

5 2~3분 정도 볶다가 물 1컵을 넣고 뚜껑을 닫은 채 익혀요.

6 단호박이 으스러지도록 익고 물기도 거의 사라질 때쯤 우유와 생크림을 넣고 함께 끓여요.

7 한소끔 끓으면 불을 끄고 한 김 식힌 뒤 핸드블렌더로 갈아주세요.

8 다시 1~2분간 약불에서 뭉근히 끓이고, 먹기 전에 휘핑한 생크림을 얹거나 다진 견과류를 뿌려 드세요.

굴토마토스튜

⏱ **조리 시간** 20분
🥄 **2인분**

토마토는 건강에도 좋고 맛도 좋아서
생으로 먹거나 갈아서 주스로 많이 활용하죠.
스튜는 어떤가요? 후각을 자극하는 새콤한 향과
시각을 자극하는 고운 다홍빛의 토마토스튜!
보기만 해도 식욕이 마구 되살아나는 별미랍니다.
저는 탱글탱글한 굴도 넣어봤어요.
일단 드셔보시면 너무 맛있어서
자꾸 생각나게 될 거예요. 아, 해장용으로 좋답니다.

🧺 READY

완숙 토마토 2개(작은 것은 3개), 굴 1봉지, 가지 ½개, 양파 ½개, 바질 잎 3~4장, 올리브유 적당량, 소금 · 후추 약간씩

👊 HOW TO MAKE

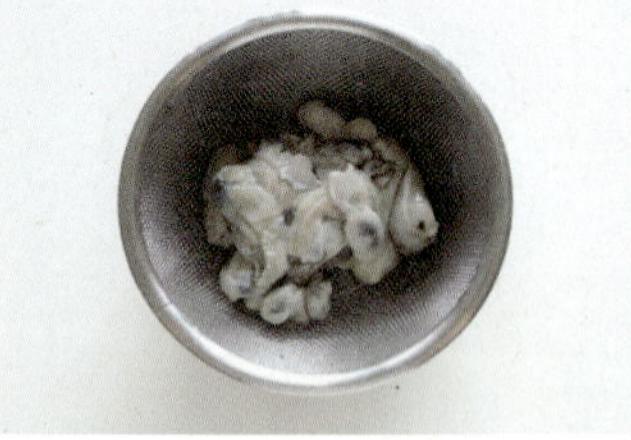

1 굴은 소금물에 살살 흔들어 씻은 뒤 체에 받쳐 물기를 빼주세요.

2 가지와 양파는 사방 2cm 정도 크기로 깍둑 썰어요.

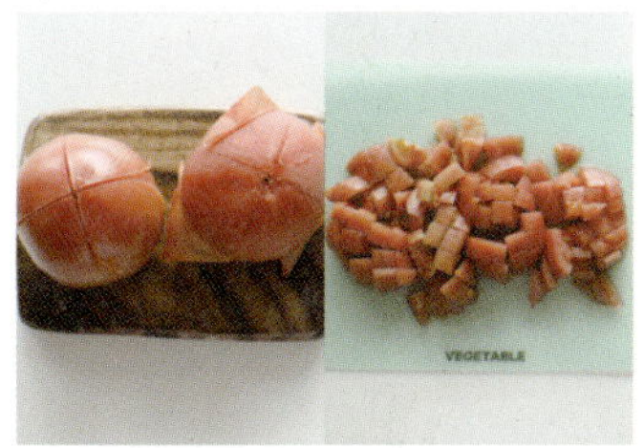

3 토마토는 십자 모양으로 칼집을 내 끓는 물에 살짝 넣었다 뺀 뒤 껍질을 벗기고 작게 잘라주세요.

4 냄비에 올리브유를 두르고 중불에서 양파부터 볶아요. 양파가 투명해질 때까지요.

5 양파가 투명해지면 가지를 넣고 함께 볶아요. 몇 번 뒤적이는 정도로만 볶으면 됩니다.

6 여기에 토마토를 넣고 함께 볶아요. 소금 간도 살짝 해주고요.

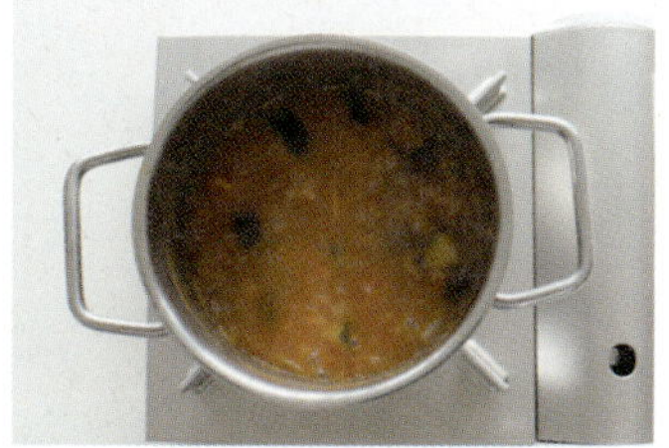

7 토마토에서 물이 나오기 시작할 텐데, 이때 물 1컵을 넣고 바글바글 끓여요.

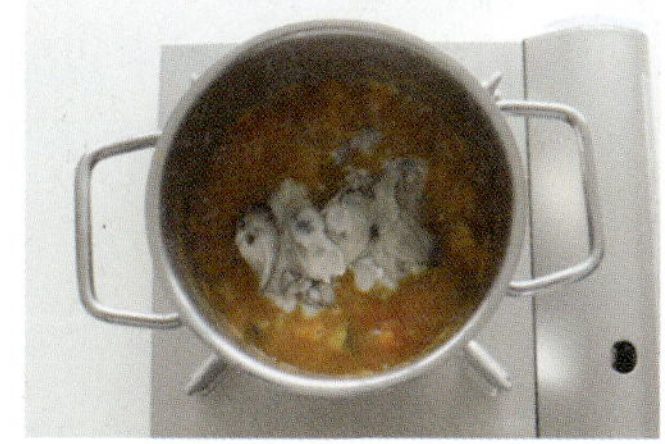

8 끓어오르면 굴을 넣고 잘 저어가며 한소끔 끓이세요.

9 마지막으로 바질 잎을 넣고 한소끔 더 끓인 뒤 후추를 넣고 올리브유를 뿌려 먹으면 됩니다.

제이맘의 홈쿡 TIP

담백한 맛의 스튜를 내기 위한 레시피입니다. 좀 더 진한 맛을 내고 싶으면 치킨스톡이나 토마토 페이스트를 첨가하세요. 더 매콤하게 즐기고 싶다면 레드페퍼나 청양고추를 넣고 끓이면 됩니다.

수프와 죽

조개야채죽

조리 시간 30분
2인분

조갯살이 씹힐 때마다 고소함이 2배! 은은하게 퍼지는 부추 향도 좋아요.
특별한 양념이나 간을 하지 않고도 충분히 맛있는 죽이죠.
입맛 없는 날, 쫄깃하게 씹는 맛이 살아있는 조개죽 한번 끓여보세요.

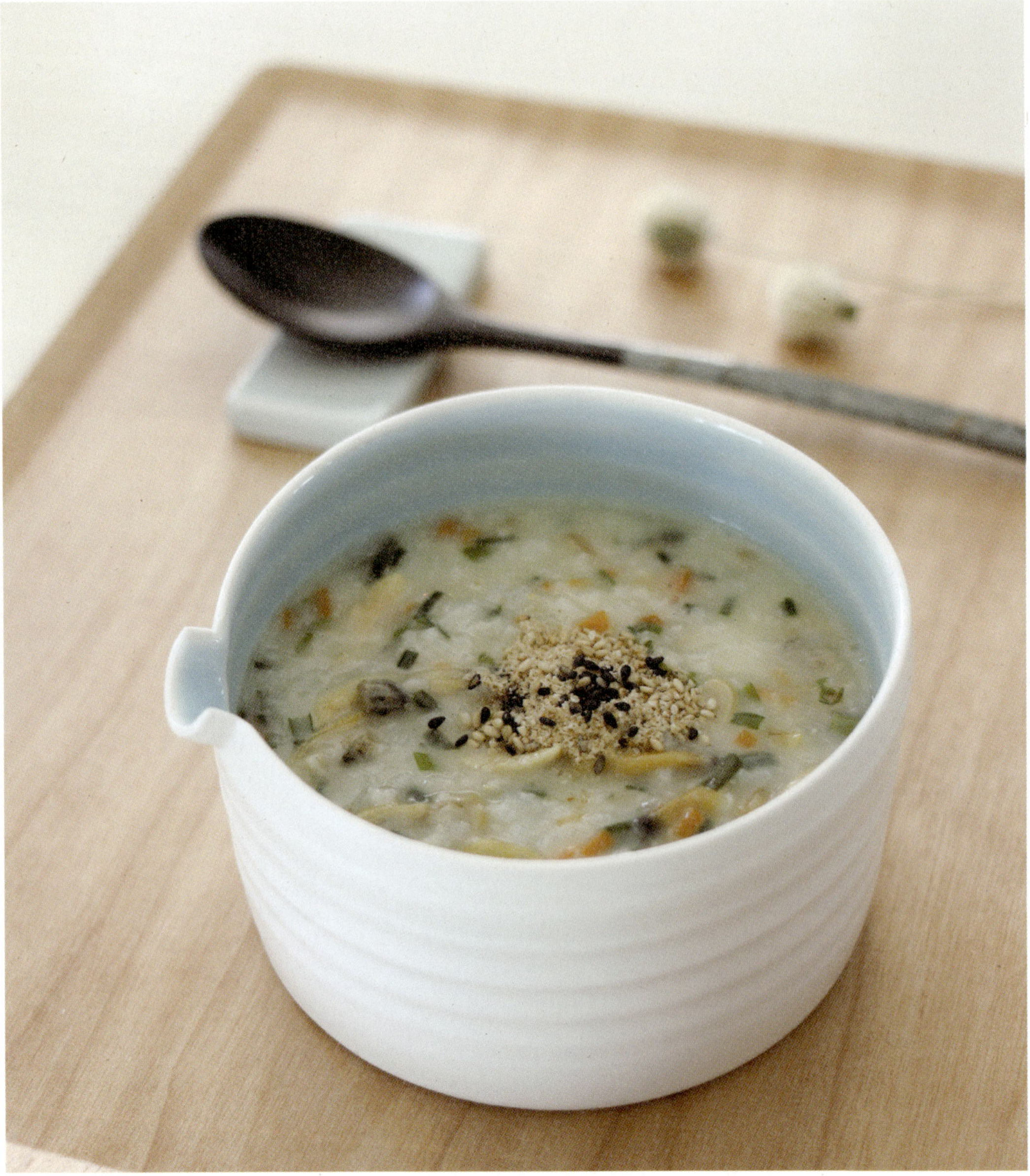

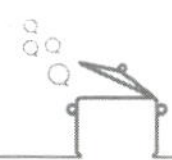

쌀 1컵, 조갯살 1줌, 당근 ⅛
개, 부추 ½줌, 참기름 1큰술,
다시마육수(또는 물) 6컵

HOW TO MAKE

1 쌀은 물에 30분간 불려주세요.

2 소금물에 조갯살을 담가 손끝으로
살살 흔들어 씻은 후 체에 받쳐 물기
를 빼주세요.

3 당근과 부추는 작게 송송 썰어요.

4 냄비에 참기름을 두르고 중불에서
불린 쌀을 볶아요.

5 쌀이 투명해지면 다시마육수(또는
물)를 붓고 끓여요. 강불에서 끓이다
가 끓기 시작하면 약불로 줄여요.

6 쌀이 퍼지면 당근을 넣고 뒤적이
며 더 끓여요. 1분 뒤 조갯살을 넣고
2~3분 정도 잘 저어가면서 끓여요.

7 마지막으로 부추를 넣고 휘리릭 한
번 섞은 뒤 불을 꺼요. 부추는 남은
열로 충분히 익어요.

전복내장죽

🕐 **조리 시간** 30분
🥄 2인분

전복이 들어간 요리는 보양식처럼
든든해요. 전복요리에서
빠질 수 없는 게 내장을 이용한 요리지요.
전복 내장은 원기 회복에 좋아 요리에 활용하면
정말 특별한 건강식이 된답니다.
특유의 쌉쌀한 맛도 좋고요.
죽 색도 예뻐서 입맛을 마구마구 당겨요.

🧺 READY

쌀 1컵, 전복 4~5개, 참기름
1큰술, 물 5~6컵, 소금 약간

🍲 HOW TO MAKE

1 쌀을 씻어서 최소 30분 이상 불려요.

2 전복은 숟가락으로 껍질과 살을 분리
하고 이빨과 내장을 떼어낸 후 요리
용 솔로 잘 닦아 잘게 썰어요. 내장은
칼로 다지거나 갈아둬요.

3 냄비에 참기름을 두르고 불린 쌀과
전복살, 전복 내장을 넣고 중불에서
볶아요.

4 쌀이 투명해지면 물을 붓고 강불에
서 끓여요. 끓기 시작하면 약불로 줄
이고, 바닥에 눌러 붙지 않게 저어가
며 끓여줍니다. 소금으로 간해요.

과카몰리샌드 샐러드

⏱ 조리 시간 10분
🍲 2인분

멕시코 음식점에 가면 연두 빛이 도는 소스 하나가 등장하죠. 푹 익은 아보카도를 으깨 여러 가지 채소들을 넣어 만든 과카몰리 소스예요. 나초에 찍어 먹으면 상큼하고 부드러워 계속해서 손이 가는 별미랍니다. 저는 건강한 곡물 과자에 얹어 샌드위치처럼 만들어봤어요. 만들기도 쉽고 맛도 있는 과카몰리, 다양한 방법으로 즐겨보세요.

RECIPE

🧺 READY

곡물 과자 5~6장, 아보카도 1개, 레몬 ½개, 토마토 ½개, 양파 ¼개, 소금 1꼬집, 후추 약간

제이맘의 홈쿡TIP 남은 과카몰리는 나초에 얹어 드셔보세요. 바게트 빵에 발라 먹어도 좋답니다.

🍳 HOW TO MAKE

1 양파와 토마토는 잘게 다져주세요.

2 아보카도는 반으로 갈라 씨를 제거하고 껍질을 벗겨낸 뒤 으깨요.

3 레몬은 즙을 내요.

4 준비된 재료를 모두 섞고, 소금과 후추를 취향대로 넣어 과카몰리 소스를 완성해요. 곡물 과자에 소스를 층층이 쌓고, 허브 잎이나 샐러드를 곁들여 드세요.

연어샐러드

⏱ 조리 시간 15분

🥄 2인분

연어는 부드러운 식감과 특유의 향이 좋아
샐러드에 자주 쓰여요.
연어를 꽃 모양으로 돌돌 말아 보기 좋게
담아봤어요. 약간의 센스만 곁들이면
요리가 달라지거든요. 드레싱도 너무 맛있으니까
꼭 만들어보세요. 많이 만들어 두고
다른 샐러드에 뿌려 드셔도 좋아요.

🛒 READY

슬라이스 연어 160g, 샐러드
채소 적당량, 케이퍼 ½큰술,
적양파(또는 양파) 1개

양파 드레싱 다진 양파 2큰
술, 식초 ½큰술, 마요네즈 4
큰술, 고추냉이 1작은술, 시
럽(또는 꿀) 2작은술, 레몬즙
1큰술, 소금 · 후추 · 파슬리
가루 약간씩

🍲 HOW TO MAKE

1 적양파는 얇게 채 썰고, 일부를 약간
덜어내 다진 뒤 드레싱 재료로 남겨
둬요.

2 샐러드채소는 씻어서 물기를 제거한
후 손으로 먹기 좋게 뜯어 놓아요.

3 **양파 드레싱** 재료를 모두 섞어요.

3 그릇에 샐러드채소를 담고, 그 위에
슬라이스 연어를 돌돌 말아 꽃 모양
을 만들어 얹었어요. 양파와 케이퍼도
살짝 얹어주세요. 드레싱은 뿌려도
되고, 따로 내도 됩니다.

오렌지자몽샐러드 샐러드

⏱ 조리 시간 10분

🍵 2인분

오렌지와 자몽이 가장 맛있고 저렴한
봄에 딱인 샐러드예요.
상큼함이 하루 종일 입 안에 맴돌아
기분이 좋아진답니다.
브런치를 즐길 때 곁들여도 좋고,
손님 초대 에피타이저로도 굿!!

🛒 READY

오렌지 2개, 자몽 1개, 샐러
드채소 1줌, 파마산 치즈가루
약간

오렌지 드레싱 오렌지즙 1큰
술, 식초 1큰술, 설탕 ½큰술,
올리브유 1큰술, 소금 약간

🍳 HOW TO MAKE

1 오렌지와 자몽은 속껍질까지 제거한
뒤 과육만 분리해주세요.

2 **오렌지 드레싱** 재료를 모두 섞어주
세요.

3 깨끗이 씻은 샐러드채소는 손으로
뚝뚝 한입 크기로 떼어내 **드레싱**에
살짝 버무려요.

4 접시에 자몽과 오렌지를 교대로 돌
려 담고, 중앙에는 샐러드채소를 놓
아요. 그 위에 남은 자몽과 오렌지
조각을 얹고 파마산 치즈가루를 솔
솔 뿌려요.

제이맘의 홈쿡 TIP 자몽 특유의 쌉쌀한 맛
은 속껍질에서 나오는
거예요. 상큼하고 깔끔
한 맛만을 느끼려면 속껍질은 꼭 제거
해주세요.

샐러드

콥샐러드

조리 시간 30분
2인분

헐리우드에서 레스토랑을 운영하는 밥 콥이라는 셰프가 주방에 남은 채소들을 잘게 썰어 프렌치드레싱과 함께 먹었다는 것에서 유래된 샐러드가 바로 콥샐러드예요. 냉장고 속 방치되어 있던 재료들이 빛을 발하며 감동을 주었다는 그 샐러드죠. 다양한 재료가 들어가기 때문에 색도 예쁘고 먹음직스러워요.

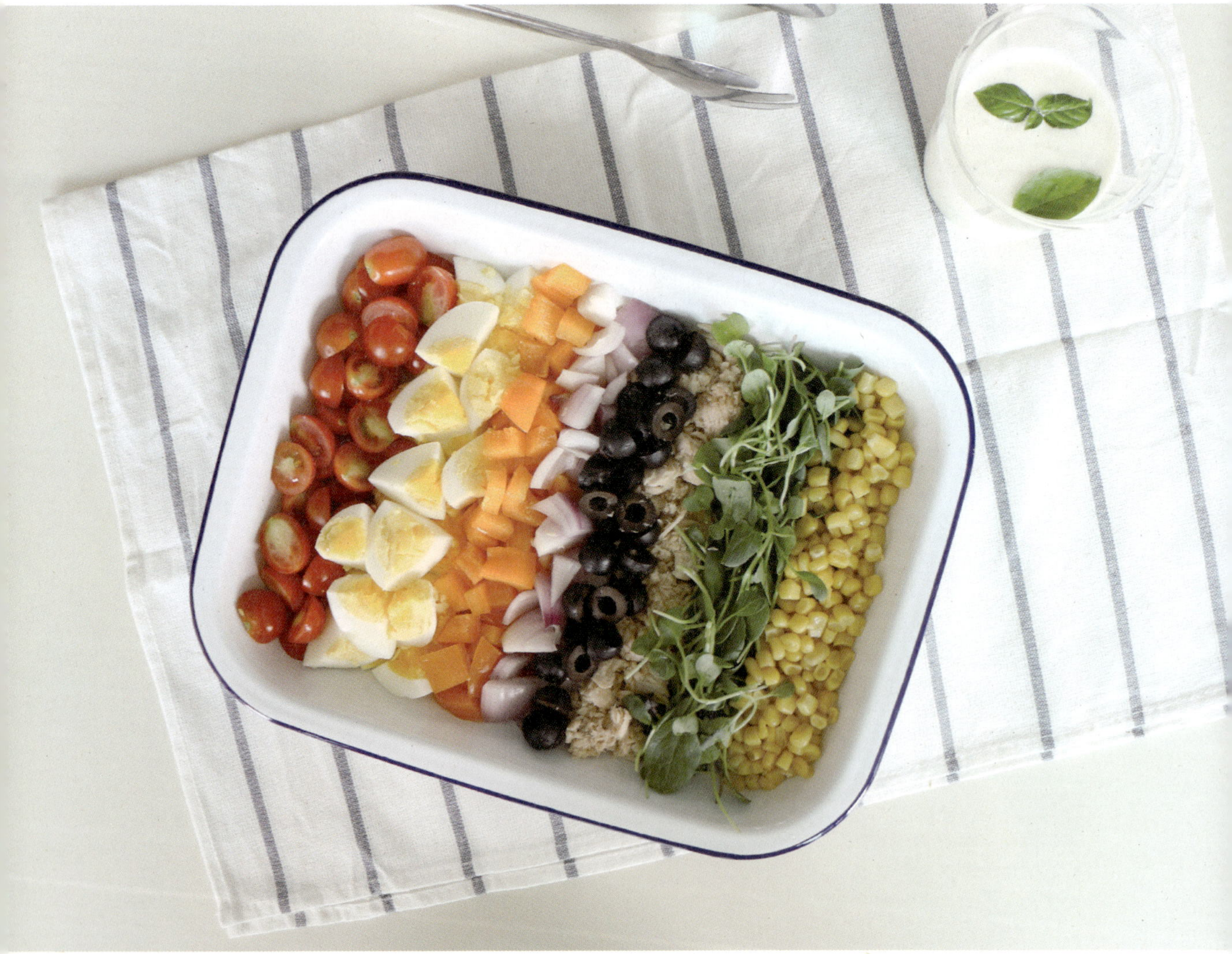

계란 3개, 파프리카 1개, 방울토마토 1줌, 옥수수 통조림 ½캔, 연어 통조림 1캔, 아보카도 1개, 올리브절임 10개, 적양파 ½개, 어린잎채소 1줌

렌치 드레싱 다진 양파 2큰술, 마요네즈 4큰술, 플레인 요거트 3큰술, 레몬즙 1큰술, 올리고당 1큰술, 소금 · 후추 · 다진 파슬리 · 파마산 치즈가루 약간씩

🍳 HOW TO MAKE

1 계란은 완숙으로 삶고, 8등분 하거나 슬라이서로 얇게 잘라둬요.

2 어린잎채소는 깨끗이 씻어 물기를 빼주세요.

3 옥수수 통조림과 연어 통조림은 각각 체에 밭친 뒤 뜨거운 물을 2~3번 부어 기름기를 제거해줘요.

4 올리브는 반으로 가르고, 파프리카와 적양파는 사방 1cm 크기로 작게 잘라요.

5 방울토마토는 반으로 자르고, 아보카도도 작게 슬라이스해요.

6 모든 재료를 그릇에 줄 세워 배열해요. 보색끼리 나란히 놓으면 예뻐요.

7 **렌치 드레싱** 재료를 모두 섞어 샐러드에 곁들여 드세요.

제이맘의 홈쿡 TIP

레시피에 나온 것이 아닌 집에 있는 채소 그 어떤 것을 활용해도 돼요. 연어는 닭가슴살이나 참치 등으로 대체하셔도 좋습니다.

샐러드

그린샐러드

조리 시간 10분
2인분

초록 빛깔의 샐러드채소와 아보카도, 햄프씨드를 곁들인 건강한 샐러드입니다.
푸릇푸릇하니 보는 것만으로도 마음이 정화되는 것 같아요.
아보카도와 햄프씨드의 고소한 맛이 어우러져
특별한 드레싱 없이도 맛있게 먹을 수 있어요.

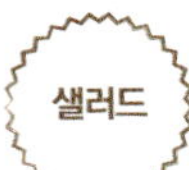

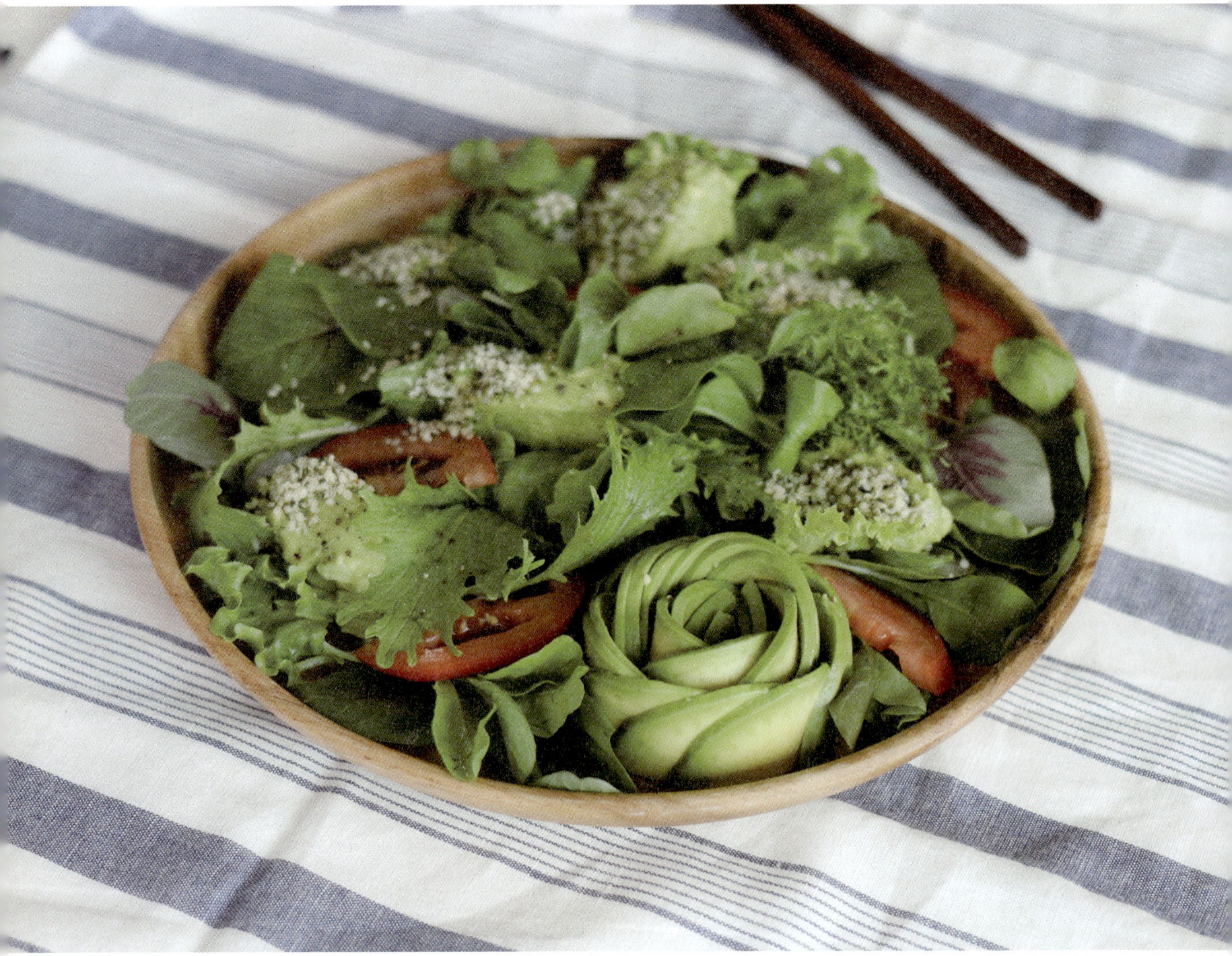

🧺 READY

샐러드채소 2줌, 토마토 1
개, 아보카도 1개, 올리브유
1큰술, 햄프씨드 2큰술, 후
추 약간

🧤 HOW TO MAKE

1 아보카도는 반으로 갈라서 씨를 빼
내고 껍질을 벗겨요.

2 아보카도의 반은 얇게 채 썰어 길게
펼친 다음, 돌돌 말아 꽃 모양을 만들
어요.

3 아보카도의 나머지 반은 다지기나
포크로 으깨주세요.

4 토마토는 얇게 슬라이스해주세요.

5 샐러드채소는 깨끗이 씻어서 한입
크기로 손으로 뚝뚝 자른 뒤 올리브
유에 살짝 버무려요.

6 샐러드볼 끝에 아보카도 꽃**(2)**을 놓
고, 샐러드채소와 토마토를 보기 좋
게 담아요. 그 위에 숟가락으로 으깬
아보카도를 한 스푼씩 툭 떨어트리
듯 얹고, 후추를 갈아 뿌리고, 햄프시
드도 얹어요.

이 샐러드는 드레싱 없이 담
백하게 드시는 걸 추천해요.
혹시나 밍밍하다고 생각되시
는 분들은 발사믹 소스를 뿌려 드세요. 더 상
큼하게 드실 수 있고요.

샐러드

차돌박이샐러드

⏱ 조리 시간 15분
🥣 2인분

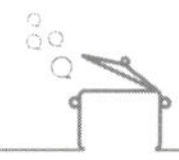

READY

차돌박이 250g, 샐러드채소 2줌, 배 ¼개

샐러드 양념 간장 2큰술, 식초 2큰술, 설탕 ½큰술, 올리브유 1큰술, 다진 마늘 ½큰술, 흑임자 ½큰술, 다진 홍고추 1큰술

차돌박이는 지방이 적절히 포함되어 있어서 맛이 좋은 부위예요. 샤브샤브나 구이용으로 많이 먹게 되는데, 시원한 배나 샐러드채소와 함께 먹으면 영양 균형도 좋고 느끼함도 잡을 수 있답니다. 한끼 식사로도 든든하고요.

HOW TO MAKE

1 배는 껍질을 벗기고 얄팍하게 슬라이스해주세요.

2 샐러드채소는 깨끗이 씻어 물기를 빼고 먹기 좋게 손으로 잘라 그릇에 놓아요.

3 **샐러드 양념** 재료를 모두 섞어요.

4 달군 팬에 차돌박이를 한 장씩 올려 강불에서 재빨리 구워내요. 팬이 너무 달궈졌거나 고기 굽는 속도가 조절이 안되면 중불로 줄여도 돼요. 차돌박이는 얇아서 금방 익으니까 후다닥 구워요.

5 접시에 배와 고기를 돌려 담아요. 채소와 고기가 섞이면 채소의 숨이 죽으니까 채소 위에 고기를 얹지 말고 옆쪽으로 돌려 담아요.

6 고기 부분에만 **샐러드 양념**을 부어드세요.

오이보트참치샐러드

오이보트참치샐러드

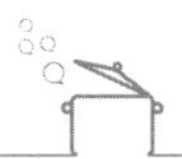

담백한 참치와 아삭한 오이의 환상적인 궁합!
간단히 에피타이저로 즐겨도 좋고, 와인 안주로도 이만한 것이 없어요.
남은 참치샐러드를 빵 사이에 넣으면 샌드위치가 돼요.

🥘 **HOW TO MAKE**

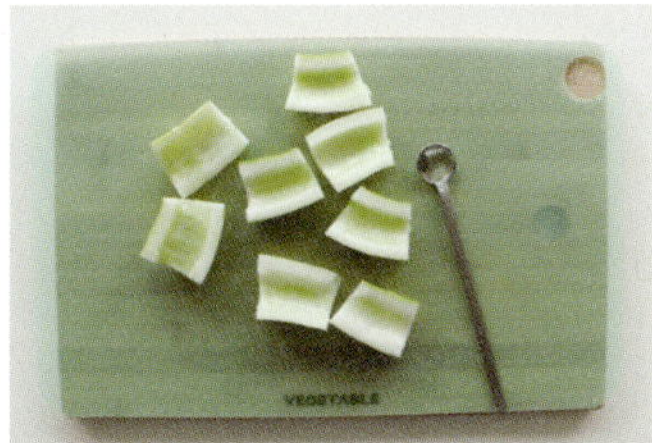

1 오이는 양끝을 잘라낸 뒤 4등분해서 반으로 갈라요. 티스푼으로 씨 부분을 긁어내고, 반대쪽 둥근 부분은 감자칼로 긁어 평평하게 만들어주세요.

2 참치에 뜨거운 물을 2~3번 부어 기름기를 제거한 뒤 물기를 빼주고, 양파와 파프리카, 할라피뇨는 아주 작게 썰어주세요.

3 여기에 마요네즈를 넣고 소금과 후추를 톡톡 뿌려 잘 섞어줘요.

4 오이의 오목한 부분에 샐러드를 채워 넣어요.

3번 과정의 참치샐러드를 빵 사이에 넣으면 참치 샌드위치가 됩니다. 남은 샐러드를 이용해서 간단하게 만들어보세요.

집에서 하는 외식

주말 저녁

∟ ESSAY 외식 안 하는 집

∟ 스페셜 요리

∟ 탕과 전골

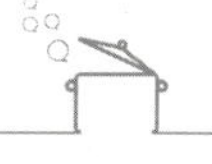

외식 안 하는 집

'외식 안 하는 집'

이 수식어가 언제부턴가 우리 집을 설명하는 말이 되었어요.

'우리가 언제부터 외식을 하지 않게 되었을까?' 곰곰이 생각해보게 되네요.

허니문 베이비로 신혼을 맘껏 누리지도 못한 채 아이가 태어났고, 아이가 이유식을 시작할 무렵엔 정말 제대로 된 한끼를 챙겨먹는 건 생각도 못했어요. 그럴 때마다 외식과 배달음식만이 유일한 구원이었지요. 만족스러웠던 건 아니에요. 단지 편리함 때문에 그 늪에서 벗어나기가 어려웠어요.

그러던 어느 날, 가계부를 작성하던 중... 우리 가족의 지출 대부분이 '식비'라는 것에 가슴이 철렁하는 거예요. 외식으로 나가는 엄청난 식비가 감당하기 어려워진 순간이 온 거죠. 차라리 그 돈으로 요리를 하면 훨씬 푸짐하고 맛있게 먹을 수 있겠더라고요.

물론 집에서 요리하기가 쉽지는 않아요. 손도 많이 가고 치울 것은 어찌나 많은지요. 하루 종일 부엌을 벗어나기 어려울 때도 있어요. 자극적인 바깥 음식이 당길 때도 많고요. 그 유혹을 못 이기고 가끔 시켜 먹을 때면 이제 몸에서 반응이 오더라고요. 자극적이고, 짜고, 맵고 한 음식들을 몸이 거부하기 시작한 거죠. '이럴 바엔 집에서 만들자.' 싶었어요. 맛있었던 기억들을 되새기며 하나 둘 바깥 요리를 흉내내기 시작했죠. 처음엔 남편도 아이도 '이게 뭐야.'라며 타박을 주기도 했지만 굴하지 않았어요. 하다 보니 욕심도 생기고 재미가 있더라고요.

지금은 주말 저녁이면 외식 대신 특별한 요리를 시도하곤 해요. 외식이나 배달음식을 집에서 즐기는 거예요. 생선을 조리고 보쌈을 삶거나 닭갈비를 볶아요. 다양한 재료로 다양한 요리를 시도해보고 있어요.

주말 저녁마다 우리 집이 분위기 좋은 레스토랑이 되기도 하고, 잘 나가는 한정식집이 되기도 하고…
상상만으로도 뿌듯하고 행복해지는 것 같지 않나요?

스페셜 요리

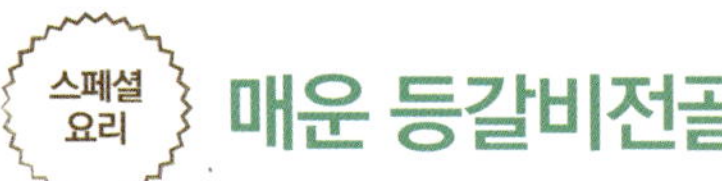

매운 등갈비전골

조리 시간 40분
2인분

등갈비는 찜이나 조림으로 많이 이용하지만
우리 집에서는 매운 전골을 자주 해 먹어요.
찜과는 다른 매력의 등갈비 요리랍니다.
당면과 버섯을 건져먹는 재미도 있고, 등갈비 살을 발라
매콤한 국물에 밥까지 비벼 먹으면 풀코스 요리가 되지요.

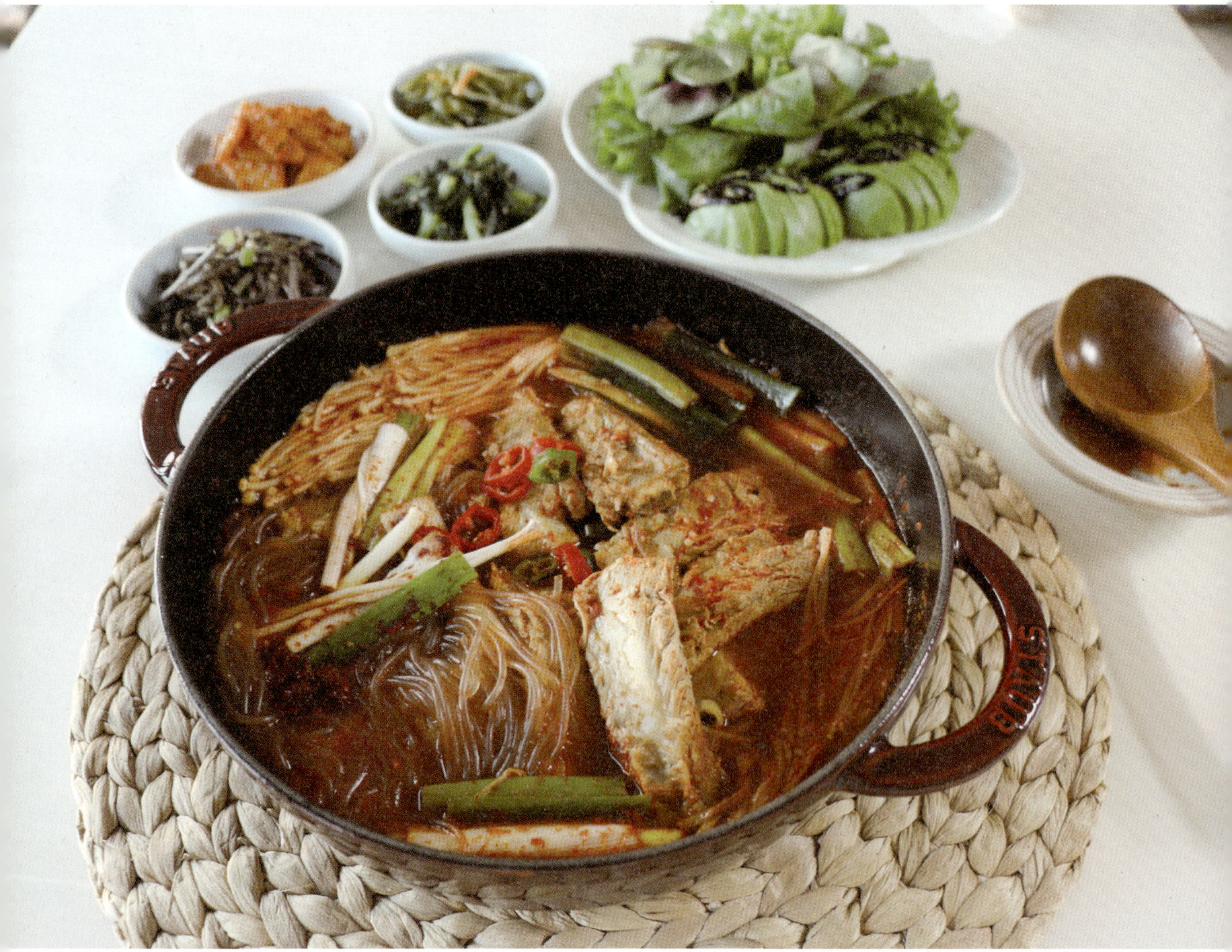

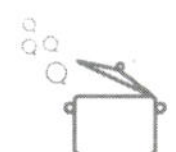

🧺 READY

등갈비 1줄(약 500g), 월계수잎 3~4장, 통후추 10개, 청주 ½컵, 대파 1개, 팽이버섯 1봉지

등갈비 양념 국간장 2큰술, 다진 마늘 1큰술, 맛술 1큰술, 천연조미료(p.25 참고) 1큰술, 물 2큰술, 후추 약간, 고춧가루 2큰술, 청양고춧가루 ½큰술

🍚 HOW TO MAKE

1 등갈비는 하나씩 갈라 찬물에 담가 핏물을 빼주세요. 등갈비가 냉장이거나 신선한 것이면 생략해도 됩니다.

2 대파는 반으로 갈라 7~8cm 길이로 썰고, 팽이버섯은 밑동을 잘라요.

3 당면은 찬물에 담가 불려요.

4 냄비에 물을 넉넉히 붓고 끓으면 등갈비를 넣어 5분간 삶아주세요. 삶은 물은 버리고 깨끗한 물에 등갈비를 씻어주세요.

5 다시 삶아요. 물에 월계수잎과 통후추, 청주를 붓고, 뚜껑을 닫은 채 중불에서 20~25분간 삶아주세요. 이번에 삶은 물은 버리지 마세요.

6 **등갈비 양념** 재료를 모두 섞어요.

7 전골 냄비에 삶은 등갈비를 넣고, 육수(5번 과정에서 등갈비를 삶은 물)를 체에 거른 뒤 자작하게 부어주세요.

8 여기에 버섯과 대파, 당면, **등갈비 양념**을 넣고 끓이면서 드세요.

스페셜 요리

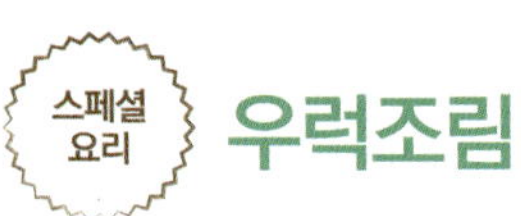

우럭조림

조리 시간 20분
2인분

우럭은 회로 먹거나 매운탕을 끓여 먹는 게 일반적이죠.
그런데 조림으로 드셔보셨나요? 우럭의 쫀득한 살이 조림을 하면
더욱 쫄깃하고 탱글탱글해진답니다. 맛이 기가 막혀요.
그래서 우리 가족은 우럭을 보면 탕보다는 조림을 먼저 생각해요.
바닥에 깔린 무조차도 남김 없이 먹어 치운답니다.

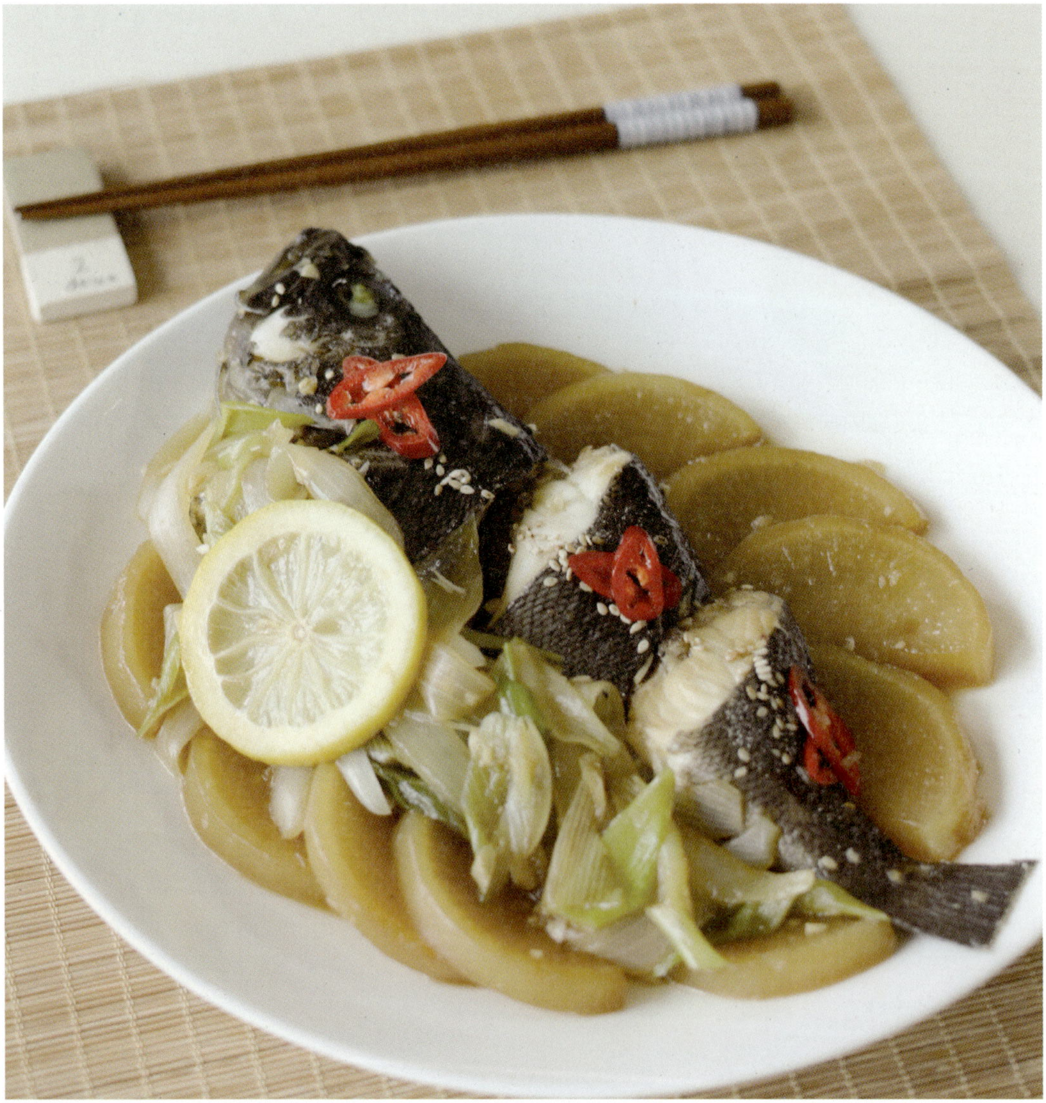

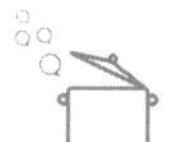

🧺 READY

우럭 1마리, 다시마육수 2컵,
무 약 5cm 두께, 대파 1개,
양파 ½개, 레몬 1조각

조림 양념 맛술 2큰술, 간장
4큰술, 다진 마늘 1큰술

🍳 HOW TO MAKE

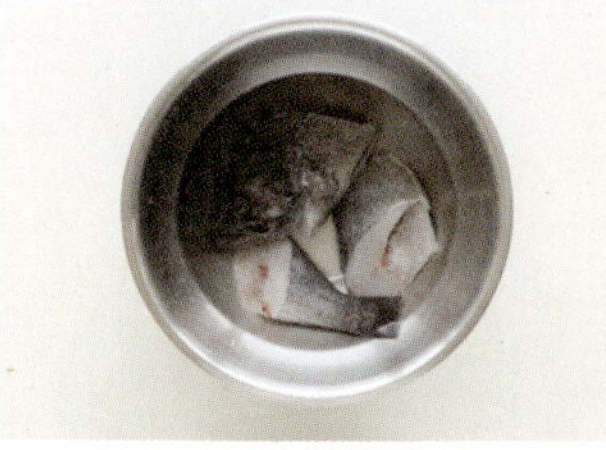

1 우럭은 3등분 하거나 통으로 사용할
경우 몸에 칼집을 넣어 깨끗한 물에
씻어주세요.

2 무는 두툼하게 반달 썰기하고, 양파
는 두껍게 채 썰고, 대파는 어슷 썰어
주세요.

3 다시마육수가 끓으면 무를 넣어요.
뚜껑을 닫고 중불에서 뭉근하게 익
혀주세요.

4 무가 반투명해지면서 익어갈 무렵
조림 양념을 넣고 잘 섞어주세요.

5 바로 우럭을 넣어요. 뚜껑을 닫고 5
분간 찌듯이 익혀요.

6 무와 우럭이 거의 익었으면 양파와
대파를 넣어요. 양념을 끼얹으며 중
약불에서 계속 조려요.

7 양파와 대파의 숨이 살짝 죽고, 국물
이 자작하게 남아있을 때 레몬 1조각
을 국물에 담가요. 국물을 계속 우럭
에 끼얹으며 약불에서 조려주세요.

제이맘의 홈쿡 TIP

무와 대파, 양파 모두 단맛을
가지고 있기 때문에 맛술 말
고 다른 단 양념은 넣지 않았
어요. 우럭의 담백함을 강조한 레시피입니
다. 더 달달한 맛을 원한다면 물엿 1큰술을
넣어주세요. 우럭에 윤기가 돌아 맛깔스러워
보여요. 매콤한 우럭조림을 원한다면 고춧가
루 1큰술을 추가하면 됩니다.

스페셜 요리

오리부추무쌈

조리 시간 20분
2인분

요즘엔 가까운 슈퍼나 마트에서 훈제 오리고기를 쉽게 구할 수 있어요.
그대로 구워 먹어도 맛있지만 저는 이 훈제오리로
조금 색다른 요리를 만들어봤어요. 오리와 찰떡궁합인 부추무침,
입 안이 깔끔해지는 무쌈을 곁들여 먹는 쌈 요리입니다.
재료를 준비해 예쁘게만 담아주면 다들 우와~하고 입이 떡 벌어질 거예요.

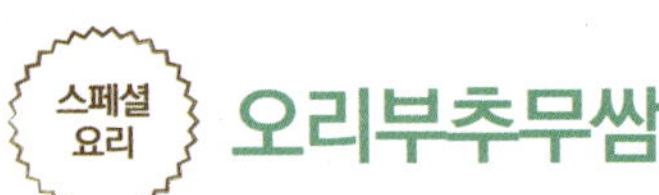

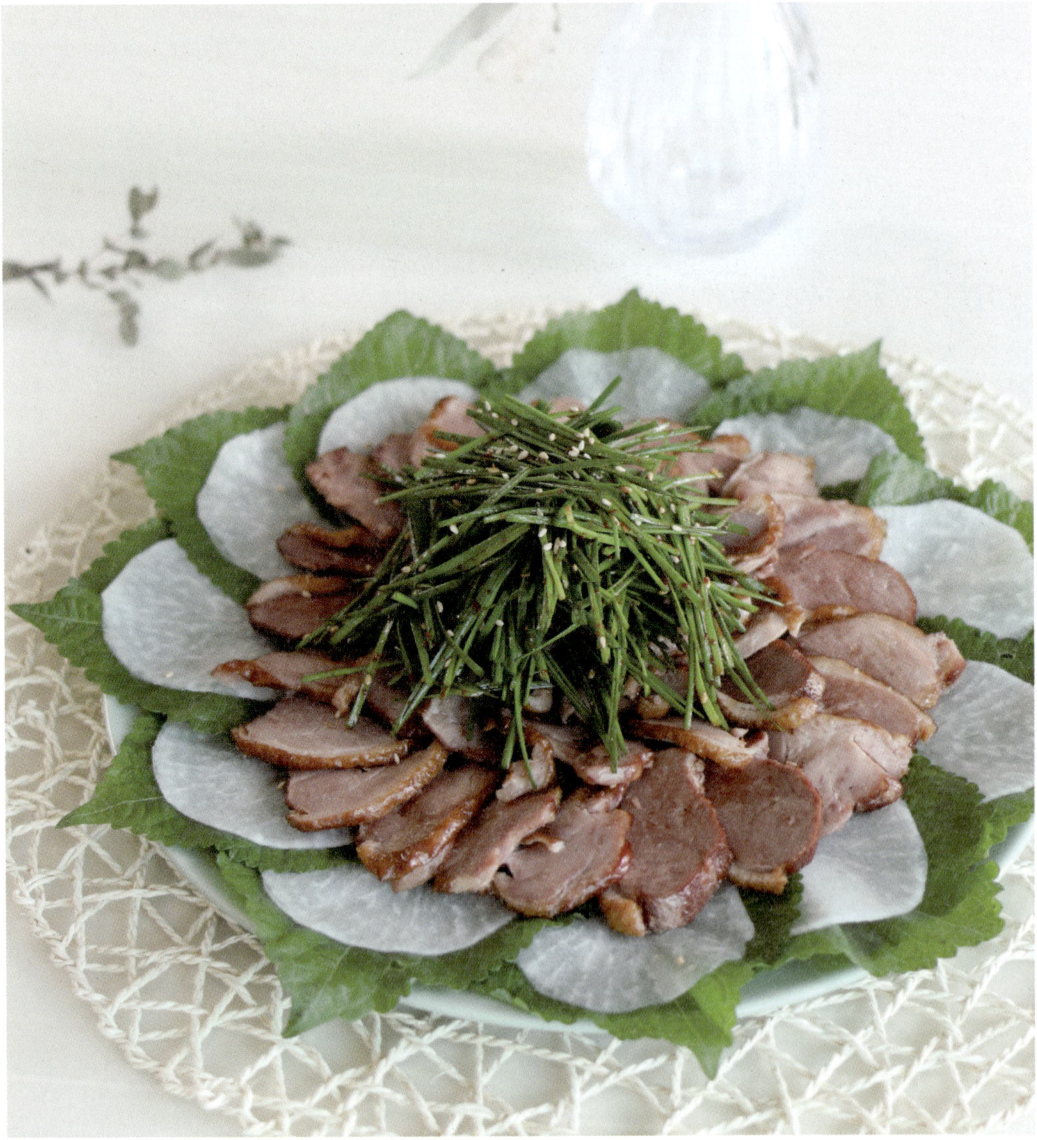

훈제 오리 1팩(약 400g), 부추 1줌, 깻잎 1묶음, 쌈무 ½팩

부추 양념 간장 1작은술, 액젓 1작은술, 고춧가루 1작은술, 설탕 1작은술, 참깨 1작은술, 참기름 2작은술

👋 **HOW TO MAKE**

1 부추는 손질(p.18 참고) 뒤 5cm 길이로 썰어요.

2 커다란 접시에 깨끗이 씻은 깻잎과 쌈무를 돌려가며 담아요.

3 팬에 훈제 오리를 올려 약불에서 익혀요. 익기 시작하면서 고기에서 기름이 나올텐데, 팬을 기울여 기름을 키친타월로 흡수시켜요. 이 상태로 2~3분간 노릇하게 익혀줍니다. 다 익힌 고기는 체에 밭쳐 기름을 빼내요.

4 **부추 양념** 재료를 모두 섞어요. 설탕이 녹을 때까지 잘 저어주세요.

5 여기에 부추를 넣고 젓가락으로 살살 버무려요.

6 2의 접시 가운데 오리고기를 푸짐하게 얹고, 그 위에 부추 무침을 올려주세요.

제이맘의 홈쿡 **TIP**

· 오리 고기는 끓는 물에 살짝 데쳐도 돼요. 굽는 것보다 고소한 맛은 덜하지만 더 깔끔하고 담백해요.

· 부추를 무칠 때는 젓가락을 이용하세요. 부추가 손의 열로 숨이 죽지 않아 식감 좋은 부추무침을 만들 수 있어요.

스페셜
요리

고등어시래기김치찜

조리 시간 20분

2인분

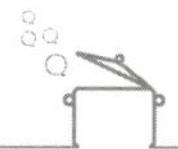

고등어자반 2마리, 김치 ¼ 포기(약 500g), 데친 시래기 2줌, 쌀뜨물 2컵, 대파 약간

찜 양념 다진 마늘 1큰술, 맛술 2큰술, 고춧가루 1큰술, 멸치육수 1컵, 국간장 1큰술

엄홍길 대장님이 즐겨 먹는 요리로도 유명한 고등어김치찜이에요. 여기에 구수한 시래기까지 넣으면 밥도둑이 따로 없어요. 통으로 쪄낸 김치를 쭉 찢어 시래기와 함께 고등어 살을 돌돌 말아 먹으면 밥을 얼마나 많이 먹게 되는지 몰라요.

HOW TO MAKE

1 고등어는 머리와 꼬리를 잘라내고 앞뒤로 칼집을 넣어요.

2 쌀뜨물에 고등어를 10분간 담가 짠맛을 빼줘요. 이때 쌀뜨물은 고등어가 잠길 정도면 됩니다.

3 김치는 통으로 준비하는데, 속이 많이 들어 있거나 짠 김치는 속을 좀 털어내세요.

4 데친 시래기는 찬물에 헹궈 물기를 꽉 짜고 먹기 좋은 크기로 잘라요.

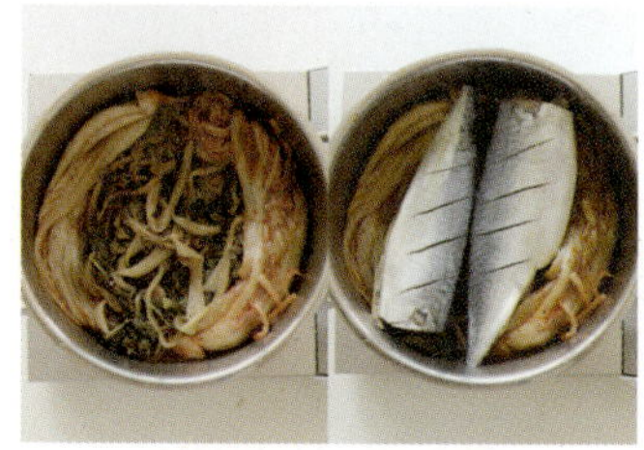

5 냄비에 김치와 시래기를 깔고, 그 위에 고등어를 올려요.

6 그 위에 **찜 양념** 재료를 모두 얹어요. 뚜껑을 닫은 채 중불에서 10분 정도 끓이다가 대파를 얹고 한소끔 더 끓여요.

김치가 너무 시어 버렸다면 설탕을 조금 넣어보세요. 신맛이 중화돼요. 맛이 잘 든 김치라면 찜 국물에 김치 국물을 조금 넣어도 좋아요. 매운 맛은 고춧가루로 조절하고, 취향에 따라 청양고추를 다져 넣어도 굿~

아보카도월남쌈

라이스페이퍼 20장, 아보카도 1개, 오이 1개, 당근 ¼개, 파프리카 노랑·빨강 ½개씩, 양파 ½개, 적양배추 2~3장, 새싹채소 1줌, 어린잎채소 1줌, 크래미 5조각, 방울토마토 1줌, 파인애플 통조림 3조각

땅콩 소스 땅콩버터 1큰술, 간장 2큰술, 파인애플 통조림 국물 3큰술, 연겨자 2작은술, 설탕 ½큰술, 레몬즙 1큰술, 식초 1큰술

제이맘의 홈쿡 TIP 소고기, 돼지고기, 닭가슴살 등 고기를 구워서 내거나, 훈제 오리를 살짝 데쳐 곁들여도 좋아요. 집에 있는 생으로 먹을 수 있는 채소는 그 무엇이든 좋아요.

요리 초보이자 새댁 시절, 손님 상차림에 항상 냈던 요리예요. 별다른 조리 없이 칼질만 열심히 하면 다들 우와~ 했으니까요. 그리고 하나같이 '소스 맛있다.'라고 했답니다. 집에 있는 여러 가지 채소를 이용해서 만들어보세요. 자투리 채소가 많을 때 만들면 좋아요. 저는 고기 대신 아보카도를 넣어 더 고소하고 부드럽게 만들었어요.

✋ **HOW TO MAKE**

1 파프리카, 양파, 당근은 가늘게 채 썰어요. 오이는 돌려깍기한 다음 채 썰어요. 적양배추는 채 썰어 물에 담갔다가 건지고, 새싹과 어린잎채소도 물에 씻어 체에 밭쳐 놓아요.

2 방울토마토는 반으로 자르고, 파인애플은 6조각으로 자르고, 크래미는 잘게 찢어요.

3 아보카도는 반으로 갈라 씨를 빼내고 껍질을 벗긴 뒤 얇게 슬라이스해요.

4 큰 그릇에 모든 재료를 보기 좋게 담아주세요.

5 **땅콩 소스** 재료를 모두 섞어요. 따뜻한 물에 라이스페이퍼를 살짝 담갔다 뺀 뒤 채소를 양껏 넣고 소스를 뿌려 잘 말아주면 됩니다.

스페셜 요리

매운 낙지볶음

조리 시간 25분
2인분

매운 요리하면 제일 먼저 떠오르는 게 낙지볶음 아닌가요?
레시피도 그렇게 어렵지 않아요. 하지만 잘못 볶으면
물이 흥건한 맛없는 낙지볶음이 되기 십상이에요.
칼칼하고 매콤한 낙지볶음에 소면이나 우동사리를 곁들여 먹으면 너무 맛있어요.

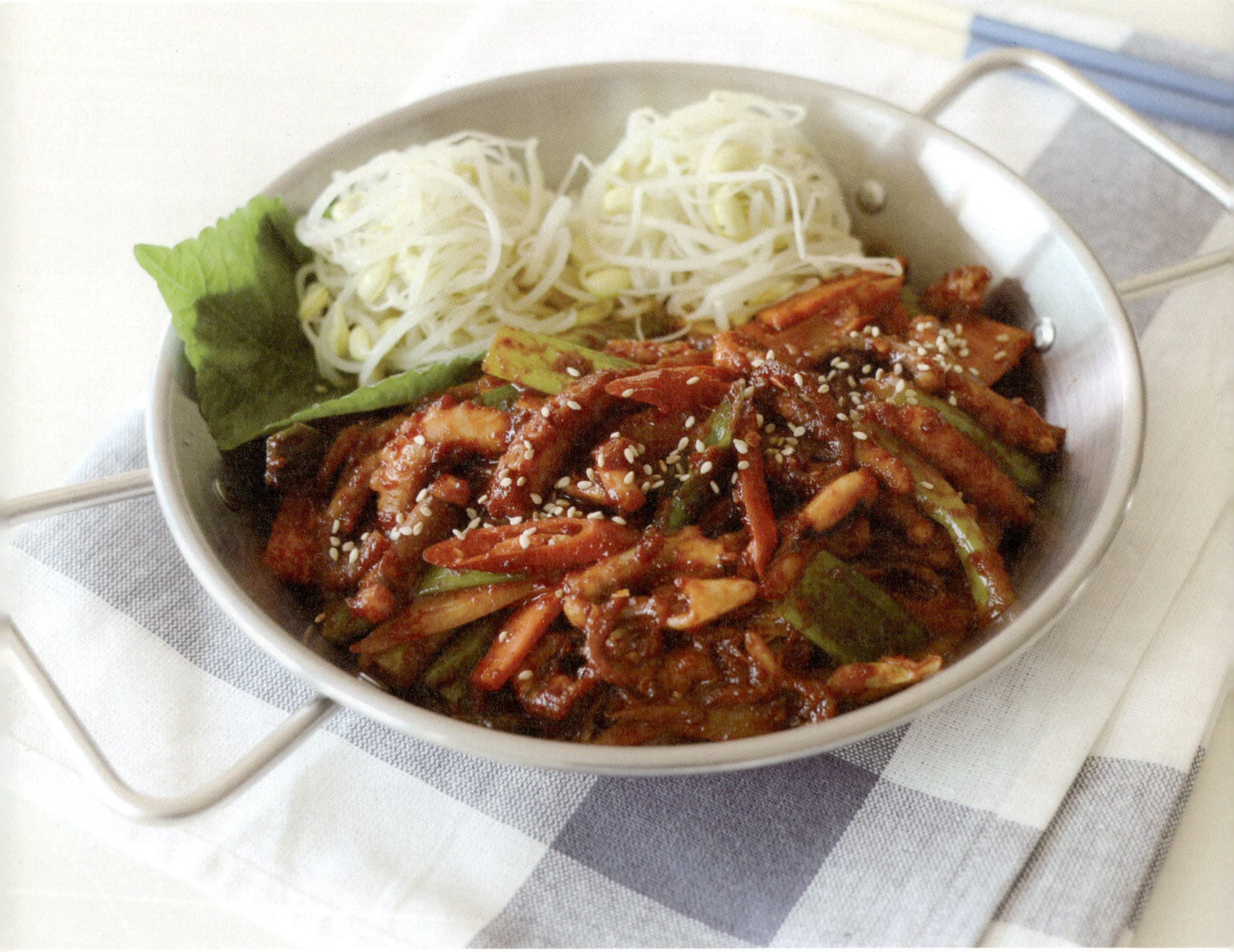

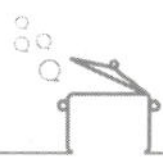

🧺 READY

낙지 3마리, 양배추 3~4장, 양파 ½개, 당근 약간, 대파 1개, 고추 약간, 콩나물 1줌, 식용유 약간

볶음 양념 간장 3큰술, 고춧가루 3큰술, 맛술 1큰술, 올리고당 1큰술, 고추장 1큰술, 생강가루·후추 1꼬집씩, 참기름 1작은술, 참깨 1작은술

🍳 HOW TO MAKE

1 당근은 얇게 직사각 썰기하고, 양파와 양배추는 큼직하게 썰어요. 대파는 4~5cm 길이로 썰고, 고추는 어슷 썰어주세요.

2 낙지를 손질(p.21 참고)해서 한입 크기로 잘라요.

3 콩나물은 데쳐서 찬물에 헹궈 체에 밭쳐요.

4 **볶음 양념** 재료를 모두 섞어주세요.

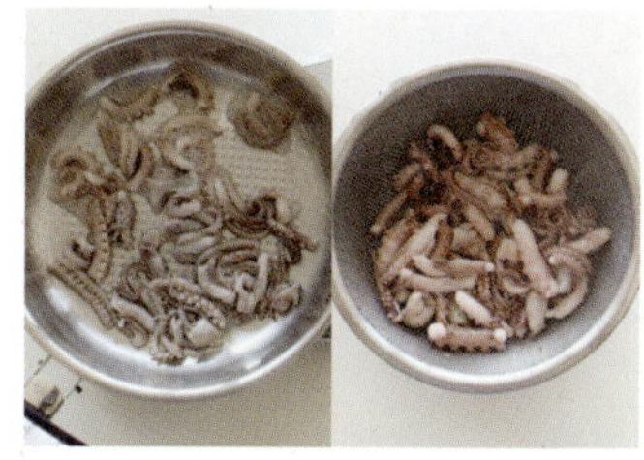

5 팬에 낙지를 올리고 강불에서 볶아요. 낙지가 하얗게 익으면서 물이 나와요. 오래 볶으면 질겨지니 낙지가 탱탱해질 때까지만 볶아요. 익은 낙지는 체에 밭쳐 물기를 빼주세요.

6 팬에 기름을 두르고 강불에서 채소를 휘리릭 볶아요. 당근, 양배추, 양파 순으로 볶으세요. 채소의 숨이 살짝 죽는 정도면 돼요.

7 여기에 **볶음 양념**과 낙지를 넣어요. 낙지는 이미 익었고 채소도 살캉하게 씹혀야 맛있으니까 1분 이내로 볶으세요.

8 고추와 대파를 넣고 섞은 뒤 불을 꺼요. 남은 열기에 재료가 익으면 채소에서 물이 나오니 바로 그릇에 옮겨 담아요. 콩나물도 예쁘게 담아 섞어 드세요.

목살스테이크

조리 시간 30분
2인분

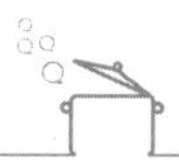

돼지고기 목살 4조각(조각당 약 250g), 파인애플 통조림 4조각, 계란 2개, 샐러드채소 약간, 고기 양념(p.24 참고) 1컵, 돈까스 소스 2큰술

소고기스테이크도 맛있지만 우리 아이와 남편은 양념이 쏙 배어있는 돼지고기 목살스테이크를 더 좋아해요. 달콤한 파인애플을 곁들여주면 맛도 좋고 소화도 잘 되지요. 한동안 채소와 과일을 곁들인 목살스테이크가 유행이었던 적도 있었잖아요. 그때 저희는 집에서 직접 해먹었어요. 맛집보다 더 맛있다고 자부하는 제이맘표 스테이크입니다.

HOW TO MAKE

1 목살은 두툼한 것으로 준비하고 사선으로 칼집을 넣어요. 반대쪽은 반대 방향으로 칼집을 넣고요. 냉동 고기를 사용하거나 누린내가 나는 것 같으면 청주에 2~3분 푹 담가두세요.

2 달군 팬에 고기를 올려요. 고기에서 기름기가 배어 나와 잘 구워집니다. 노릇하게 익으면 뒤집어서 반대쪽도 익혀요. 고기에서 핏물이 나오지 않고, 겉면에 갈색 빛이 돌면 돼요. 약 80% 정도만 익혀주세요.

3 고기에 고기 양념과 돈까스 소스를 골고루 바르고, 약불로 줄여 계속 조려주세요.

4 그동안 반숙 계란프라이 2개를 만들어요. 기름 코팅한 팬에 달걀을 깨고 가장 약한 불에 두면 예쁘게 완성돼요.

5 마른 팬에 파인애플을 올리고 중불에서 구워요. 파인애플의 물기가 사라지고 겉면이 노릇해질 정도로요.

6 고기는 양념 국물이 거의 없을 때까지 조려요. 접시에 고기와 계란프라이, 파인애플, 샐러드를 담아주세요. 고기 위에 팬에 남은 양념을 얹어주면 더 먹음직스러워요.

스페셜 요리

청경채숙주항정살구이

조리 시간 40분
2인분

씹는 맛이 좋아 제 요리에 자주 등장하는 재료가 바로 숙주와 청경채예요.
그리고 천 개의 마블링이 숨어 있다고 해 '천겹살'이라고도 불리는 항정살까지.
이들이 모이면 얼마나 맛있을까요?
기름기 낙낙한 고기를 구수한 된장소스 양념으로 구워내고,
식감 좋은 채소들로 씹는 맛까지 더해준 요리입니다.

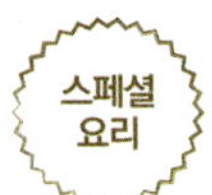

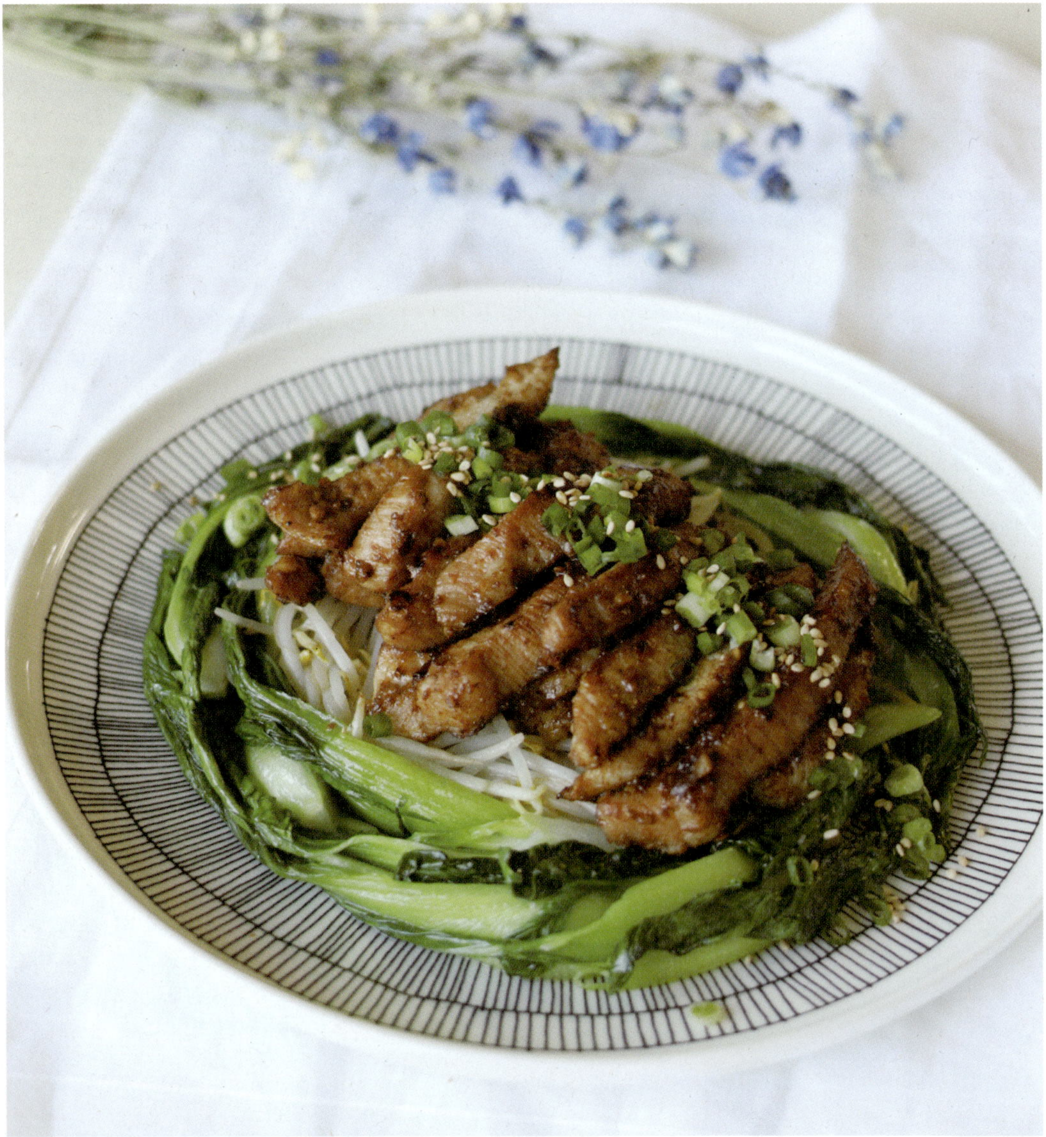

항정살 250g, 숙주 2줌, 청경
채 3~4뿌리, 식용유 · 소금
약간씩

고기 양념 된장 ⅓큰술, 국
간장 1큰술, 청주 1큰술, 매
실 ½큰술, 꿀 1작은술, 다진
마늘 ½큰술, 생강가루 · 후
추 · 참기름 약간씩

1 **고기 양념** 재료를 모두 섞어주세요.

2 여기에 고기를 넣고 조물조물 한 뒤에
푹 재워둡니다. 하루 전날 재워두면
더 좋아요. 최소 30분은 두세요.

3 청경채는 머리 부분을 십자 모양으
로 갈라 세로로 4등분해놓고요.

4 숙주는 깨끗이 씻어요.

5 팬에 기름을 두르고 청경채와 숙주
를 넣어 강불에서 1분간 볶아요. 소
금도 살짝 뿌려주세요.

6 다 볶아지면 곧장 불에서 내려 그릇
에 옮겨 담아요. 그대로 두면 남은 열
기 때문에 채소에서 물이 나와요.

7 고기를 구워요. 기름은 두르지 않거
나 아주 조금만 두르세요. 강불에서
구우면 양념이 타고 속은 익지 않으
니 약불에서 천천히 익혀주세요. 고
기에서 배어나온 기름으로 고기가
익을 거예요.

스페셜 요리

코다리무찜

조리 시간 20분
2인분

내장을 뺀 명태의 턱 밑에 구멍을 내어 반건조시킨 것을 코다리라고 하지요.
살이 쫄깃하고 부드러워서 찜이나 조림으로 많이 먹어요.
저는 달콤한 겨울 무와 함께 자작하게 조려 먹는 것을 좋아해요.
여기에 콩나물까지 곁들이면 식감도 좋아져서
이것 하나만 있으면 다른 반찬이 필요 없답니다.

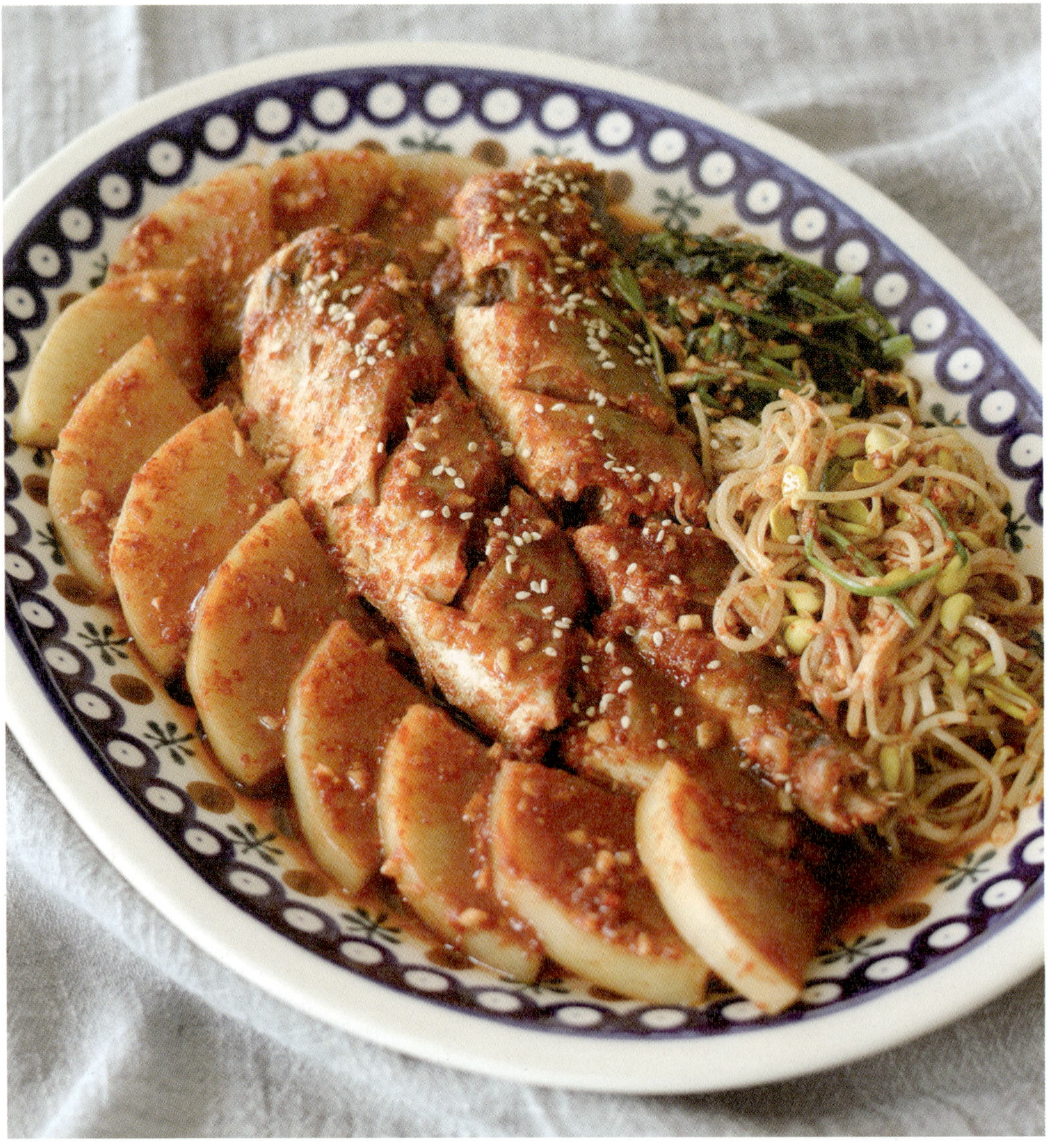

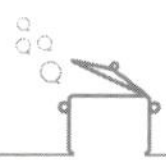

READY

코다리 2마리, 무 약 3cm 두께, 콩나물 2줌, 미나리 1줌, 물(또는 다시마육수) 2컵, 참기름 약간

양념 다진 마늘 1큰술, 고춧가루 2큰술, 맛술 2큰술, 올리고당 1큰술, 간장 3큰술

HOW TO MAKE

1 코다리는 머리와 꼬리, 지느러미를 잘라내고 몸통에 간이 잘 배도록 칼집을 군데군데 넣어주세요. 냉동되어 있는 경우, 전날 냉장실로 옮겨 자연 해동시켜요.

2 무는 4등분해요.

3 **양념** 재료를 모두 섞어주세요.

4 콩나물과 미나리는 씻어서 체에 밭쳐요. 미나리는 5~6cm 길이로 잘라두세요.

5 팬에 물 2컵을 넣고 강불에서 끓여요. 물이 끓으면 무를 넣고 뚜껑을 닫아 익혀주세요.

6 무가 투명하게 익으면 코다리와 **양념**을 얹어요. 뚜껑을 닫고 중불에서 익혀주세요. 5분 뒤 뚜껑을 열고 양념을 골고루 끼얹어가며 더 익혀주세요.

7 코다리 살이 탱탱해지고 무도 다 익으면 콩나물과 미나리를 넣어요. 다시 뚜껑을 닫고 1분 정도 콩나물 숨이 살짝 죽을 정도로만 익혀주세요. 참기름도 약간 넣어주세요.

닭갈비

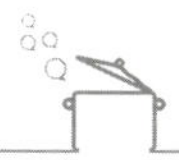

닭고기(닭다리살 또는 안심) 500g, 식용유 적당량, 깻잎 10장, 양배추 ¼개, 고구마 1개

양념 다진 마늘 2큰술, 고추장 2큰술, 설탕 1큰술, 물엿 1큰술, 간장 3큰술, 고춧가루 2큰술, 카레가루 2작은술, 맛술 2큰술, 후추 · 참기름 약간씩

제이맘의 홀쭉 TIP
떡볶이 떡이나 떡국 떡, 치즈 떡 등을 함께 넣어 드셔도 좋아요. 남은 양념에 우동사리나 밥을 볶아도 맛있답니다.

춘천에 살다 보니 자연스럽게 닭갈비를 자주, 많이 먹게 되는 것 같아요. 정말 많은 닭갈비 맛집이 주변에 있지만 전 제가 만든 닭갈비가 제일 맛있다고 자부할 만큼 양념에 자신이 있어요. 어렵지 않은 닭갈비, 집에서도 맛있게 즐겨보세요.

HOW TO MAKE

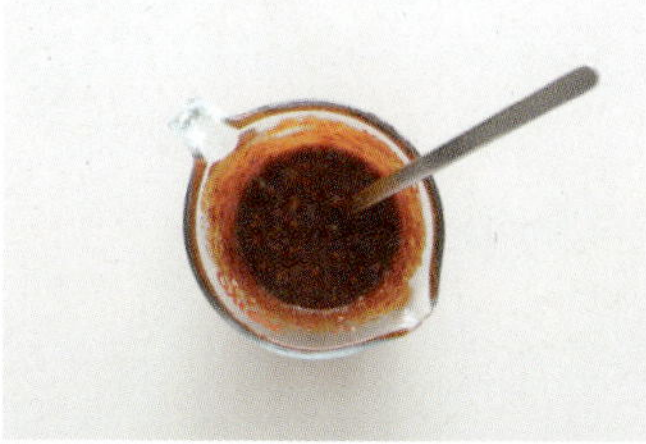

1 **양념** 재료를 모두 섞어 냉장고에 넣어둬요.

2 고구마는 두껍게 채 썰고, 양배추와 깻잎도 큼직하게 채 썰어요.

3 닭고기는 적당한 크기로 썰어 **양념**에 재워요. 이때 **양념**은 반만 쓰고 반은 남겨 놓으세요.

4 팬에 기름을 두르고 양배추와 고구마를 넣은 뒤 그 위에 양념한 닭갈비를 얹고 강불에서 볶아요.

5 양배추 숨이 살짝 죽고 물이 나오면 뒤적이며 고기를 잘 익혀요. 고기가 익으면 남은 양념을 다 넣고 계속 뒤적여요. 고구마가 충분히 익으면 고기도 다 익은 거라고 보면 돼요. 먹기 전에 깻잎을 얹어 드세요.

닭보쌈

⏱ 조리 시간 40분
🍚 2인분

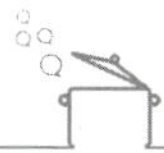

READY

닭정육 500g, 쌈채소 1줌, 마늘 2~3개, 고추 1개, 쌈장 적당량, 양배추샐러드 · 무생채(p.66 참고) · 파채무침(p.262 참고) 적당량

닭고기 양념 간장 3큰술, 다진 마늘 1큰술, 맛술 2큰술, 매실액 1큰술, 올리고당 1큰술, 고추장 1큰술, 고춧가루 ½큰술, 후추 · 생강가루 · 참기름 약간씩

제이맘의 홈쿡 TIP 채 썬 양배추 1줌에 한 입 크기로 자른 부추 ½줌을 섞어 양배추샐러드를 만들어요.

돼지고기 보쌈을 하려면 삶는 시간도 오래 걸리고 설거지 거리도 많아 귀찮은 게 한두 가지가 아니에요. 대안으로 닭고기 보쌈은 어때요? 방법도 쉽고 재료도 많이 필요하지 않아요. 무엇보다도 우리가 평소 먹던 돼지고기 보쌈과는 또 다른 매력을 느낄 수 있답니다. 다양한 쌈채소를 곁들여 한 쌈 크게 싸먹으면 너무 맛있어서 또 만들어달라는 가족들의 항의(?)가 빗발칠 거예요.

HOW TO MAKE

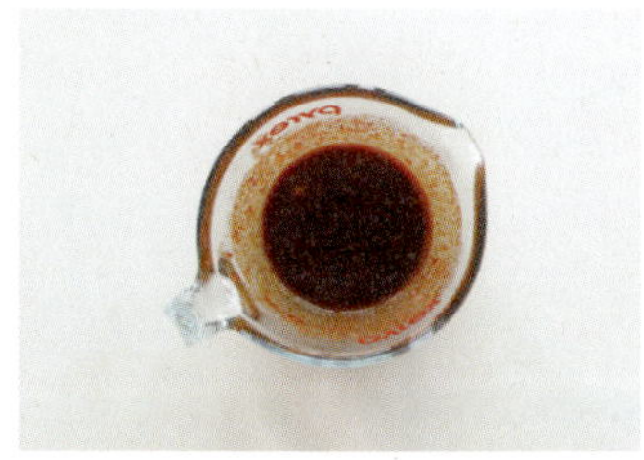

1 **닭고기 양념** 재료를 모두 섞어 냉장고에 두세요. 전날 만들어 놓으면 더 좋아요.

2 닭고기에 양념을 고루 발라 30분 이상 재워주세요. 그동안 무생채, 파채무침, 양배추샐러드를 만들어요.

3 달군 팬에 닭고기를 올려 약불에서 구워요. 닭 껍질이 바닥을 향하게 엎어주세요. 닭 껍질에서 기름이 나오면 그 기름을 이용해 닭을 구우면 돼요. 2~3번만 뒤집고, 어느 정도 익으면 중불로 키워 겉이 바삭해질 때까지 구워요.

4 익은 닭고기는 키친타월에 올려 기름을 빼내고, 한입 크기로 잘라요.

5 접시에 쌈 채소부터 무생채, 양배추샐러드, 파채무침 등을 적당히 올리고, 닭고기를 듬뿍 담아내요.

떡갈비

⏱ 조리 시간 30분

☕ 2인분

사실 떡갈비는 칼로 다진 갈비살을
갈비대에 붙여 만드는 게 정석인데요.
이게 너무 번거롭거든요. 집에서 간단하고 쉽게
만들 수 있는 방법으로 살짝 틀어봤어요. 달콤한
고기 맛에 아이들도 잘 먹는 도둑 반찬이랍니다.

RECIPE

🛒 READY

소고기 다짐육 300g, 떡볶이
떡 1줌, 아스파라거스 10개,
식용유 적당량, 고기 양념 1
컵(p.24 참고, 시판 고기 양념
을 사용해도 무관)

🍳 HOW TO MAKE

1 아스파라거스는 딱딱한 줄기를 잘라
내고, 떡볶이 떡은 하나씩 갈라요.

2 소고기 다짐육은 키친타월로 꾹꾹
눌러 핏물을 제거한 뒤, 고기 양념에
10분 이상 재워요.

3 떡과 아스파라거스에 고기를 붙여
떡갈비를 만들어요. 남은 고기는 동
글납작하게 빚어둬요. 많이 치댈수
록 좋아요.

4 팬에 기름을 두르고 강불에서 고기
겉면이 단단해지도록 굽다가 약불로
줄여 속까지 충분히 익혀주세요.

돼지고기 보쌈

⏱ 조리 시간 60분
🍲 2인분

김장철에 어머니가 금방 삶아낸 뜨끈한 수육에
배추 속을 싸서 먹여주던 기억, 다들 있으시죠?
지금도 김장을 하는 날이면 당연히
보쌈을 먹겠구나 생각할 정도로
우리의 삶 깊숙이 들어와 있는 메뉴예요.
간단한 조리법에 비해 차려놨을 때
참 폼이 나는 요리랍니다.

🧺 READY

통삼겹(또는 목살) 1kg
고기 삶는 물 물 1.5L, 양파
½개, 통후추 10~15개, 통마
늘 5~6개, 대파(흰 부분) 1개,
청주 ½컵, 커피가루(또는 인
스턴트 블랙커피) 1큰술

🍳 HOW TO MAKE

1 냄비에 **고기 삶는 물** 재료를 모두 넣
고 끓여요.

2 물이 끓으면 고기를 통으로 넣고 뚜
껑을 닫은 채 중불에서 1시간 정도
삶아줍니다. 고기의 두께에 따라 10
분 정도는 가감하세요. 오래 삶으면
고기가 부서지고 씹는 맛이 없어지
니까 주의하시고요.

3 삶은 고기는 먹기 좋게 잘라요. 무생
채(p.66 참고)나 보쌈김치, 쌈장과 쌈
채소, 김치 등을 곁들여요.

제이맘의 홈쿡TIP 보쌈 겉면에 갈색 빛이
돌게 하고 싶으면 고기
삶는 물에 된장 1큰술
을 넣어주면 돼요. 된장이 고기 색도
좋게 하고, 고기 냄새를 잡는 역할도
합니다.

스페셜 요리

등뼈찜

조리 시간_ 뼈 삶기 90분+찜 15분
4인분

저는 돼지 등뼈를 많이 삶았을 때 반은 감자탕을 해먹고,
반은 꼭 이 등뼈찜을 해먹어요. 뭔가 해물찜 비슷하기도 하고,
일반적인 갈비찜과는 다른 특별한 맛이 나거든요.
한 번 드셔보시겠어요?

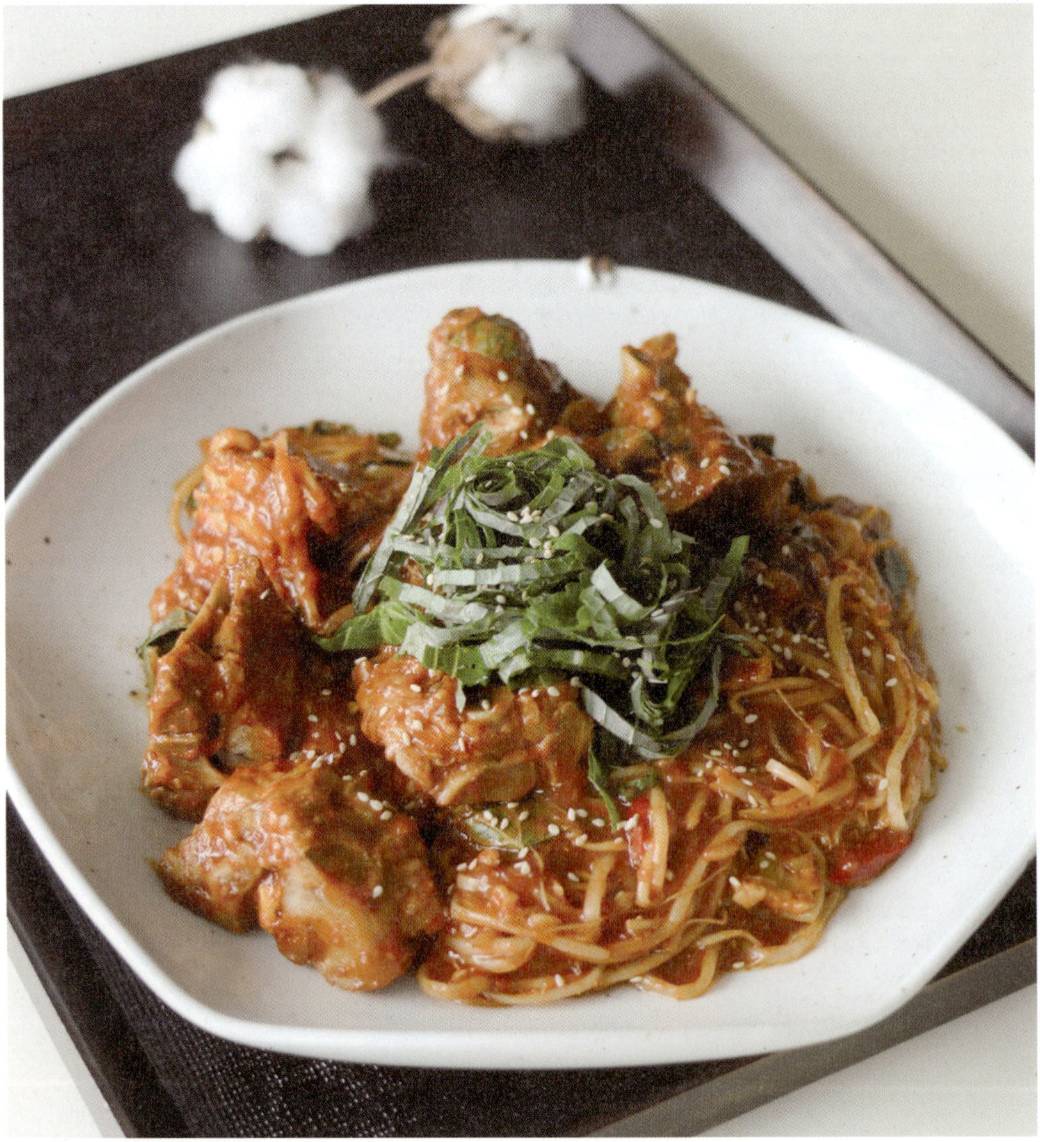

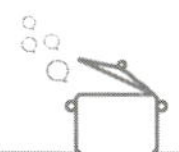

돼지고기 등뼈 7~8조각(약 800g), 뼈 삶은 육수 1½컵, 콩나물 1봉지, 깻잎 · 참기름 · 어슷 썬 고추 약간씩

양념 간장 4큰술, 다진 마늘 1큰술, 고춧가루 3큰술, 맛술 2큰술, 고추장 1큰술, 올리고당 1큰술, 다진 파 2큰술, 생강가루 · 후추 약간씩
전분 물 전분 1큰술, 물 2큰술

HOW TO MAKE

1 돼지 등뼈를 삶아요(p.20 참고).

2 **양념** 간장 재료를 모두 섞어주세요.

3 깻잎은 채 썰고, 고추는 어슷 썰어요. 콩나물은 깨끗한 물에 씻어요.

4 **전분 물** 재료를 잘 섞어주세요.

5 웍에 등뼈와 등뼈 삶은 물을 넣고, **양념** 간장을 반만 넣어 강불에서 1분간 팔팔 끓여요.

6 그 위에 콩나물과 남은 양념을 넣은 뒤 뚜껑을 닫고 계속 끓여요.

7 3분 뒤에 뚜껑을 열고 재료가 잘 어우러지게 섞어주세요. 여기에 **전분 물**을 조금씩 부어 농도를 조절해요.

8 깻잎과 고추, 참기름을 넣어주세요.

남은 양념에 김치를 송송 썰어 넣고 들기름으로 밥을 볶아 먹으면 정말 맛있어요. 마지막에 김가루도 솔솔~

스페셜 요리

김치닭볶음탕

조리 시간 30분
2인분

김치를 통으로 넣어 깊은 맛이 나는 닭볶음탕이에요.
푹 익은 김치를 쭈욱 찢어 닭고기에 돌돌 말아 먹으면 금새
밥 한공기를 뚝딱 할만큼 맛있답니다.
닭볶음탕을 닭도리탕이라고도 흔히 말하지요? '도리'라는 말이 '새'라는
뜻의 일본어에서 유래되었다고 해서 요즘은 닭볶음탕이란 말을 많이 쓰지만,
우리말인 '도려내다'라는 의미에서 붙여진 이름이란 의견도 있다고 해요.

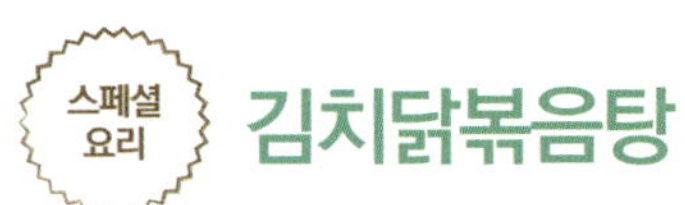

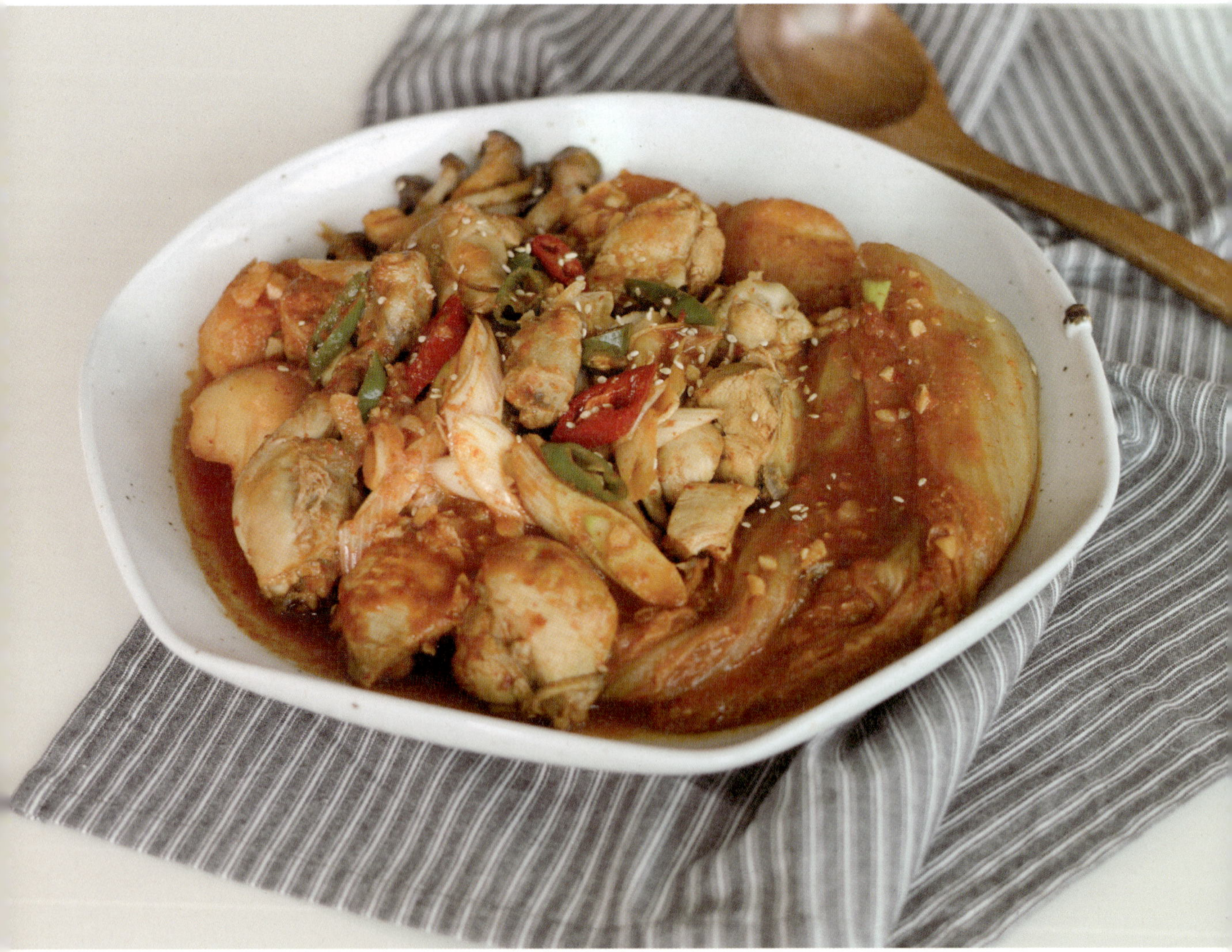

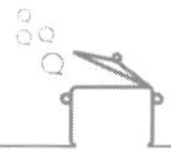

닭 1마리, 청주 ½컵, 물 3컵,
김치 ¼포기, 감자(小) 3개,
양파 1개, 풋고추 2개, 홍고
추 1개, 느타리버섯 1줌, 대
파(흰 부분) 약간

양념 다진 마늘 1큰술, 고춧
가루 3큰술, 간장 3큰술, 고
추장 1큰술, 맛술 2큰술

HOW TO MAKE

1 냄비에 손질된 닭과 닭이 잠길 정도
의 물을 붓고, 물이 끓으면 청주(또
는 소주)를 부어요. 뚜껑을 닫고 강
불에서 2~3분간 푹 삶아주세요.

2 **양념** 재료를 모두 섞어주세요.

3 다 삶아진 닭은 건져서 깨끗한 물에
헹궈 불순물을 씻어내요. 닭 껍질을
싫어한다면 지금 껍질을 벗기세요.

4 감자는 껍질을 벗겨내고, 반으로 잘
라 가장자리를 동글동글하게 깎아주
세요. 모서리가 뾰족하면 나중에 그
부분이 부서져서 국물이 탁해지거든
요. 김치는 속을 털어내요.

5 양파는 큼직하게 토막내고, 느타리
버섯은 밑동을 자르고, 대파와 고추
는 어슷 썰어주세요.

6 냄비에 물 3컵과 감자를 넣고 강불에
서 5분간 익혀요. 감자가 반 정도 익
을 시간이에요.

7 여기에 닭고기와 김치를 넣고, **양념**
을 부어요. 뚜껑을 닫고 20분간 푹 쪄
요. 중간에 뒤적여주세요.

8 고추와 버섯을 넣고 한번 더 뒤적거
린 뒤 바로 불을 끕니다.

스페셜 요리

전복찜닭

조리 시간 30분
2인분

여름철 보양식으로 무엇이 좋을지 고민스러울 때 만들어보세요.
삼계탕이나 백숙 말고 달콤하고 짭조름한 찜닭을 식탁에 놓으면
아이도 어른도 모두 만족하며 엄지 척!
여기에 전복까지 들어있으니 보기만 해도 힘이 불끈하지요.
당면 건져먹는 재미까지 있어요.

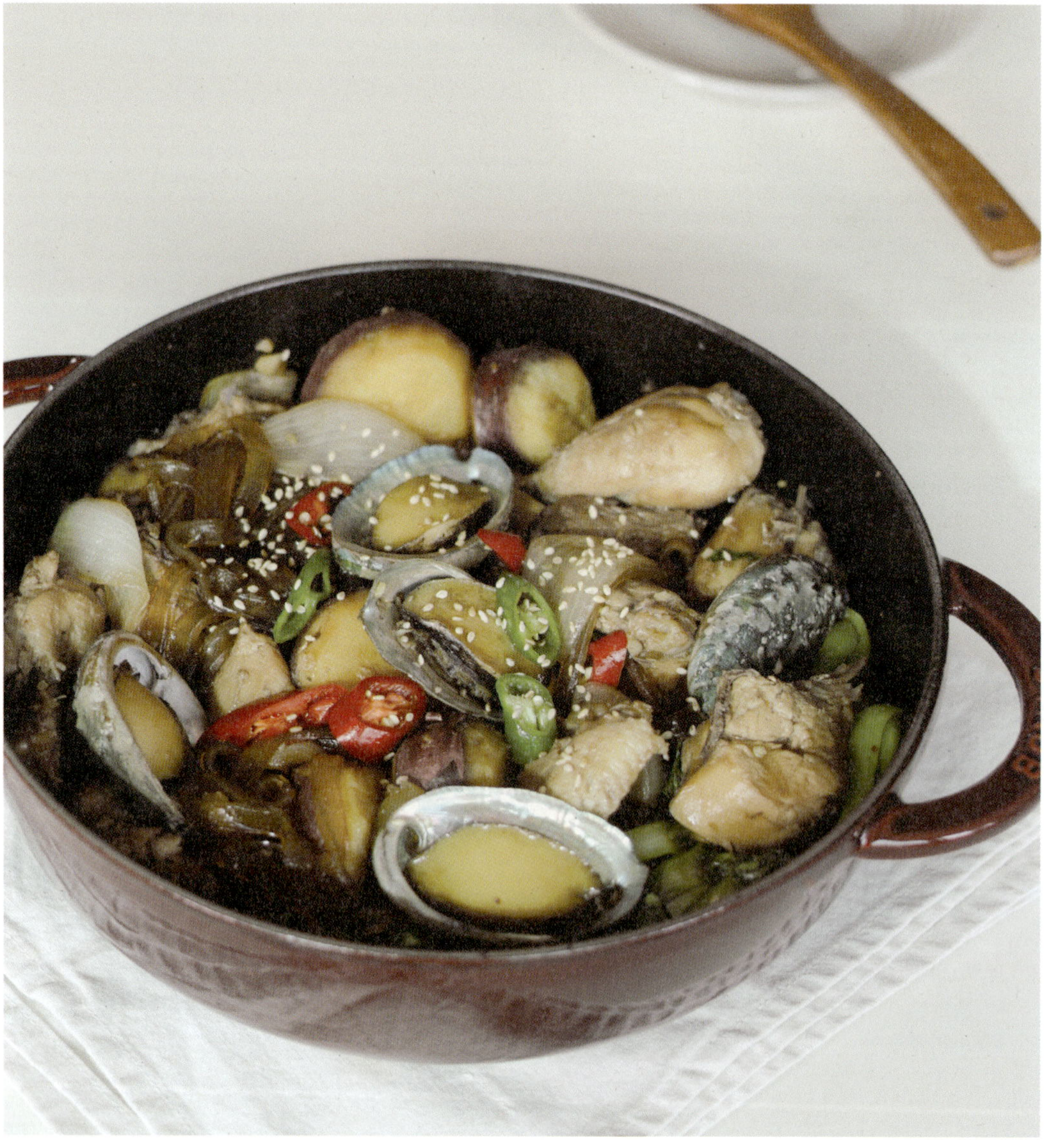

🧺 READY

닭 1마리, 전복 5~6개, 고구마 1개, 납작 당면 1줌, 양파 1개, 청경채 5개, 청양고추 2개, 홍고추 1개

- - - - - - - - - - - - - - - - - -

찜닭 양념 흑설탕 2큰술, 물엿 2큰술, 다진 마늘 1큰술, 간장 ⅔컵, 맛술 ⅓컵

🍲 HOW TO MAKE

1 당면은 찬물에 담가 30분간 불려요. **찜닭 양념** 재료는 모두 섞어두세요.

2 손질한 닭(p.20 참고)은 끓는 물에 10분간 삶아요. 삶은 물은 요리에 써야 하니 버리지 마세요.

3 그동안 청경채는 머리 쪽에 칼집을 넣어 반씩 쪼개놓고, 고구마는 5~6등분해서 동글동글 모서리를 깎아놓고, 양파는 반으로 잘라 큼직큼직 잘라놓고, 고추는 어슷 썰어요.

4 삶은 닭은 물에 헹궈 불순물을 씻어내요. 담백하게 먹고 싶으면 지금 껍질을 벗겨주세요. 전복은 솔로 문질러 깨끗이 씻어요.

5 냄비에 닭 삶은 물 3컵과 **찜닭 양념**, 고구마를 넣고 뚜껑을 닫은 채 강불에서 5분간 팔팔 끓여요.

6 여기에 닭을 넣고 다시 뚜껑을 닫은 뒤 10분간 끓여요.

7 전복과 양파를 넣고 한번 뒤적인 다음 다시 뚜껑을 닫고 3분간 끓이다가 당면을 넣어요. 양념을 끼얹으며 당면에 양념이 배고 투명해질 때까지 끓여요.

8 고추를 넣고 뒤적여요. 고추가 들어가면 아이들이 먹기에 매우니까 이 과정을 생략하거나 아이들 양을 덜어내고 고추를 넣으면 돼요. 청경채를 넣은 뒤 불을 끄고 뒤적여주세요.

명란케일쌈밥

스페셜
요리

조리 시간 10분

2인분

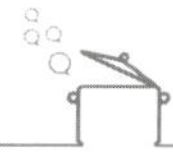

밥 1공기, 케일 10장, 저염 명
란 1조각, 청양고추 1개, 마
늘 3개, 소금 1꼬집, 참기름
½큰술

명태의 알로 만든 젓갈이 바로 명란젓인데요. 맛있는 젓갈은 입맛을 돋우는
좋은 반찬이지만 염분의 함량이 높진 않을까 염려가 되는 것도 사실이에요.
그런데 마트에 갔더니 담백한 저염 명란도 판매하고 있더라고요.
냉큼 집어왔어요. 녹황색 채소 중 베타카로틴의 함량이 가장 높다는
케일과 함께 쌈밥을 만들어 보려고요. 영양이나 맛에서 궁합이 환상이랍니다.

HOW TO MAKE

1 케일의 줄기 부분은 잘라버리고, 마
늘은 편 썰고, 청양고추는 얇게 어슷
썰어요.

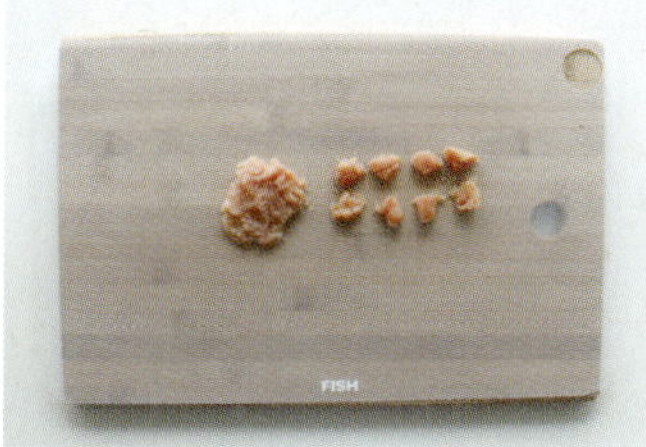

2 명란은 반으로 나눠 반은 고명으로
쓸 수 있게 작은 조각을 내고, 나머지
는 껍질을 벗겨 으깨요.

3 으깬 명란과 참기름을 밥에 넣고 주
걱을 세워 살살 섞어요.

4 끓는 물에 케일을 넣고 20~30초간 데
쳐요. 이때 소금을 넣으면 케일이 더
욱 초록빛을 띄게 돼요. 데친 케일은
찬물에 헹궈 물기를 꼭 짜주세요.

5 데친 케일을 편 뒤 명란밥(3)을 1큰술
씩 넣고 접듯이 돌돌 말아줍니다. 그
위에 명란 조각과 마늘, 고추를 얹어
장식해요.

전복초

조리 시간 20분
2인분

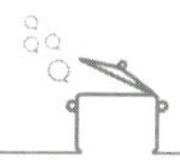

전복 6개, 홍고추 · 풋고추 1
개씩, 소금 · 참기름 약간씩,
은행 15~16개

양념 간장 3큰술, 맛술 2큰술,
올리고당 1큰술, 마늘 2개, 물
3큰술, 건고추 ½개, 생강가
루 ⅓작은술, 대파 약간

전복은 죽을 끓여도 좋고, 전복장을 만들어 오래 보관하며 먹어도 좋지요.
그 중에서도 쫀득쫀득하게 조려 먹는 전복초는 식감도 좋고 맛있어서
밥 반찬으로도 아주 좋답니다. 생일상이나 초대 요리에 올리면
근사한 일품 요리도 되고요.

HOW TO MAKE

1 전복은 숟가락으로 껍질과 살을 분
리하고 이빨과 내장을 떼어낸 뒤 요
리용 솔로 잘 닦아요.

2 냄비에 물을 3컵 정도 붓고 끓으면
소금을 조금 넣고, 전복을 1분간 살
짝 데친 뒤 건져주세요. 그 물에 껍질
도 넣어 1분 정도 끓여 소독해요.

3 다른 냄비에는 양념 재료를 모두 넣
고 팔팔 끓여요. 마늘은 편 썰고, 건
고추와 대파는 어슷 썰어요.

4 양념이 끓어오르면 데친 전복을 넣
고 약불에서 조려요. 이때 전복에 살
짝 칼집을 내면 더 예쁘고 간도 잘 배
요. 숟가락으로 양념을 끼얹어가며
조려주세요.

5 국물이 반 정도로 줄어들었을 때 은
행과 고추를 넣고 계속 조려요. 냄비
바닥에 국물이 1~2숟가락 정도 남을
때까지 졸이다가 불을 끄고 참기름
을 몇 방울 떨어뜨려 완성해요. 전복
껍질에 조린 전복살을 올려놓고 은
행과 고추를 보기 좋게 얹어주세요.

제이맘의
홈쿡 TIP

상에 낼 때는 전복을 통으로
놓아도 되지만 슬라이스하면
먹기 편해서 좋아요. 통으로
낼 때는 전복에 지그재그 칼집을 넣어주면 간
도 잘 배고, 보기에도 더 먹음직스러워져요.

돌돌김치찜

등갈비 600g, 김치 ¼포기,
다시마육수(또는 물) 1컵

양념 다진 마늘 1큰술, 국간
장 2큰술, 고춧가루 2큰술,
맛술 2큰술, 매실액 1큰술,
생강가루 · 후추 약간씩

등갈비는 뜯어먹는 재미가 있지요.
등갈비에 김치를 곁들이면 어찌나 맛있는지…
등갈비를 김치로 돌돌 말아봤어요. 모양도 색감도 먹음직스러워 보여요.
특히 남은 김장김치나 묵은지가 처치 곤란일 때 만들면 좋아요.

HOW TO MAKE

1 냄비에 물을 넣고 끓여요. 물이 팔팔
끓기 시작하면 등갈비를 넣고 10분
간 삶아요.

2 고기를 삶는 동안 **양념** 재료를 모두
섞어주세요.

3 삶은 등갈비를 건져 깨끗한 물로 불
순물을 씻어내요. 고기에 살이 많은
부분은 칼집을 군데군데 넣어주고
요. 그래야 잘 익겠죠?

4 한번 삶아낸 고기를 **양념**에 버무려
놓아요.

5 속을 털어놓은 김치를 한 잎씩 떼어
내 그 잎으로 양념된 고기를 돌돌 말
아주세요.

6 냄비에 등갈비를 돌려 담고 남은 양
념도 전부 얹어요. 여기에 다시마육
수를 붓고 뚜껑을 닫은 채 중불에서
20~30분 동안 푹 삶아주세요.

제이맘의
홈쿡 TIP

집집마다 김치 맛이 다르죠? 김치가 너무 시면 설탕을 조금 넣으세요. 단맛은 신맛을 중화시켜줘요. 젓갈을 많이 넣었거나 간이 센
김치는 고기에 양념을 조금만 하거나 아예 하지 않고 국물에만 양념을 조금 넣어서 간을 맞추세요. 매콤하게 먹고 싶다면 청양고추
를 송송 썰어 넣고요.

콩나물알찜

⏱ 조리 시간 25분
🍚 4인분

저는 해물찜, 아구찜, 코다리찜처럼
해산물이 들어간 찜을 참 좋아해요.
하지만 식당에서 파는 것들은 가격이 왜
이렇게 비싼지… 해물도 조금 들어있으면서 말이에요.
그래서 홧김에(?) 만들기 시작했어요.
이제는 바깥에서 사먹는 찜들은 조미료 맛이
너무 나서 잘 안 먹게 됐어요. 알고 보면 찜만큼
쉬운 것도 없는데 손님 접대상에 내놓으면
'이런 것도 만드냐'며 다들 놀라지요.

🧺 READY

대구 고니 250g, 명태알 300g, 새우 5마리, 찜용 콩나물 1봉지(약 600g), 미나리 1줌, 청양고추 1개, 홍고추 1개, 청주 1큰술, 참기름 약간

양념 고춧가루 4큰술, 청양고춧가루 1큰술, 국간장 4큰술, 다진 마늘 1큰술, 맛술 2큰술, 후추 약간
전분 물 전분가루 2큰술, 물 4큰술

🍳 HOW TO MAKE

1 **양념** 재료를 모두 섞어요. 하룻밤 냉장고에서 숙성시키면 더 좋아요.

2 새우를 손질(p.21 참고)해주세요.

3 명태알과 고니는 소금물(물 2~3컵 + 소금 1작은술)에 살살 흔들어 씻은 뒤 체에 밭쳐둬요.

4 콩나물은 흐르는 물에 한번 헹구고 체에 밭쳐둬요.

5 미나리는 한입 크기로 썰고, 고추는 어슷 썰어요.

6 **전분 물**을 만들어요.

7 웍에 물을 1컵 부어 끓여요. 물이 끓으면 명태알과 고니를 넣어 익혀요. 새우 등 다른 해물도 있으면 함께 넣고, 뚜껑을 닫은 채로 강불에서 재빨리 익혀요. 이때 청주를 넣어 잡내도 날려주세요.

8 알이 어느 정도 익었을 때 그 위에 콩나물을 듬뿍 얹고, 양념을 넣고 뚜껑을 닫은 채로 1분간 둡니다. 찜용 콩나물이 아닌 일반 콩나물일 경우 시간을 더 줄이세요. 너무 익으면 맛이 없어요.

9 뚜껑을 열고 잘 섞어주세요. 양념이 고루 묻도록 숟가락 2개를 양손에 들고 뒤적뒤적해요. 미나리와 고추를 넣고 한번 더 섞어주세요. 부족한 간은 소금으로 하세요. 그리고 약불로 줄여 **전분 물**로 국물의 농도를 맞춰주세요. 불을 끄고 참기름을 넣어요.

이 레시피 그대로 해물찜 또는 아구찜을 해드셔도 돼요.

스페셜 요리

치즈등갈비

조리 시간 40분
2인분

달콤 짭조름한 등갈비에 고소한 치즈를 돌돌 말아 먹어요.
쭉쭉 늘어나는 치즈에 군침이 꿀꺽!
굳이 레스토랑 가지 않아도 충분히 그 맛을 즐길 수 있지요.

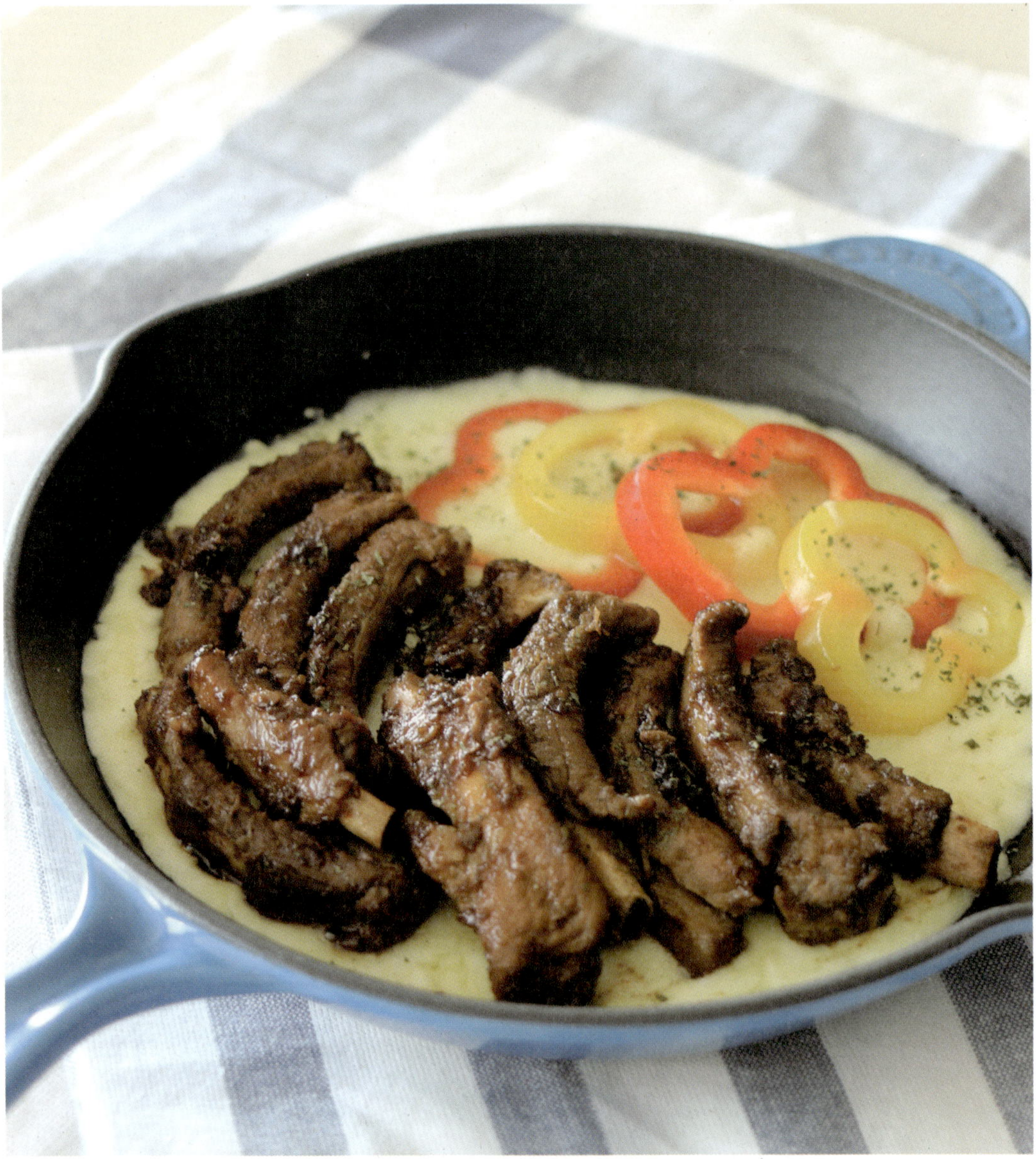

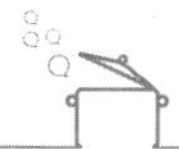

🧺 READY

등갈비 1줄(뼈 10~12대), 모차렐라치즈 2컵, 파프리카 약간, 고기 양념(p.24 참고) 1컵

🥘 HOW TO MAKE

1 냄비에 등갈비와 등갈비가 잠길 정도의 물을 넣고, 중불에서 20분간 푹 삶아주세요. 청주나 소주를 3~4큰술 넣고 통후추나 통마늘 몇 개 넣어 삶으면 누린내를 잡을 수 있어요. 삶은 등갈비는 흐르는 물에 씻어 불순물을 제거해요.

2 냄비에 고기 양념과 물 1컵, 삶은 등갈비를 넣고 중불에서 조려요.

3 국물이 반으로 줄어들면 약불로 줄여서 바닥이 타지 않게 뒤적이며 국물이 거의 없어질 때까지 조려요.

4 다른 팬에 모차렐라치즈를 깔고 약불에서 살짝 데워줍니다.

5 치즈가 살짝 녹으면 그 위에 등갈비와 파프리카를 얹어주세요. 파프리카는 통으로 썰어야 보기에 예뻐요. 먹기 편하게 채 썰거나 다져 넣어도 되고요.

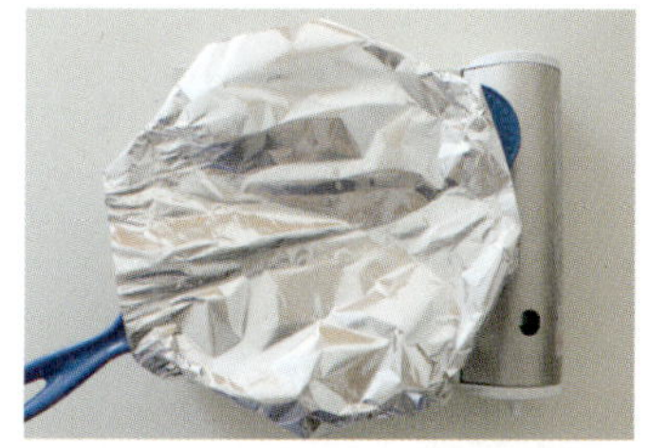

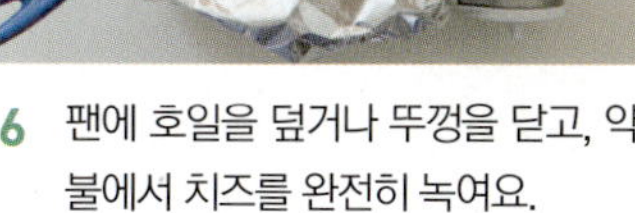

6 팬에 호일을 덮거나 뚜껑을 닫고, 약불에서 치즈를 완전히 녹여요.

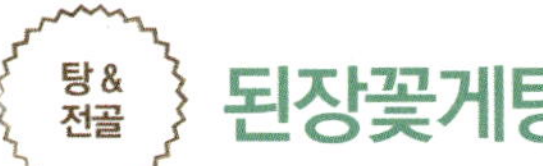

탕 & 전골

된장꽃게탕

조리 시간 20분
2인분

봄엔 암꽃게, 가을엔 숫꽃게라고 하죠.
사계절 언제나 쉽게 구할 수 있는 꽃게는 게장을 하기도 하고,
찜을 하는 등 다양하게 이용되지만 저는 탕으로 끓였을 때가 가장 맛있더라고요.
된장으로 만든 양념장으로 꽃게 본연의 맛이 잘 우러나도록 끓였어요.

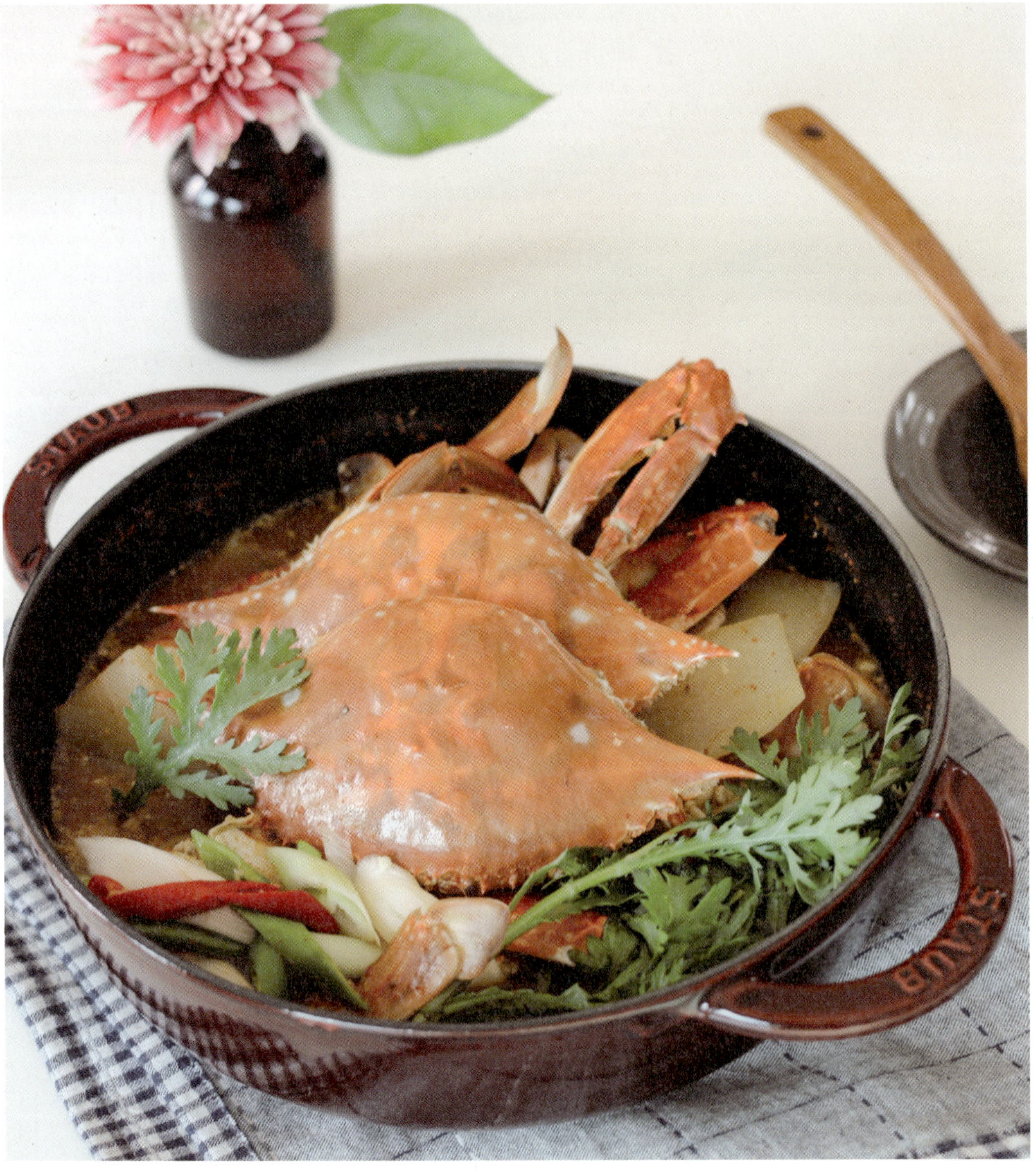

꽃게 2마리, 멸치육수 3컵,
무 약 3cm 두께, 팽이버섯
⅓봉지, 쑥갓·대파·고추
약간씩

양념 다진 마늘 1큰술, 청주
1큰술, 된장 1큰술, 고춧가루
1큰술

HOW TO MAKE

1 꽃게를 손질해요(p.20 참고).

2 무는 나박썰기해요.

3 쑥갓은 줄기의 억센 부분을 잘라내
고, 팽이버섯은 밑동을 자르고, 대파
와 고추는 어슷 썰어주세요.

4 **양념** 재료를 모두 섞어요.

5 멸치육수가 끓으면 무와 **양념**을 넣
고 몇 번 휘저은 뒤 뚜껑을 닫은 채
푹 익혀주세요. 강불에서요.

6 무가 80% 정도 익었다 싶을 때 꽃
게를 넣어요. 뚜껑을 닫고 3분간 두
세요.

7 꽃게가 붉은 빛을 내며 익을 거예요.
그때 팽이버섯, 쑥갓, 대파, 고추를
넣고 한소끔 더 끓여내면 됩니다.

두부버섯전골

고소한 두부와 향긋한 버섯이 어우러진 전골이에요.
두부 사이에 고기를 얇게 넣어 선물 모양으로 만들어 눈이 즐겁고,
국물 맛도 참 좋아요. 우리 가족은 이 요리를 식탁 한 가운데에 놓고
팔팔 끓여가며 정신 없이 먹는 답니다.

READY

버섯 400g, 다짐육 100g, 두부 1모, 소금 1큰술, 식용유 넉넉히, 멸치육수 3컵, 미나리 1줌, 국간장 약간

고기 양념 다진 마늘 ½큰술, 맛술 1큰술, 간장 1큰술, 설탕 ½큰술, 후추 약간

HOW TO MAKE

1 미나리는 끓는 물에 소금을 조금 넣고 10초만 데쳐요. 찬물에 헹궈 물기를 짜주세요.

2 고기(다짐육)는 **고기 양념**에 재워요.

3 두부는 4등분한 뒤 두께 1cm 정도로 잘라서 소금을 뿌려요. 키친타월에 얹어 물기를 제거해요.

4 팬에 기름을 넉넉히 두르고 강불에서 두부를 튀기듯 구워요. 겉면이 노릇하고 단단해질 때까지 굽고 한 김 식혀요.

5 고기(2)를 납작하게 빚어 두부 위에 올린 다음 그 위에 두부를 얹어요. 고기가 남으면 완자를 만들고, 두부가 남으면 전골에 넣어요.

6 미나리로 두부를 묶어요. 부추나 쪽파를 이용해도 상관없어요. 홍고추를 끼우면 색감이 더 예뻐요.

7 좋아하는 버섯을 준비해서 다듬은 뒤 적당한 크기로 찢거나 잘라요.

8 냄비에 버섯과 두부(6)를 넣고 멸치육수를 부어 팔팔 끓여요. 끓이면서 바로 먹어도 좋아요. 간은 국간장으로 취향껏 하세요.

제이맘의 홈쿡TIP

- 고춧가루를 추가해 매콤하게 먹어도 좋아요. 샤브샤브 느낌으로 배추나 청경채, 쑥갓 등을 곁들여도 괜찮고요.
- 두부 사이에 고기를 너무 두껍게 넣으면 익는데 시간이 오래 걸려요. 특히 가운데 부분은 잘 안 익으므로 손끝으로 눌러 얇게 만들어주세요.

감자탕

조리 시간 20분
4인분

뼈를 삶는 수고만 감수한다면 이만큼 쉬운 요리도 없을 거예요.
밖에서 먹는 가격보다 훨씬 싼 가격으로 푸짐하게 먹을 수 있답니다.
겨울철 차가운 속을 달래는 뜨끈한 국물요리예요. 뼈에 붙은 살을 쏙쏙 발라먹고,
사리도 넣어먹고, 남은 국물엔 밥도 볶아 드세요.

🧺 READY

돼지 등뼈 1kg, 뼈 삶은 물 4컵, 고사리 1줌, 우거지 1줌, 불린 시래기 1줌, 감자 2개, 콩나물 1줌, 팽이버섯 1봉지, 깻잎 5장, 들깨가루 2큰술, 고추 1개

양념 다진 마늘 1큰술, 된장 2큰술, 고춧가루 3큰술, 국간장 3큰술, 청주 2큰술

🍳 HOW TO MAKE

1 **양념** 재료를 모두 섞어주세요.

2 우거지, 시래기, 고사리는 끓는 물에 각각 살짝 데친 뒤 물기를 꽉 짜서 한 입 크기로 잘라주세요.

3 콩나물은 잘 씻어놓고, 팽이버섯은 밑동을 자르고, 깻잎은 두껍게 채 썰고, 고추는 어슷 썰어요.

4 감자는 껍질을 벗기고 작은 것은 그대로, 큰 것은 반으로 잘라요.

5 냄비에 삶은 등뼈(p.20 참고)와 뼈 삶은 물, 감자를 넣고 강불에서 팔팔 끓여요.

6 우거지, 시래기, 고사리를 보기 좋게 둘러 담고, 2~3분간 더 끓여요.

7 콩나물, 깻잎, 고추, 버섯 등을 넣고 **양념**을 잘 풀면서 한소끔 끓여요.

불낙전골

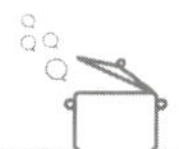

소고기(불고기용) 150g, 낙지(大) 1마리(작은 것은 2마리), 백만송이버섯 2줌, 새송이버섯 1개, 쑥갓 1줌, 애호박 ⅓개, 멸치육수 3컵, 밀가루 1큰술, 고기 양념(p.24 참고) ½컵

- - - - - - - - - - - - - - - - - -

낙지 양념 국간장 2큰술, 맛술 1큰술, 다진 마늘 1큰술, 고춧가루 1큰술

불고기와 낙지는 모두 먹으면 힘이 나는 재료예요.
이 재료들로 전골을 만들어보려고요.
전골 요리는 끓이면서 먹는 재미가 있죠. 먹고 싶은 것들을 하나씩 건져서
따뜻한 국물과 함께 먹으면 너무 맛있어요. 식탁에 온 가족 둘러앉아
보글보글 맛있는 전골을 먹으며 행복한 시간 보내세요.

🍳 **HOW TO MAKE**

1 호박은 직사각 썰기하고, 쑥갓은 씻어서 밑부분만 조금 잘라내고, 버섯은 모두 밑동을 잘라내요.

2 낙지를 손질(p.21 참고)한 뒤 적당한 크기로 잘라서 **낙지 양념**에 버무려요. 소고기도 고기 양념에 버무려 재워요.

3 냄비에 모든 재료를 보기 좋게 돌려 담아요.

4 멸치육수를 붓고 끓이면서 먹어요. 부족한 간은 소금으로 하세요.

초계탕

⏱ **조리 시간** 50분
🍲 **4인분**

보양식으로 삼계탕이나 백숙 많이 먹잖아요.
복날에도 그렇고요.
매번 뜨끈한 국물에 닭을 푹
삶아 먹곤 하는데, 차가운 닭백숙은 어떠세요?
시댁 근처에 유명한 초계탕 맛집이 있어서 가끔
시부모님께서 사주곤 하셨거든요.
지금은 제가 만든 초계탕이 훨씬 맛있어서
제가 만들어 대접하곤 한답니다.

🧺 READY

닭가슴살 3조각, 통마늘 5개, 통후추 10~15개, 냉면사리 2인분, 참깨 1큰술, 얼갈이배추 3뿌리, 오이 1개, 적양배추 3~4장, 소금 1작은술

육수 양념 식초 7큰술, 설탕 1½큰술, 소금 3작은술, 연겨자 1작은술

🍳 HOW TO MAKE

1 물 2L를 끓여요. 물이 끓으면 닭가슴살과 통후추, 통마늘을 넣고 뚜껑을 닫은 채 중불에서 30분간 푹 삶아요. 삶은 물은 버리지 마세요.

2 닭가슴살을 꺼내서 한 김 식힌 뒤 결대로 찢어둬요.

3 닭고기 삶은 물(1) 5컵을 면보에 거른 뒤 식혀요. 여기에 **육수 양념**을 넣고 섞은 뒤 비닐팩에 담아 냉동실에 넣어둬요.

4 오이는 얇게 채 썰어서 소금을 뿌려 조물조물 절여놓았다가 10분 뒤 물에 헹궈서 물기를 짜내요. 적양배추는 가늘게 채 썰어요.

5 얼갈이배추는 끓는 물에 줄기 부분부터 넣어서 1분간 데친 뒤 찬물에 헹궈 손으로 꼭 짜요. 한입 크기로 잘라주세요.

6 냉면사리를 삶아요. 물이 끓으면 사리를 넣고 잘 풀어준 후 다시 한번 끓어오르면 꺼내서 찬물에 헹구면 됩니다. 사리 두께에 따라 삶는 시간이 조금씩 다르니까 봉지에 써있는 시간대로 삶아주세요.

7 볼에 닭가슴살과 오이, 얼갈이배추, 적양배추를 보기 좋게 담고 육수를 부어요. 육수가 꽁꽁 얼어 있을 땐 칼등으로 톡톡 육수 봉지를 내리치면 살얼음이 만들어져요. 참깨도 갈아서 얹어줍니다. 계란지단이나 대추 등을 고명으로 얹어도 좋아요.

8 냉면사리와 함께 냅니다. 면은 함께 담아도 되고, 따로 담아서 나중에 국물에 넣어 먹어도 돼요.

초계탕을 만들 때 닭 1마리를 사서 삶아도 되지만 닭가슴살을 이용하면 더 담백하고 기름기 없는 국물을 만들 수 있어요. 뼈도 바르지 않고 쭉쭉 찢으면 되니까 간단하죠. 만약 닭 1마리를 사용한다면 3번 과정에서 육수를 냉동실에 1~2시간 두세요. 기름기가 위로 떠오를 거예요. 그때 기름을 떠내거나 긁어내면 깔끔한 육수를 만들 수 있어요. 새콤한 맛을 원한다면 동치미 국물을 섞어도 맛있어요. 편하게 만들고 싶으면 시판 냉면 육수를 사용해보세요. 닭육수의 깊은 맛에는 조금 못 미치겠지만 간편하답니다.

HOME PARTY
2
삼겹살 파티

—

가족이 모두 모인 저녁, '뭐 특별한 거 없을까?' 고민하다 누군가 "우리 삼겹살이나 구워먹자!"하면 그때부터 다같이 분주히 움직입니다. 늘 만만한 게 삼겹살인데, 그럼에도 불구하고 삼겹살은 언제나 옳아요. 곁들이 음식들과 함께 신나는 삼겹살 파티를 즐겨보세요.

1 삼겹살　　　**2** 견과류쌈장　　　**3** 파채무침　　　**4** 깻순무침　　　**5** 비트무쌈　　　**6** 달래된장찌개

① 삼겹살 굽기

불판에 준비한 재료를 골고루 얹어요. 고기는 중앙에, 그 아래쪽으로는 감자와 단호박, 김치를 놓아 고기에서 나온 기름에 볶은 듯이 고소하게 구워지게 해요. 버섯들은 기름을 잘 흡수하니까 고기 위쪽에 놓는 게 좋아요.
고기는 자주 뒤집지 말고, 강불에서 한쪽이 지글지글 익으면 뒤집어서 반대쪽을 익혀요. 노릇해지면 가위로 자르고 중약불에서 좀 더 익혀 먹어요. 구울 때 고기 위에 허브잎을 올리면 비린내가 사라져요. 허브소금을 솔솔 뿌려가며 구우면 쌈장 없이도 맛있게 먹을 수 있답니다.

🖐 HOW TO MAKE

1
고기는 좋아하는 부위로 양껏 준비하시고, 고기가 두툼하면 칼집을 내주세요. 그래야 골고루 잘 익어요.

2
쌈 채소는 깨끗이 씻어 물기를 털고, 당근, 오이, 샐러리 등은 길쭉하게 썰어 그릇에 담아요.

3
마늘은 편으로 썰거나 통으로 굽고, 고추는 어슷하게 썰거나 통째로 먹어요. 작은 그릇에 각각 담아주세요.

4
팽이버섯, 양송이버섯은 밑동을 자르고, 새송이버섯은 밑동을 자르고 세로로 도톰하게 잘라요. 양파와 감자는 통으로 얇게 썰고, 단호박도 얇게 썰어요.

② 견과류쌈장

🍚 READY

견과류 1줌, 청양고추 1개, 홍고추 1개, 양파 ¼개
양념 된장 2큰술, 고추장 1큰술, 꿀 1작은술, 다진 마늘 ½큰술, 참깨 ½큰술, 참기름 · 생강가루 약간씩

🖐 HOW TO MAKE

모든 재료를 잘게 다져 **양념**과 골고루 섞어주세요.

❸ 파채무침

대파를 채 썰어요(p.15 참고).

파채는 찬물에 3분 이상 담가둬요. 맵고 아린 맛이 약해지고 끈끈한 느낌이 없어져서 깔끔해져요. 물기를 탈탈 털어냅니다.

READY

파채 3줌
양념 고춧가루 1큰술, 간장 1큰술, 액젓 1큰술, 식초 2큰술, 설탕 ½큰술, 매실청 1큰술, 참기름 1큰술, 참깨 1작은술

TIP 콩나물을 추가해보세요. 파채 2줌에 콩나물 1줌을 더하면 맛있는 콩나물파채무침이 됩니다.

볼에 **양념** 재료를 모두 넣고, 설탕이 녹을 때까지 저어요.

여기에 파채를 넣고 무치면 끝!

❹ 깻순무침

깻순을 깨끗이 씻은 뒤 체에 밭쳐 물기를 빼주세요.

양념 재료를 모두 섞어주세요. 설탕이 녹을 때까지 잘 저어요.

READY

깻순 2줌
양념 간장 1큰술, 고춧가루 ½큰술, 식초 1큰술, 설탕 ½큰술, 참기름 1큰술, 참깨 1작은술

여기에 깻순을 넣고 젓가락으로 살살 버무려요.

⑤ 비트무쌈

⚱ READY

무 ½개, 비트 ½개, 로즈마리 잎 2줄기
절임 물 물 1컵, 식초 1컵, 설탕 1컵, 통후추 10개

1 무와 비트는 1mm 두께로 매우 얇게 슬라이스해요.

2 소독한 유리병에 무와 비트를 번갈아 넣어요. 로즈마리 잎도 같이 넣고요.

3 냄비에 **절임 물** 재료를 모두 넣고 끓여요. 젓지 않아도 돼요. 바글바글 끓어오르면 바로 불을 끕니다.

4 끓인 **절임 물**을 곧장 유리병에 부어주세요. 그대로 식혔다가 뚜껑을 닫고 하루 정도 실온에 두었다가 냉장 보관하세요. 다음날부터 먹을 수 있답니다.

⑥ 달래된장찌개

⚱ READY

멸치육수 3컵, 된장 1큰술, 달래 1줌, 두부 ¼모, 무 ⅓개, 애호박 ½개

1 달래는 5cm 길이로 듬성듬성 잘라두고, 무는 얇게 나박썰고, 애호박은 은행잎 썰기, 두부는 한입 크기로 썰어요.

2 냄비에 육수를 붓고 된장을 풀어 팔팔 끓여요.

3 끓으면 무를 넣고, 무가 반투명해지면 호박을 넣어요.

4 애호박이 투명해지면서 익으면 두부를 넣고 한번 더 팔팔 끓여요. 달래를 얹고 불을 꺼요. 칼칼하게 먹고 싶으면 청양고추 1개를 어슷 썰어요.

밥 투정 아이도 맛있게 **분식 & 간식**

⋮

애주가 남편을 위한 **야식 & 술안주**

PART4
맛있게 먹어줘!
제이맘의
가족 맞춤 요리
HOMECOOK FOR FAMILY

밥 투정 아이도 맛있게

분식 & 간식

└ ESSAY 엄마는 아이의 전담 요리사

└ **김밥**

└ **분식 & 간식**

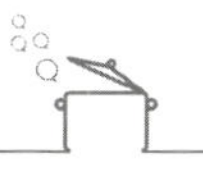

엄마는 아이의 전담 요리사

우리 딸은 동네에서 입맛 까다롭기로 유명하답니다. 게다가 엄청난 편식쟁이에요.

엄마가 요리를 좀 하니 이것저것 잘 먹는 통통한 아이를 상상하시겠지만,

우리 아이는 날씬이에 까칠한 입맛의 소유자지요.

생각해보니 저는 유독 아이에게 유별나게 굴었던 것 같아요.

팔삭둥이에 1.5kg으로 태어나 한 달을 인큐베이터에서 지내야 했던 탓에

저는 항상 아이에게 미안한 엄마였어요.

그 어떤 엄마보다 잘 먹이려고 노력했지요. 이유식 할 땐 매끼 다른 재료로 만들어 먹였어요.

냉동했던 음식이나 한번에 많이 만들어 두고두고 먹이는 건 상상도 못할 일이었죠.

아이 음식에 소금 간을 하기 시작한 것도 두 돌이 거의 다 되었을 무렵이었나 그래요.

그 결과, 엄청 까다로운 입맛을 가진 아이로 자라나게 하는 부작용이 생기고 말았네요.

제 무덤 제가 판 거죠.

하지만 어리석은 엄마는 지금도 아이가 잘 먹지 않으면

바로 다른 음식을 대령해대는 딸 전담 요리사로 생활하고 있어요.

하루는 딸이 저에게 "엄마, 치킨 해 주세요."라고 하는걸 듣고 친구가 막 웃더라고요.

이유인즉슨 대부분의 아이들은 "치킨 해 주세요."가 아니라 "치킨 시켜주세요."라고 한다네요.

그러고 보니 나도 참 극성 엄마로구나 싶어요.

공부에 관한 건 잔소리 한마디 안 하면서 왜 이리 먹는 것에 호들갑인지 모르겠어요.

그런데 그 병을 아직도 고치지 못하고 붕어빵이며 호떡, 떡볶이 같은

길거리 음식까지 집에서 만들어내고 있는 피곤한 엄마입니다.

참치마요주먹밥

조리 시간 15분
2인분

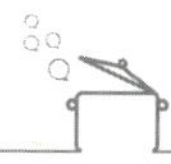

참치 통조림(小) 1캔, 밥 2공기, 양파 ¼개, 마요네즈 2큰술, 오이피클 약간, 김 1장

밥 밑간 소금 1꼬집, 참기름 1큰술, 깨소금 1작은술

참치와 마요네즈는 궁합이 참 좋아요.
김밥을 싸먹어도 좋지만 주먹밥을 만들면
더 간편하고 빠르게 만들 수 있답니다.
소풍 도시락에 넣어도 좋고요.

HOW TO MAKE

1 통조림 참치에 뜨거운 물을 끼얹어 기름기를 제거한 뒤 체에 밭쳐요.

2 양파와 오이피클은 잘게 다져요.

3 볼에 참치, 피클, 양파, 마요네즈를 넣고 잘 섞어요.

4 밥에 **밑간**을 해요.

5 작은 종지에 랩을 잘라놓고, 그 위에 밥을 담아요. 섞어놓은 참치(3)를 가운데 놓고, 그 위에 밥을 얹어서 참치를 덮어주세요.

6 랩을 오므려서 밥을 동그랗게 뭉친 뒤 김을 길게 붙여 잡고 먹기 편하게 감싸요.

- 더운 날에 가는 소풍 도시락에는 밥에 참기름 대신 식초를 조금 넣어보세요. 그러면 상하지 않고 오래 보관됩니다.
- 참치에 할라피뇨를 다져 넣으면 매콤해져요.

아보카도롤

⏱ 조리 시간 20분
🍵 2인분

아보카도는 밭에서 나는 버터라고 하죠.
비타민과 미네랄도 많이 함유되어 있으며, 부드럽고 고소한 맛도 참 좋아요.
맛있는 아보카도를 듬뿍 활용한 요리예요.
한입에 쏙쏙 먹기 좋은 캘리포니아롤에 아보카도와 크래미를 넣어 말아봤어요.
생기 도는 파릇파릇한 색감까지 너무나 마음에 드네요.

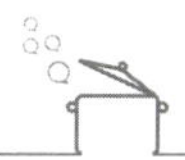

아보카도 1개, 밥 1공기, 김 2장, 크래미 8조각, 오이 1개, 마요네즈 3큰술

배합초 식초 1큰술, 소금 1꼬집

🍳 **HOW TO MAKE**

1 오이는 3~4등분하고 돌려깎기한 뒤 채 썰어요.

2 크래미는 결대로 작게 찢어 마요네즈를 넣고 버무려요.

3 아보카도는 반으로 갈라 껍질과 씨를 제거하고 얇게 썰어요.

4 밥에 **배합초**를 넣고 골고루 섞어요.

5 김발에 랩이나 비닐을 씌우고, 그 위에 김을 얹은 뒤 밥을 얇게 펴주세요.

6 그대로 뒤집어 밥이 바닥을 향하게 합니다. 크래미와 오이채를 듬뿍 얹고 돌돌 말아주세요.

7 총 두 줄을 만 뒤 한 줄에만 아보카도를 일렬로 얹고 랩을 씌워 착 감기게끔 밀착시켜요. 다른 한 줄은 그대로 랩을 씌워주고, 칼로 잘라서 한 조각씩 랩을 벗겨 담아내요. 마요네즈나 깨를 뿌려주세요.

회오리김밥

⏱ 조리 시간 20분
🍲 2인분

평범한 김밥 재료만으로 만들 수 있어요.
만들기도 쉽고, 맛은 당연하고, 생김새가 독특해 아이들이 특히 좋아한답니다.
별다른 기술이 필요한 것도 아닌데 보기에는 정말 특별해 보이거든요.
소풍 가는 날, 회오리김밥으로 도시락을 싸 보내면 아이가 너무 좋아해요.

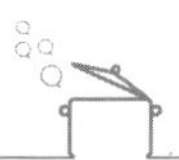

김 4장, 밥 1공기, 계란 1개, 당근 ¼개, 시금치무침(p.118 참고) 1줌, 표고우엉조림(p.48 참고) 1줌, 소금 1꼬집

밥 양념 소금 1꼬집, 식초 ½ 큰술

HOW TO MAKE

1 계란 지단을 만들고, 한 김 식으면 채 썰어요.

2 당근도 채 썰어 기름을 두른 팬에 소금을 넣고 볶아요

3 김발에 김을 올리고, 김 끝 부분에 밥알을 몇 개씩 붙여요.

4 그 위에 또 다른 김을 얹고 꾹 눌러 김 2장을 길게 이어줍니다.

5 김 위에 양념한 밥을 얇게 펴주세요. 김밥 1줄당 약 ½공기가 들어가요.

6 밥 위에 재료를 올리는데, 바닥에 깔듯이 펴서 올려요. 당근, 시금치, 계란, 우엉 순으로 얹었으면 또 한번 같은 순서로 얹으면 돼요. 전체적으로 재료가 깔리게끔 넓게 얹어주세요.

7 끝에서부터 돌돌 말아요. 겉에 참기름을 살짝만 발라서 팬에 올려 5초 정도 약불에서 살살 굴려주면 김이 더 탱탱해지고 파릇해집니다.

제이맘의 홈쿡 **TIP**

김밥 속은 좋아하는 재료로 다르게 준비하셔도 돼요. 색이 예쁘게 알록달록한 재료를 쓰면 더 좋겠죠? 붉은 재료는 당근이나 파프리카, 햄 등을 넣고, 초록색은 시금치 대신 오이를 넣어도 좋고요.

고구마쑥갓튀김

⏱ **조리 시간** 25분
🥣 **2인분**

고구마는 쪄 먹기도 하고 밥에 넣어 먹기도 하고,
닭볶음탕 등에 곁들이기도 하고,
매우 활용도가 높은 구황작물입니다.
튀김을 해 먹으면 달콤한 맛이 참 좋지요.
두가지 고구마 튀김을 만들어서
간식으로 내보세요. 떡볶이나 어묵탕 등과
함께 내면 한끼 식사가 되기도 해요.

🧺 READY

고구마(작은 것) 4개, 당근 약
간, 쑥갓 1줌, 튀김가루 2컵,
맥주 1½컵, 파마산 치즈가
루 2큰술, 식용유 적당량

🍳 HOW TO MAKE

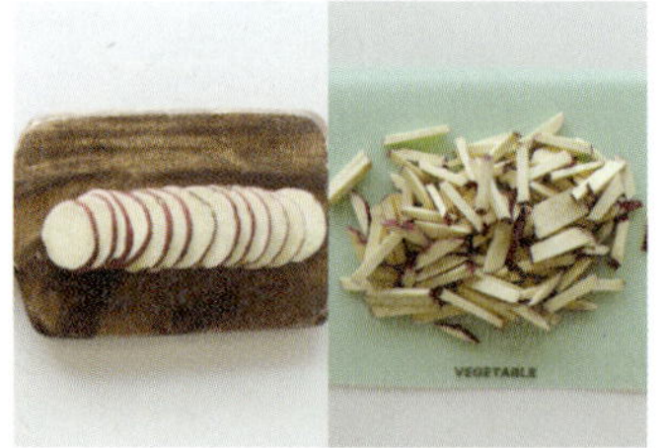

1 고구마 2개는 껍질째 통 썰어요. 두
께는 0.5cm 정도가 적당해요. 나머
지 고구마는 굵게 채 썰어요.

2 쑥갓은 줄기를 잘라내고 손가락 정
도의 길이로 잘라요. 당근은 작게
채 썰어요.

3 튀김가루와 차가운 맥주를 섞어요. 맥주로 반죽을 하면 바삭한 튀김이 되거든요. 물로 해도 되는데 아주 차가운 물로 하세요. 튀김 반죽은 대충 휘리릭 빠르게 섞어 사용해요. 흰 가루가 조금 보여도 괜찮아요.

4 튀김 반죽은 반으로 나눠 한쪽에만 파마산 치즈가루를 대충 섞어요.

5 반죽에 통으로 썬 고구마를 넣고 대충 젓가락으로 뒤적여요.

6 남은 튀김 반죽(치즈 섞은 것)에는 채 썬 고구마와 당근, 쑥갓을 넣고 젓가락으로 뒤적여요.

7 팬에 기름을 붓고 끓여요. 튀김 반죽을 젓가락으로 콕 찍어서 기름에 떨어뜨렸을 때 반죽이 가라 앉았다가 바로 떠오르면 적당한 온도가 된 거예요. 그때 고구마(5)를 넣고 튀겨요. 앞뒤로 노릇하게요.

8 채 썬 고구마는 당근과 쑥갓이 적절히 들어가 색 조화가 맞도록 젓가락으로 몇 조각씩 집어서 기름에 넣고 튀겨요. 노릇노릇한 색이 나기 시작하면 꺼내주세요.

튀김은 밖에 나와서도 남은 열 때문에 계속 익어요. 너무 노릇해질 때까지 튀기면 꺼냈을 때 시커멓게 탈수도 있어요. 노릇한 색을 띠기 시작할 때 꺼내는 게 좋아요.

간장떡볶이

⏱ 조리 시간 15분

🥣 2인분

궁중떡볶이라고도 부르지요.

떡볶이는 국민 간식이라고 하지만 매운 것을 못 먹는 아이들에게는

반갑지 않은 메뉴일 수도 있어요. 이 떡볶이는 고추장이나 고춧가루 없이 만들어서

전혀 맵지 않아요. 그러나 맛있지요. 물이 한 방울도 안 들어가요.

이 방식대로 하면 더 쫄깃하고 감칠맛나는 떡볶이를 완성할 수 있답니다.

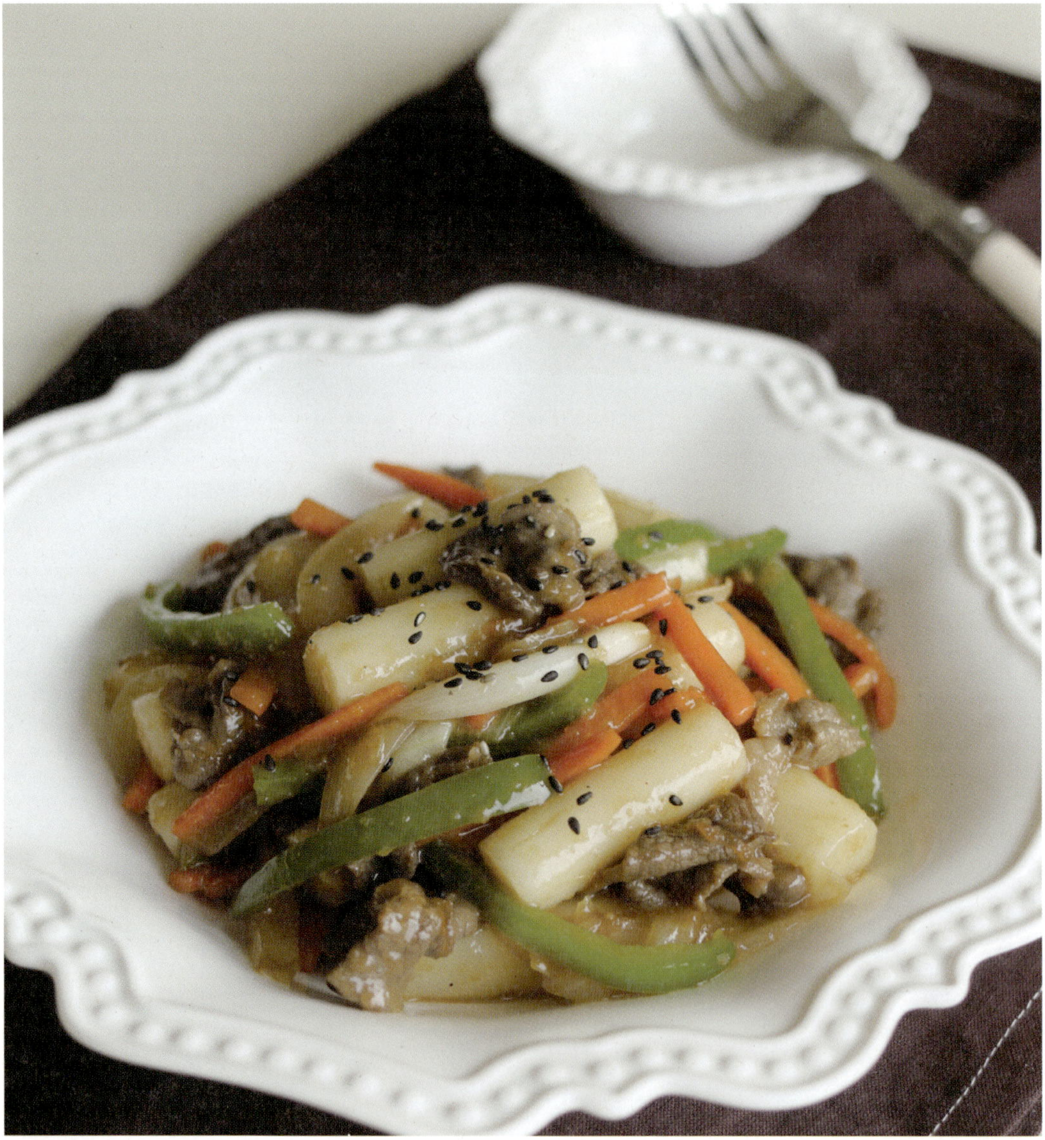

READY

떡볶이용 떡 2줌, 소고기(불고기용 얇은 고기) 100g, 피망 ½개, 당근 ⅛개, 양파 ¼개, 참깨(또는 검은깨) 약간, 고기 양념(p.24, 시판 불고기 양념을 사용해도 무관) ⅓컵, 식용유 약간

떡 양념 간장 1큰술, 다진 마늘 ½큰술, 참기름 1큰술

HOW TO MAKE

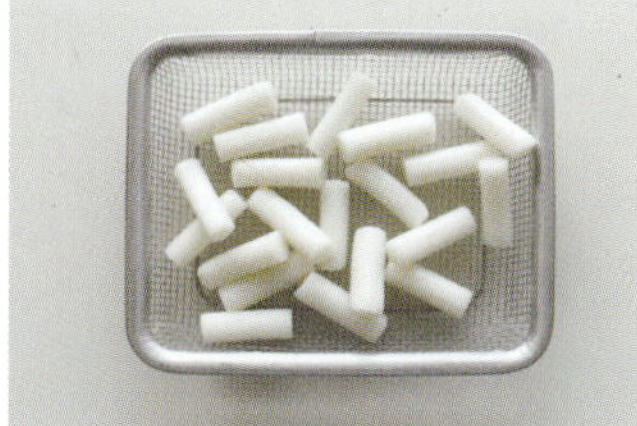

1 떡은 하나씩 떼어내요. 떡이 딱딱하거나 냉동 떡이라면 끓는 물에 살짝 데쳐 쫄깃한 상태로 만들어요.

2 **떡 양념** 재료를 모두 섞고, 떡과 함께 버무려요.

3 고기는 고기 양념에 재워둬요.

4 피망, 당근, 양파는 비슷한 굵기로 채 썰어요.

5 달군 팬에 기름을 두르고 강불에서 채소를 볶아요. 제일 딱딱한 당근부터 볶다가 피망과 양파를 넣고 함께 볶아요.

6 채소가 반 정도 익으면 고기를 넣고 함께 볶아요. 고기를 잘 펴서 뭉쳐지지 않도록 익혀줍니다.

7 고기가 익으면 떡을 넣어요. 간이 부족하면 간장이나 굴소스를 취향껏 넣어요. 모든 재료가 잘 어우러지게 뒤적이며 1~2분만 더 볶아요. 마지막으로 깨를 솔솔 뿌려요.

분식 & 간식

쫄만두

조리 시간 15분
2인분

매콤 · 달콤 · 새콤한 양념이 쫄깃한 면과 어우러져 젓가락질을 멈출 수가 없어요.
제 SNS에 소개한 요리 중에서 가장 많이 궁금해하셨고,
따라 해보신 분들이 맛있다며 많은 칭찬을 해주셨던 레시피예요.
쫄면과 만두의 조화가 이루 말할 수 없지요.
만두에 매콤한 쫄면을 말아먹어도 좋고, 채소와 만두를 함께 먹어도 굿~

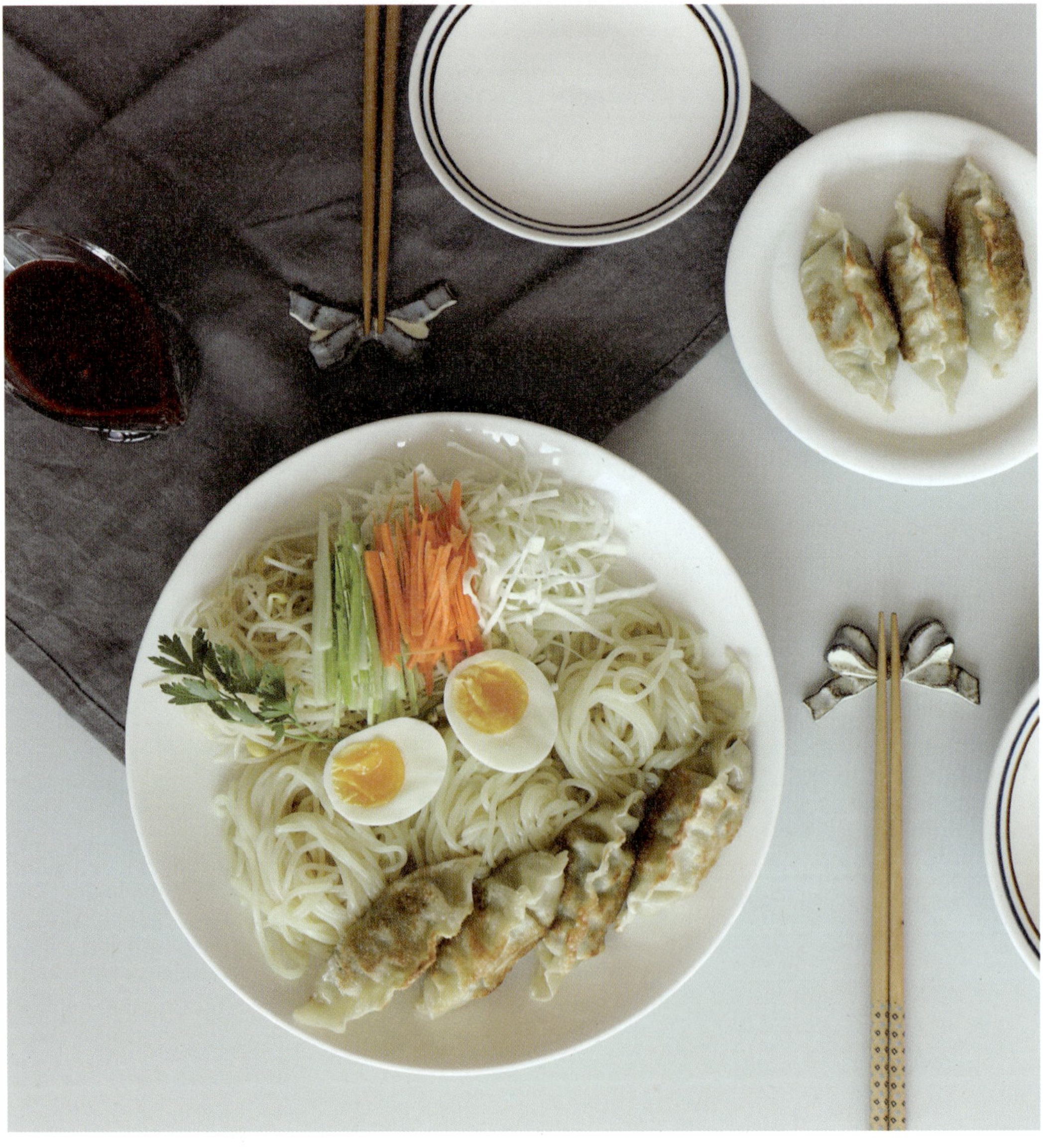

냉동만두 5~6개, 쫄면 사리 2
인분, 오이 ½개, 당근 ¼개,
양배추 2~3장, 콩나물 1줌,
참기름 · 참깨 약간씩, 비빔
양념장(p.25 참고) ½컵

HOW TO MAKE

1 끓는 물에 콩나물을 살짝 데쳐 찬물
에 헹궈요.

2 오이는 돌려깍기한 뒤 씨 부분을 잘
라내고 가늘게 채 썰어요. 당근도 가
늘게 채 썰어요. 양배추는 잘게 채 썰
어 찬물에 담가 쓴맛을 빼주세요. 이
렇게 하면 양배추가 더 아삭해져요.

3 끓는 물에 쫄면을 삶아요. 3분 정도
삶으면 됩니다. 봉지에 적힌 시간을
참고하시면 더 정확해요.

4 면을 삶는 동안 팬에 기름을 두르고
만두를 노릇노릇 구워내요.

5 삶은 쫄면은 찬물에 헹궈 빨래하듯
여러 번 주물러 전분을 빼내요. 그래
야 쫄깃한 면발이 됩니다.

6 그릇에 면과 콩나물, 채소 등을 보기
좋게 담아내고, 그 위에 **비빔양념장**
을 얹어요. 마지막에 참기름과 참깨
를 뿌리거나 취향에 따라 삶은 계란
을 얹어도 좋아요.

두부동그랑땡

⏱ 조리 시간 15분
🍵 2인분

고기를 넣은 동그랑땡보다 담백해요.
아이들에게 해주면 참 좋아하죠.
싫어하는 채소를 잘게 잘라 넣으면 감쪽같이
속일 수도 있고요.

RECIPE

🧺 READY

두부 ½모, 당근 약간, 양파 ¼개, 쪽파 3~4뿌리, 계란 1개, 소금 1꼬집, 식용유 적당량

🍳 HOW TO MAKE

1 당근, 양파, 쪽파는 매우 잘게 다져주세요.

2 두부는 면보로 감싸 꽉 짜서 물기를 제거해요.

3 볼에 다진 채소와 두부, 계란을 넣고 잘 섞어주세요. 이때 소금을 살짝 뿌려요.

4 달군 팬에 기름을 넉넉히 두르고 중불에서 반죽을 1큰술 정도 떠서 동그랗게 올려주세요. 숟가락으로 모양을 예쁘게 잡으세요. 뒤집어가며 겉면이 노릇해질 때까지 구워요.

⏱ **조리 시간** 20분
🥄 **2인분**

어린 시절 학교 앞 분식점에서
사먹던 매콤 달달한 떡꼬치.
소스를 뚝뚝 흘려가며 먹었던 기억이 나요.
저는 항상 옷에 소스를 흘려 엄마에게
꾸중을 듣곤 했거든요.
요즘엔 떡꼬치 파는 곳이 잘 안보이네요.
아이에게 만들어주면서 옛이야기도 해주고
추억에 빠져 보면 어떨까요?

RECIPE

🛒 READY

떡복이용 떡 3줌, 식용유 적
당량

소스 간장 1큰술, 물 1큰술,
고추장 1큰술, 올리고당(또
는 물엿) 2큰술, 다진 마늘 1
큰술, 케첩 3큰술, 딸기잼 1
큰술

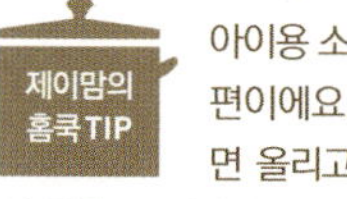
제이맘의 홈쿡 TIP 아이용 소스는 많이 단
편이에요. 단 게 싫으
면 올리고당이나 설탕
의 양을 조절하면 돼요. 어른용으로
만드시려면 소스에 고춧가루를 살짝
추가하세요.

🍳 HOW TO MAKE

1 냄비에 **소스** 재료를 모두 넣고 강불
에서 조려요. 끓기 시작하면 약불로
줄여 1~2분간 바닥에 눌러 붙지 않
게 잘 저어요.

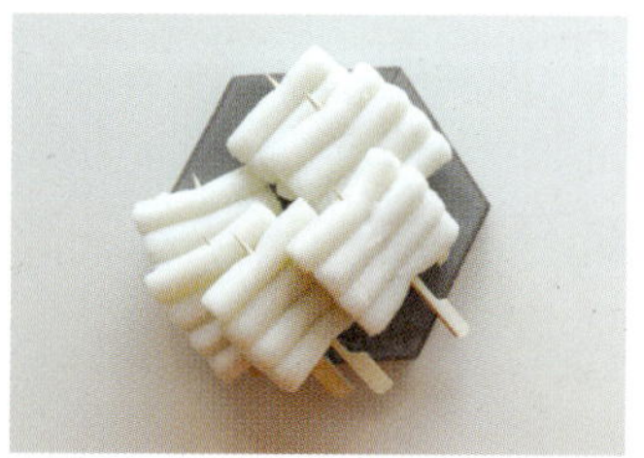

2 말랑한 떡은 그냥 사용하고 딱딱하
게 굳거나 냉동된 떡은 끓는 물에 살
짝 데쳐 말랑하게 만들어요. 꼬치에
떡을 끼워요.

3 팬에 기름을 두르고 떡을 구워요. 앞
뒤로 골고루 굽고, 튀겨도 돼요.

4 구운 떡에 소스를 발라요. 한 면에
만 발라야 먹기 편해요. 아몬드가
루, 검은깨 등 좋아하는 것들을 뿌
려드세요.

분식 & 간식

감자시금치크로켓

조리 시간 30분
2인분

튀긴 음식은 아이들이 특히나 좋아해요.
평소 잘 먹지 않던 재료도 튀겨서 주면 열심히 먹어주지요.
아이들이 싫어하는 채소가 있다면 튀김을 활용해보세요.

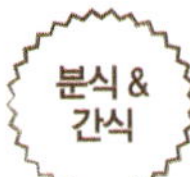

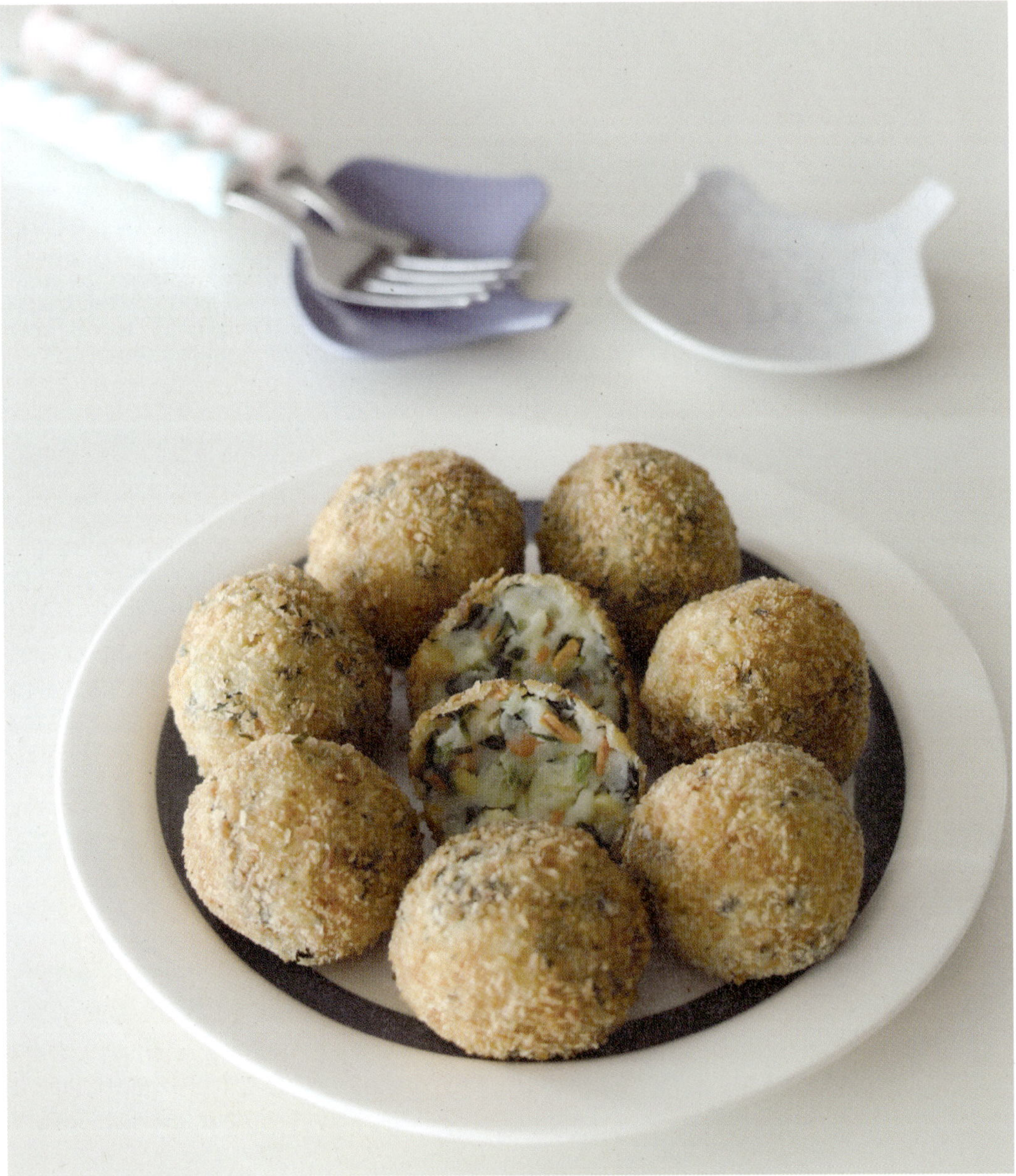

감자 3~4개, 시금치 1줌, 다
진 당근 ½컵, 밀가루 1컵, 계
란 1개, 빵가루 1컵, 파슬리
가루 1작은술, 식용유 적당
량, 소금 1꼬집

🖐 HOW TO MAKE

1 찜기에 감자를 넣고 쪄요. 빨리 쪄내
고 싶으면 여러 조각으로 잘라서 찌
면 돼요. 젓가락으로 찔렀을 때 잘 들
어가면 익은 거예요.

2 찐 감자는 껍질을 벗기고 으깨주세요.
따뜻할 때 으깨면 편해요.

3 끓는 물에 시금치를 넣고 30초간 데
친 뒤 찬물에 헹궈 물기를 꽉 짜요.
잘게 다져주세요.

4 팬에 기름을 두르고 다진 당근을 살
짝 볶아요.

5 볼에 으깬 감자와 당근, 시금치, 소금
을 모두 넣고 잘 섞어주세요. 다른 채
소를 다져 넣거나 옥수수 통조림을
넣어도 돼요.

6 반죽을 동글동글 빚어주세요..

7 빵가루에는 파슬리를 뿌려두고, 계
란은 잘 풀어두세요. 밀가루까지 3가
지를 각각 담아 나란히 두세요.

8 반죽에 밀가루, 계란물, 빵가루 순으
로 묻혀 기름에 튀겨요. 튀기기 좋은
기름의 온도는 빵가루를 넣었을 때
가라앉았다가 떠오르는 순간이에요.
속 재료는 다 익은 것이기 때문에 겉
면만 잘 익히면 됩니다.

떠먹는 누룽지피자

⏱ **조리 시간** 30분
🍵 **2인분**

밀가루가 들어가지 않는 피자에요.
도우를 이용해 굽는 것보다 훨씬
고소하고 맛있어요.
피자를 떠먹는 것이 신기해서
아이가 너무 좋아해요.

🍚 READY

누룽지 1줌, 모차렐라치즈 1
컵, 토마토소스 1컵, 옥수수
통조림 3큰술, 바질잎 3장, 올
리브 5~6개, 식용유 적당량

🍳 HOW TO MAKE

1 기름에 누룽지를 튀겨요. 누룽지를
튀기는 과정은 생략해도 되지만 튀
기면 더 바삭해서 맛있어요.

2 튀긴 누룽지를 건져 기름을 빼내고
한 김 식혔다가 작게 조각을 내서 오
븐 용기 바닥에 깔아주세요.

3 그 위에 토마토소스를 얹고, 옥수수
를 얹어요. 피망, 양파, 햄 등을 넣어
도 좋아요.

4 모차렐라치즈로 덮고, 올리브와 바
질을 얹어요. 180도로 예열된 오븐에
서 15분간 구워요.

제이맘의 홈쿡TIP 누룽지 대신 또띠아나
빵을 잘라서 사용해도
좋아요.

⏱ **조리 시간** 25분
🥣 2인분

아이들 간식으로 너무 좋아요.
잔뜩 만들어 냉동실에 저장해 놓았다가
아이가 학교 끝나고 돌아왔을때
튀겨주기도 편해요.
아빠 술안주로도 좋고 샐러드에 곁들여
한끼 식사로도 좋답니다.

RECIPE

🛒 READY

닭가슴살 3조각, 계란 2개,
밀가루 1컵, 빵가루 1컵, 콘
플레이크 3큰술

닭 밑간 청주 1큰술, 허브소
금 2꼬집

🍳 HOW TO MAKE

1 닭가슴살은 길쭉하게 잘라 **밑간** 재
료에 버무려요. 계란은 풀어두고요.

2 비닐 봉지에 콘플레이크를 넣고 잘게
부순 뒤 빵가루에 섞어둬요.

3 닭가슴살에 밀가루, 계란물, 빵가루
순으로 튀김 옷을 입혀요.

4 기름에 담가 노릇노릇하게 튀겨요.

카레닭구이

⏱ 조리 시간 30분
🍲 2인분

카레를 만들 때 닭고기를 넣어
치킨카레를 만들기도 하고, 닭을 튀길 때 카레가루를
조금 넣으면 카레향 맴도는 카레치킨이 돼요.
아이들 간식으로도 좋지만
시원한 맥주가 생각나는 날, 안주로 준비하면
맥주잔보다 더 빨리 바닥나버린답니다.

🛒 READY

닭정육 4개, 카레가루 2큰술,
우유 1컵, 다진 마늘 ½큰술,
올리브유 1큰술

👨‍🍳 HOW TO MAKE

1 닭정육은 우유에 10분 정도 담가 잡
내를 제거해요.

2 닭고기를 찬물에 한번 헹구고 한입
크기로 자른 뒤 체에 밭쳐 물기를 빼
주세요.

• 닭고기를 구울 때 자주
뒤적거리지 마세요. 껍
질 쪽을 먼저 충분히 구
운 뒤 노르스름해지면 뒤집어 반대쪽
을 구우면 돼요. 약불에서 굽기 때문에
잘 타지 않아요.
• 진한 카레 향이 싫다면 카레가루 양을
반으로 줄이세요. 매운맛을 내려면 칠
리파우더나 고운 고춧가루를 섞어도
좋아요.

3 볼에 닭고기, 올리브유, 다진 마늘
을 넣고 버무려요. 5분 뒤에 카레가
루를 넣고 한번 더 버무려요.

4 달군 팬에 닭고기 껍질 부분이 바닥
을 향하게 얹고 약불에서 충분히 구
워요.

치즈웨지감자

⏱ 조리 시간 25분
🍚 2인분

어떤 햄버거 가게에 가면
후렌치후라이 대신 웨지감자가 나오죠?
저는 얇은 후렌치후라이보다
도톰해서 씹는 맛을 음미할 수 있는
이 웨지감자를 좋아해요.
만들기도 쉬워서 집에서 햄버거를 만들거나
치킨을 구울 때 항상 만들어주곤 합니다.

RECIPE

🛒 READY

감자 2개, 올리브유 2큰술, 허
브소금(p.25 참고) 1작은술,
파슬리가루 · 파마산 치즈가
루 약간씩

🍴 HOW TO MAKE

1 감자는 깨끗이 씻어 8등분해주세요.
물에 3분 이상 담가 전분을 뺀 뒤 체
에 밭쳐 물기를 완전히 빼요.

2 볼에 감자와 올리브유, 허브소금을
넣고 잘 버무려요.

**제이맘의
홈쿡 TIP**

• 올리브유에 버터를 섞
어서 버무려 구우면 풍
미가 좋아져요.

• 팬에 튀겨서도 만들 수 있어요. 잘라놓
은 감자를 기름에 튀긴 뒤 꺼내자마자
기름을 대충 털어내고 허브소금, 파슬
리가루 섞은 것을 묻혀주세요.

3 오븐 팬에 감자를 올리고, 파슬리가루
를 뿌려요. 180도로 예열된 오븐에 넣
고 20분 정도 구워요. 중간에 한번 뒤
집어 주세요.

4 익은 감자는 오븐에서 꺼내 파마산
치즈가루를 뿌려요. 남은 열로 치즈
가 녹을 거예요.

분식 & 간식

크로와상샌드위치

조리 시간 10분
2인분

저는 샌드위치용 빵으로 크로와상을 가장 좋아해요.
부드러운 빵이 재료의 맛을 한층 살려주거든요.
모양도 너무 예쁘고요. 햄, 토마토, 치커리 등 알록달록한 속재료가
살짝 삐져나오게 만들면 더 먹음직스러워 보여요.

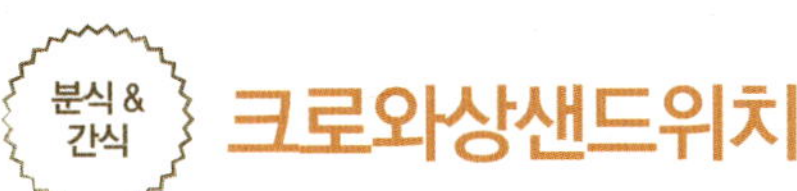

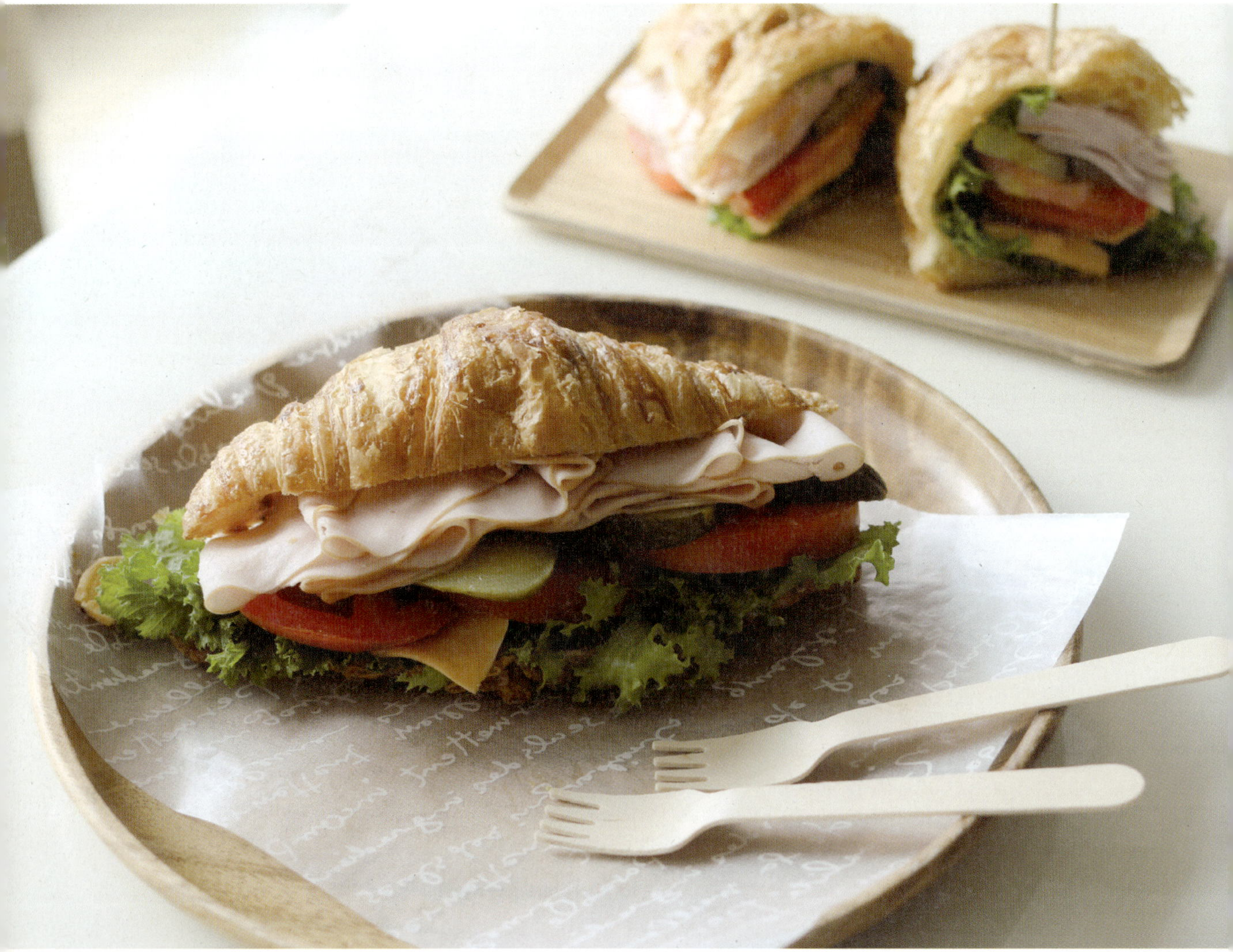

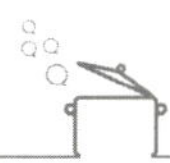

크로와상 2개, 치커리 4장,
슬라이스햄 6장, 토마토 1개,
슬라이스치즈 2장, 홀그레인
머스터드 1큰술, 마요네즈 2
큰술, 통오이피클 2개

HOW TO MAKE

1 크로와상은 반으로 갈라요. 다 자르지 말고 한쪽 끝은 붙어있게끔요.

2 슬라이스햄은 대충 접어두고, 치즈는 반으로 잘라 세모 모양으로 만들어요.

3 토마토는 1cm 두께로 자르고, 피클은 세로로 얇게 썰어요.

4 홀그레인머스터드와 마요네즈를 섞어 소스를 만들어요.

5 크로와상의 안쪽 양면에 소스를 얇게 발라요. 이렇게 하면 빵이 코팅되어 축축한 채소를 넣어도 흐물거리지 않아요. 버터로 대체하셔도 돼요.

6 빵 사이에 치커리, 치즈, 토마토, 피클, 햄을 차곡차곡 끼워요. 넣는 순서는 중요하지 않아요. 색 조화가 예뻐 보이도록 넣으면 돼요.

매운맛을 원한다면 마요네즈에 다진 할라피뇨를 섞어주세요. 다른 재료도 추가해서 만들어보세요.

소시지부추빵

조리 시간 20분
2인분

베이킹 초보 시절에는 다른 건 몰라도 반죽 만드는 게 엄두가 안 나더라고요.
빵은 반죽이 생명이거든요. 이럴 땐 시중에서 쉽게 구할 수 있는
빵을 활용해보는 것도 좋은 방법이에요. 담백한 맛의 빵으로 말이죠.
모닝빵을 활용해 그 옛날 추억의 소시지빵을 만들어봤어요.
아이들과 함께 만들기에도 좋으니까 도전해보세요.

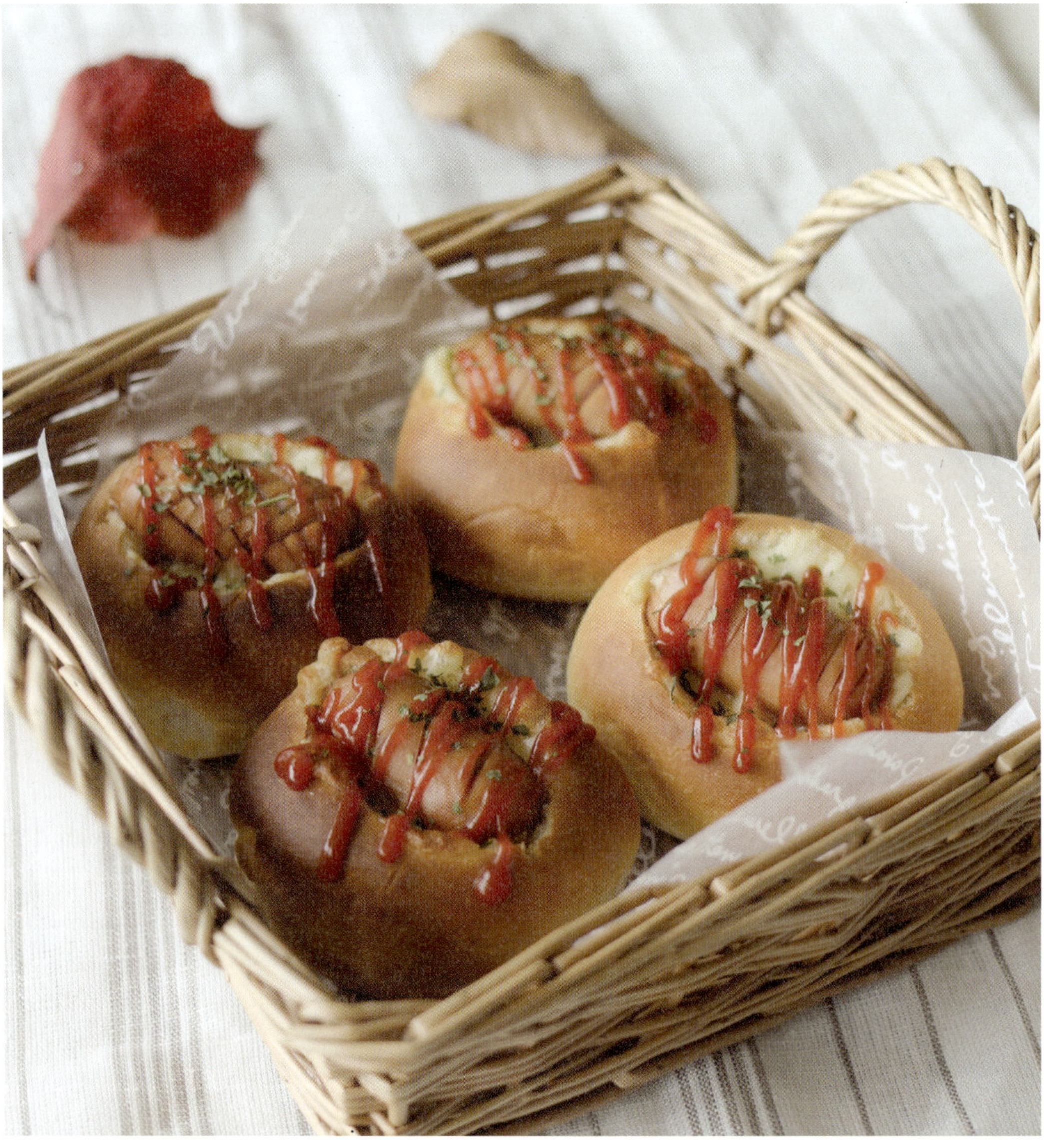

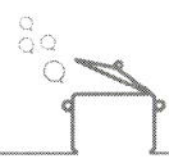

🧺 READY

모닝빵 4개, 부추 ⅓줌, 양파 ⅛개, 빨강 · 주황 파프리카 ⅛개씩, 모차렐라치즈 ½컵, 비엔나소시지 4개, 파슬리가루 · 케첩 약간씩

🧤 HOW TO MAKE

1 비엔나소시지에 칼집을 낸 뒤 끓는 물에 살짝 데쳐요.

2 양파, 파프리카, 부추는 잘게 송송 썰어놓고요.

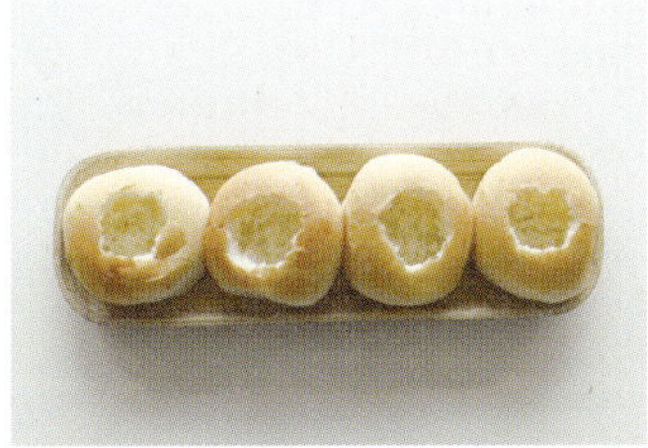

3 모닝빵의 가운데 부분을 칼이나 손으로 뜯어 속을 파내요.

4 양파, 파프리카, 부추, 모차렐라치즈의 반을 섞어요.

5 4로 빵 속을 채워요. 익으면서 부피가 줄어들기 때문에 꽉꽉 채워도 괜찮아요.

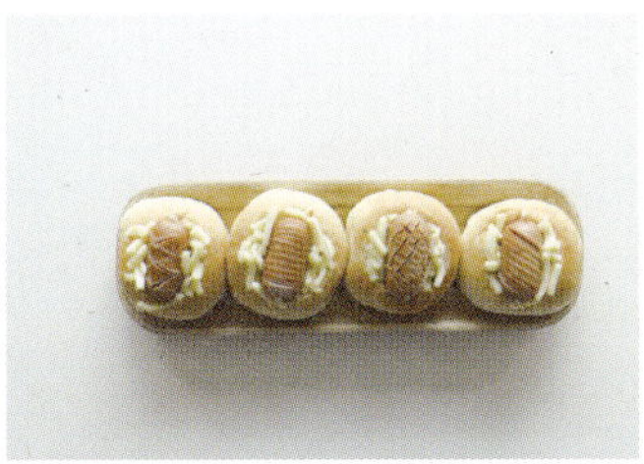

6 맨 위에는 남은 모차렐라치즈를 솔솔 뿌리고 소시지를 하나씩 올려요.

7 180도로 예열된 오븐에서 10분간 구워줍니다. 오븐 사양에 따라 시간과 온도를 조절하세요.

8 완성되면 오븐에서 꺼내 케첩과 파슬리를 취향껏 뿌려 드세요.

제이맘의 홈쿡 TIP 아이들이 잘 먹지 않는 채소를 이용해서 만들어보세요. 피자빵 같은 느낌이 나서 아이들이 참 좋아해요.

감자달걀샌드위치

⏱ **조리 시간** 30분
🍚 **4인분**

평범하지만 맛있어서 오랜 시간 사랑 받고 있는
샌드위치예요. 감자와 달걀 으깬 것을
섞어 만든 속으로 꽉 채웠답니다.
어릴 때 학교에서 한번씩 만들어보지 않았나요?
저는 절인 오이를 넣어 씹는 맛을 가미해봤어요.
싫어하시면 빼셔도 되고요. 샌드위치를 만들고
남은 속은 샐러드로 드셔도 됩니다.

🧺 READY

식빵 4장, 감자 2개, 계란 3
개, 소금 약간, 당근 ⅛조각,
오이 1개, 마요네즈 4큰술,
딸기잼 1큰술

✋ HOW TO MAKE

1 감자는 여러 토막으로 잘라 찜기에
넣고 쪄요. 작게 자를수록 찌는 시간
이 줄어들어요. 젓가락으로 꾹 찔러
보아 쑥 들어가면 익은 거예요.

2 익은 감자는 껍질을 까고 으깨요.

3 계란을 완숙으로 삶은 뒤 찬물에 식혀 껍질을 까고, 흰자와 노른자를 분리해주세요.

4 계란 노른자는 체에 받쳐 숟가락으로 쓱쓱 문질러 내려 가루로 만들고, 흰자는 다지듯이 작게 잘라요. 너무 작게 다지면 씹는 맛이 없으니 덩어리가 있게 자르세요.

5 당근은 잘게 다져요.

6 오이는 세로로 반 자르고 숟가락으로 가운데 씨 부분을 파낸 뒤 아주 얇게 슬라이스해요. 여기에 소금 1작은술을 넣고 손으로 잘 버무린 뒤 5분간 절여요.

7 절인 오이는 찬물에 2~3번 헹궈 짠맛을 제거하고, 손으로 꽉 짜서 물기를 완벽히 제거해요.

8 볼에 당근, 계란 흰자, 으깬 감자, 오이를 넣고, 마요네즈와 소금 약간을 넣어 잘 섞어주세요.

9 식빵 한쪽 면에 딸기잼을 펴 바른 뒤 그 위에 8을 듬뿍 얹고, 노른자 가루를 얹어요. 식빵으로 덮어서 가볍게 꾹 눌러줍니다.

애주가 남편을 위한

야식 & 술안주

└ ESSAY 춘천댁 주막 탄생기

└ **야식 & 술안주**

춘천댁 주막 탄생기

초등학교 동창으로 제 오랜 친구인 남편과는 연애할 때도 편하게 술 한잔하는 시간이 많았던 것 같아요.

저희 남편은 술을 너무나 사랑하는, 주변에서 모두가 인정하는 애주가거든요.

술이라는 게 정도를 넘으면 화를 부르지만, 적당한 선만 지키면

서로의 진심을 털어놓거나 평소 하지 못했던 말을 할 수 있는 용기도 주잖아요.

하지만 결혼을 하고 아이가 태어난 이후로는 바깥에서 술 한잔 하는 것이 어찌나 어렵던지…

맛집을 찾아 다니며 술 한잔하던 시절이 떠올라 가끔 울적해지더라고요.

'이럴 바엔 집에서라도 제대로 마시자.'라고 생각해 하나, 둘 술 안주를 만들어보기 시작했어요.

과거 숱하게 먹어보았던 맛있는 안주들을 떠올리며 흉내내보기도 하고,

새로운 레시피를 개발해보기도 하고요.

남편은 이제 웬만한 포장마차 뺨 친다고 칭찬을 아끼지 않아요.

힘든 일과 육아에 지친 밤, 아이를 재워놓고 조용히 후다닥 만든 안주에 술 한잔 기울이며

남편과 대화도 나누고, 추억도 되새겨보곤 합니다.

예전에는 부모님 몰래 마시던 술을 이제 아이 몰래 마시게 되다니, 아이러니한 상황이네요.

그렇지만 참 소중한 시간이랍니다.

한 가지 더, 팁을 드리자면 집에서 안주를 만들기 시작한 이후로

남편이 밖에서 술 마시고 늦는 일이 점점 줄어들고 있어요.

집에서 마시게 되니 과음도 안 하게 되고 말이죠.

부부가 나날이 통통하게 살이 오르고 있다는 부작용도 따르니 조심하시는 것도 좋겠네요.

두부김치카나페

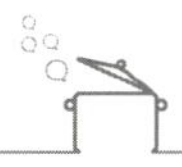

READY

두부 1모, 송송 썬 김치 1컵,
통조림 햄 ¼캔, 식용유 · 참
기름 약간씩

두부김치는 흔하지만 꾸준히 인기 있는 술안주지요.
평범한 두부김치도 담는 방법에 따라 고급지게 변신할 수 있어요.
담백한 두부와 짭조름한 햄, 매콤한 김치가 만나 환상적인 궁합을 자랑해요.
제가 꼽는 최고의 술안주 중 하나입니다. 출출한 밤에 만들어 먹으면 든든해요.

HOW TO MAKE

1 통조림 햄은 두께 5mm, 사방 4cm
정도 크기로 썰어요. 두부는 9등분,
큐브 모양으로 자르고 키친타월에
얹어 수분을 빼줘요.

2 팬에 기름을 두르고 햄을 중불에서
노릇노릇 구워주세요.

3 두부는 기름을 넉넉히 두르고 강불
에서 젓가락으로 돌려가며 바삭하게
구워요. 겉면을 젓가락으로 쳐봤을
때 딱딱한 느낌이 들 정도로 노릇하
게 구워주세요.

4 팬에 기름을 두르고 김치를 볶아요.
매콤하게 드시고 싶다면 고춧가루
½큰술을 넣고, 신 맛이 강하면 설탕
1작은술을 넣어 볶으면 돼요. 마지막
에는 참기름을 살짝 둘러요.

5 두부, 햄, 김치 순으로 올려 카나페를
만들어요.

바삭김치전

⏱ 조리 시간 15분
🍴 2인분

비가 오는 저녁이면 기름 냄새 폴폴 풍기며
전 부쳐 먹는게 그렇게 맛날 수가 없어요.
김치전은 누구나 쉽게 할 수 있는 요리지만
바삭하고 맛있게 굽기는 참 힘들죠.
금새 눅눅해지고 질척해지기 쉬우니까요.
바삭하고 맛있는 김치전 만드는 비법 알려드려요.

🧺 READY

송송 썬 김치 2컵, 고추 2개,
고춧가루 ½큰술, 식용유 적
당량

부침 반죽 부침가루 1컵, 튀
김가루 1컵, 물 1컵, 김치국
물 ⅓컵

🍳 HOW TO MAKE

1 **부침 반죽** 재료를 모두 섞어요. 흰 가
루가 보이지 않을 정도로만 저으면
돼요. 찬물을 사용해야 전이 더 바삭
바삭해져요.

2 여기에 김치를 넣어요. 얼음 3~4개
를 넣고 저어주세요. 얼음이 완벽히
녹지 않아도 돼요. 반죽에 찬 기운을
줄 수 있도록 가볍게 섞어요.

반죽 오래 젓지 않기,
반죽 최대한 차갑게 하
기, 강불에서 기름을
넉넉히 둘러 굽기가 포인트입니다. 이
세가지만 지키면 맛있게 바삭거리는
전을 먹을 수 있어요. 되도록 겹쳐 올
리지 않은 채 뜨거운 김을 날려줘야
나중에도 쉽게 눅눅해지지 않아요.

3 팬에 기름을 넉넉히 두르고 반죽을
올려요. 강불에서 반죽 가장자리가
바삭바삭하도록 튀기듯이 구워줍니
다. 가장자리가 익어갈 때쯤 중앙에
고추를 얹고 뒤집어요. 딱 2번만 뒤
집어 굽고 바로 드세요.

홍꼬탕

⏱ 조리 시간 20분
🥣 2인분

제가 사랑하는 술안주예요.
홍합 듬뿍 넣고 시원~하게 낸 국물에
탱글탱글 맛있는 꼬막까지 한데 모아놨지요.
소주 한잔 마시고 국물 한 숟가락 떠먹고,
꼬막 하나 집어 먹으면 금상첨화! 술이 술술
들어갑니다. 남은 국물에는 우동이나
라면, 칼국수를 넣어 먹으면 완벽해요!

RECIPE

🧺 READY

홍합 900g, 꼬막 600g, 청고추 1개, 홍고추 1개, 마늘 5~6개, 물 6컵, 소금 ½큰술

🍺 HOW TO MAKE

1 손질(p.21 참고)한 꼬막은 물에 바득바득 문질러 씻고, 끓는 물에 넣어요. 이때 물에 소금을 넣고 한 방향으로 저으며 꼬막 입이 다 벌어질 때까지 삶아요. 다 삶아지면 꼬막을 건져 깨끗한 물에 헹굽니다.

2 홍합은 겉에 나온 수염을 뜯고 깨끗한 물에 바득바득 씻어요.

3 고추는 어슷 썰고, 마늘은 편 썰어요.

4 냄비에 물을 붓고 강불에서 끓으면 홍합을 넣어요. 홍합의 입이 벌어지기 시작하면 마늘과 고추를 넣어요. 싱거우면 소금을 넣어주세요. 홍합이 모두 입을 벌리고 뽀얀 국물이 우러나오면 꼬막을 얹어요. 홍합의 열로 꼬막을 데워 드세요.

새우냉채

⏱ **조리 시간** 15분
🍲 **2인분**

통통한 새우살과 아삭한 채소를 톡 쏘는 겨자 소스에
무쳐먹으면 너무 맛있죠. 중독성 있는 맛이에요.
냉채는 차림도 너무 예뻐요.
특별한 조리도 필요 없이 소스만 잘 만들면
성공이에요!

🧺 READY

새우 10~15마리, 적양파 ½
개, 오이 ½개, 파프리카 ½개

냉채 소스 다진 마늘 ½큰술,
땅콩버터 ½큰술, 연겨자 1
큰술, 간장 2큰술, 설탕 1½
큰술, 식초 2큰술, 레몬즙 ½
큰술

👊 HOW TO MAKE

1 새우를 손질(p.21 참고)해 끓는 물에
소금 1작은술을 넣고 살짝 데쳐요.
겉면에 붉은색이 돌며 하얗게 익으
면 건져서 찬물에 헹궈 껍질을 까요.

2 채소는 모두 가늘게 채 썰어요.

**제이맘의
홈쿡 TIP** 소스를 따로 내면 채소
의 숨이 죽지 않고 보
기에도 깔끔해요. 간편
하게 먹고 싶으면 모든 재료를 냉채
소스에 버무려 한 그릇에 내도 됩니
다. 집에 있는 자투리 채소를 활용해
서 만들어보세요. 부추나 당근, 데친
콩나물 등을 넣어도 맛있어요.

3 **냉채 소스** 재료를 모두 섞어요. 접시
에 채소와 새우를 예쁘게 돌려 담고
냉채 소스를 함께 냅니다.

주꾸미미나리무침

⏱ 조리 시간 15분
🍴 2인분

주꾸미와 미나리는 3~4월에 제일 맛있는 식재료입니다. 둘 다 콜레스테롤을 낮추는 효능을 갖고 있어서 건강에도 참 좋지요. 제철인 봄에 매콤하게 무쳐 먹으면 겨우내 심심했던 입맛을 확 살려줄 거예요.

RECIPE

🧺 READY

주꾸미 5~6마리, 미나리 1줌, 중면 1줌, 홍고추 1개, 참기름 · 참깨 약간씩

무침 양념 고추장 1큰술, 간장 3큰술, 고춧가루 1큰술, 식초 3큰술, 설탕 1큰술, 올리고당 1큰술, 마늘 ½큰술,

🍳 HOW TO MAKE

1 주꾸미는 손질(p. 21 참고)한 뒤 데쳐서 한입 크기로 자르고, 미나리는 5cm 길이로 자르고, 홍고추는 어슷 썰어요. 중면은 삶아서 참기름으로 살짝 버무려 놓고, **무침 양념** 재료는 미리 섞어 냉장고에 넣어두세요.

2 볼에 미나리, 주꾸미, 홍고추를 넣고 **무침 양념**을 부어요.

3 재료가 잘 어우러지게 살살 무쳐주세요. 마지막에 참기름과 참깨를 넣고 삶은 면과 함께 담아냅니다.

야식 & 술안주

돌돌어묵탕

조리 시간 25분
2인분

겨울이면 길거리 포장마차에 서서 먹는 길다란 어묵이 생각나요.
잠깐 외출하는 날이면 꼭 들러서 몇 꼬치씩 사먹곤 했었죠.
도전정신을 발휘해 집에서 한번 만들어봤어요. 일반 어묵탕, 어묵국이랑 레시피가 다르진 않아요.
다른 것이 있다면 어묵을 꼬치에 꼽는 방식인데, 이렇게 하면 보기도 좋고
먹기도 편해서 따라 해보신 분들이 엄청 좋아하셨답니다.

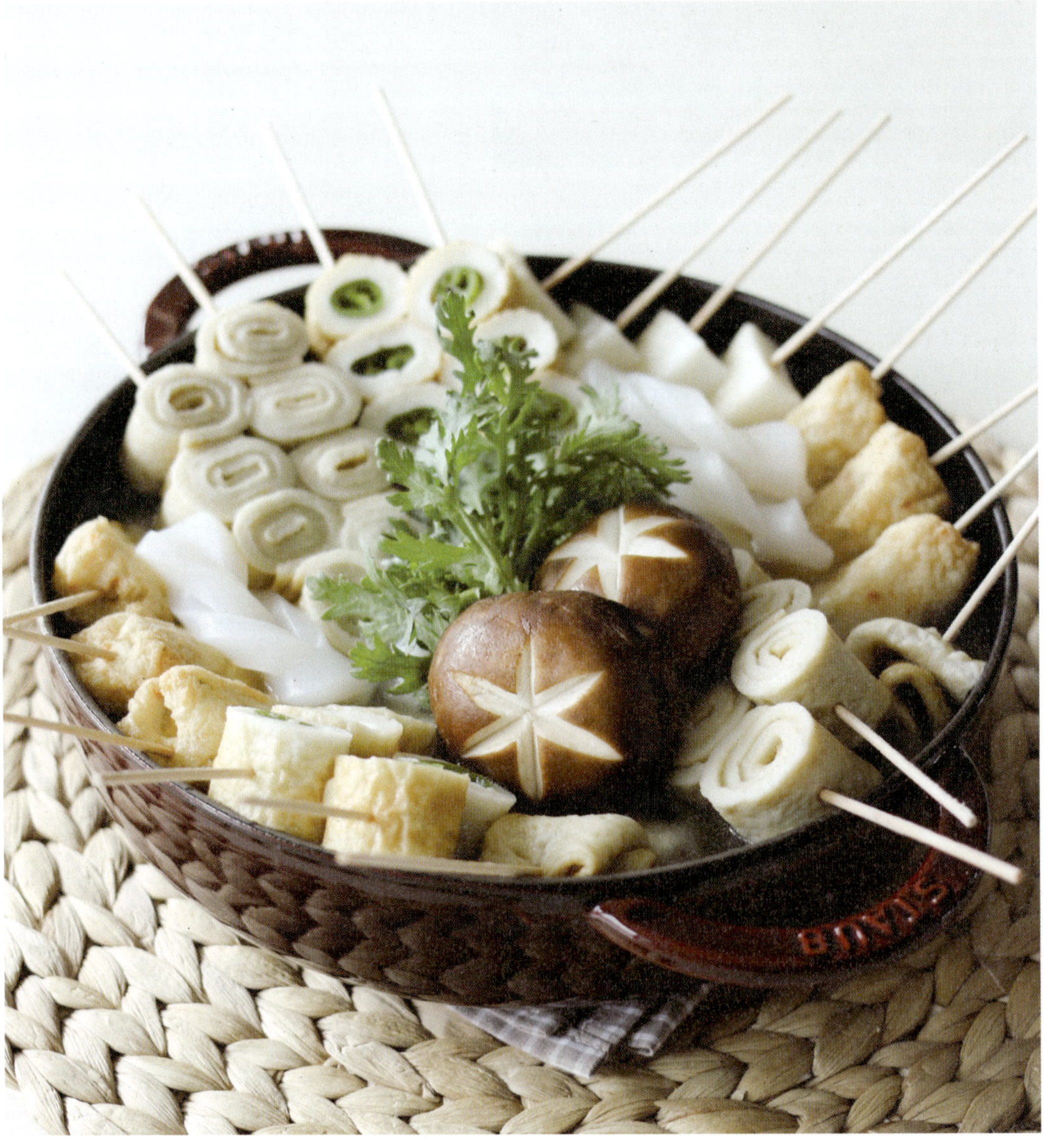

사각어묵 4장, 부들어묵 3개, 어묵탕용 어묵 적당량, 무 약 3cm 두께, 쑥갓 1줌, 표고버섯 2개, 풋고추 3개, 곤약 약간, 멸치육수 1.5L, 국간장 1큰술, 소금 약간, 다진 마늘 ½큰술

HOW TO MAKE

1 무는 큼직하게 4등분한 뒤 멸치육수에 넣고 푹 끓여요.

2 쑥갓은 씻어서 질긴 줄기 부분을 잘라내고, 표고버섯은 칼로 윗면에 예쁘게 모양을 내요.

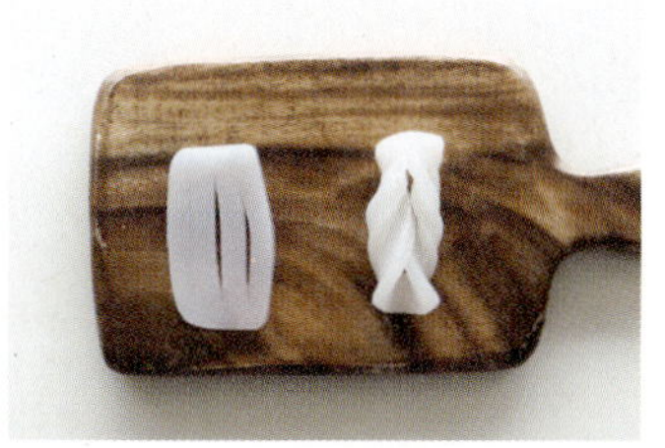

3 곤약은 7~8mm 두께로 얄팍하게 썰어서 안쪽에만 3줄 칼집을 내요. 가운데 구멍에 곤약의 한쪽 끝을 통과시키면 꽈배기 모양이 돼요.

4 부들어묵 가운데 구멍에 풋고추를 끼우고, 6등분해요.

5 꼬치에 가지런하게 꼽아요.

6 사각어묵은 세로로 4등분 해주세요.

7 하나씩 돌돌 말아서 꼬치에 꼽아요. 다른 어묵들도 각각 꼬치에 꼽아요.

8 무가 다 익었을 거예요. 여기에 어묵, 다진 마늘, 국간장을 넣고 간은 소금으로 맞추세요. 표고버섯과 곤약, 쑥갓을 얹어 한소끔 더 끓여내면 됩니다.

제이맘의 홈쿡 TIP

어묵에 꼽혀있는 고추 때문에 국물에서 칼칼한 맛이 나요. 더 맵게 먹고 싶으면 고춧가루를 넣어 빨간 국물을 만들거나 부들어묵에 풋고추 대신 청양고추를 끼워요.

모둠꼬치

20대 때 친구들과 꼬치집에 가서 맥주 한잔에
이것저것 꼬치를 먹으며 밤새 놀았던 기억이 나요.
지금은 모두 유부녀들이라 쉽지 않은 일이
되어버렸네요. 다같이 한번 모이기조차도
힘드니까요. 이제는 밖이 아닌 집에서 모여 회포를
풀어요. 한번은 모둠꼬치를 만들어 냈더니
다들 깜짝 놀라며 좋아하더라고요.
옛날 생각난다며… 과거 그 시절을 떠올리며
하하호호 즐겁게 시간을 보내다 돌아갑니다.

READY

은행 1줌, 식용유 약간

은행꼬치

🕐 **조리 시간** 5분

🍵 **2인분**

HOW TO MAKE

1 은행 껍질을 벗겨요. 겉 껍질은 밤 까는 가위 또는 요리용 가위로 살짝 눌러 갈라지게 한 후 손으로 벌려 까면 돼요. 속껍질은 까지 않아도 되고요.

2 팬에 기름을 살짝 두른 뒤 약불에서 은행을 구워요. 은행을 굴려가며 익히고, 노릇하게 익은 은행은 키친타월로 살짝 문질러 속껍질을 벗겨줘요. 꼬치에 끼워 다시 한번 살짝 구워요.

🧺 **READY**

닭가슴살 2개, 대파 2~3개, 소금 · 후추 약간씩, 청주 1큰술

데리야끼 소스 간장 3큰술, 맛술 2큰술, 물엿 1큰술, 대파 1개, 마늘 3개, 통후추 5~6개, 생강(손톱 크기) 1~2조각

대파닭꼬치

⏱ 조리 시간 5분
🍲 2인분

🍳 **HOW TO MAKE**

1 냄비에 **데리야끼 소스** 재료를 모두 넣고 강불에서 바르르 끓여요. 끓어 오르면 중불로 줄여 1~2분간 더 끓인 뒤 식혀둡니다.

2 닭고기는 한입 크기로 썰어서 소금과 후추로 살짝 간한 뒤 청주를 넣고 버무려요.

3 대파는 4~5cm 길이로 자르고, 꼬치에 닭고기와 대파를 번갈아 끼워요.

4 약불에서 천천히 익혀요. 거의 다 익으면 앞뒤로 **데리야끼 소스**를 발라주세요. 소스는 한번에 듬뿍 바르지 말고 조금씩 2~3번 발라주세요.

READY

칵테일새우 1줌, 통마늘 10~15개, 식용유 약간, 소금 · 후추 약간씩

새우마늘꼬치

조리 시간 10분
2인분

HOW TO MAKE

1 마늘은 큰 것만 반으로 자르고 나머지는 그대로 팬에 올려 구워요. 새우는 데친 뒤 껍질을 벗겨주세요.

2 노릇하게 구운 마늘과 새우를 번갈아 꼬치에 꼽아요. 마늘을 굽지 않으면 갈라지고, 잘 익지 않아요. 구우면서 소금과 후추로 살짝 간하고, 앞뒤로 골고루 잘 구워주세요.

READY

베이컨 8장, 팽이버섯 1봉지

베이컨팽이버섯말이꼬치

조리 시간 10분
2인분

HOW TO MAKE

1 팽이버섯은 밑동을 잘라내고 반으로 잘라요.

2 베이컨에 팽이버섯을 넣고 김밥 말듯이 돌돌 말아서 꼬치에 끼워요. 팬에 올려 중불에서 앞뒤로 뒤집어가며 노릇하게 구워요.

동태전

⏱ 조리 시간 10분
🍵 2인분

명절이나 가족의 생일이면 엄마는 바쁘게
움직이셨죠. 잡채며 각종 전, 튀김 등을 하느라
부엌을 벗어날 틈이 없으셨거든요.
전 늘 동태전 담당이었어요. 굽는 것보다 입으로
들어가는 게 더 많아서 혼나곤 했답니다.
갓 구워서 호호 불며 입에 넣을 때가 가장
맛있잖아요. 먹고 남은 동태전은 보관해뒀다가
찌개 끓일 때 활용하면, 별미랍니다.

RECIPE

🧺 READY

동태포 ½팩, 밀가루 2큰술,
계란 1개, 소금 · 후추 약간
씩, 식용유 적당량

제이맘의 홈쿡 TIP

• 동태전은 덜 익히면
나중에 계란옷이 풀어
지고 생선살도 부서져
요. 겉면이 갈색 빛을 띠며 단단하게
구워졌다고 느낄 때까지 기름을 넉넉
히 두르고 익혀주세요.
• 동태에 밀가루를 미리 입혀두면 동태
에서 물이 나와 질척해져요. 반죽과
부치기를 동시에 해야 합니다. 손을
빠르게 움직여야 하므로, 한번에 너무
많은 양을 굽지 마세요.

🍳 HOW TO MAKE

1 동태는 전날 냉장실에서 해동시켜
요. 날씨가 선선하면 자연 해동시켜
도 되지만 빨리 녹이려고 물에 담그
면 살이 부서져버려요. 키친타월에
올려 물기를 완전히 제거하고, 소금
과 후추를 살짝 뿌려요. 간이 너무
세면 튀김옷이 벗겨질 수 있으니 살
짝만 간해주세요.

2 계란을 잘 풀어두고, 동태, 밀가루도
각각 그릇에 담아둡니다.

3 동태에 밀가루를 앞뒤로 잘 묻히고
계란물에 담았다가 팬에 올려요. 팬
에 기름을 넉넉히 두르고 충분히 달
군 뒤에 중불에서 구우면 돼요. 불이
너무 세면 달걀이 타버리고, 너무 약
하면 살이 부서져요.

야식 &
술안주

고추잡채

조리 시간 20분
2인분

매콤한 고추잡채를 뜨끈하게 김 나는 꽃빵에 싸먹으면 정말 맛있잖아요.
한번 도전해봤어요. 생각보다 만들기 쉽고 빨리 만들 수 있다는 게
중식의 매력이거든요. 준비가 좀 번거로울 순 있지만 결과물이 만족스러우니
감수할 수 있어요. 보기에도 그럴듯해서 손님상에도 굿이에요.

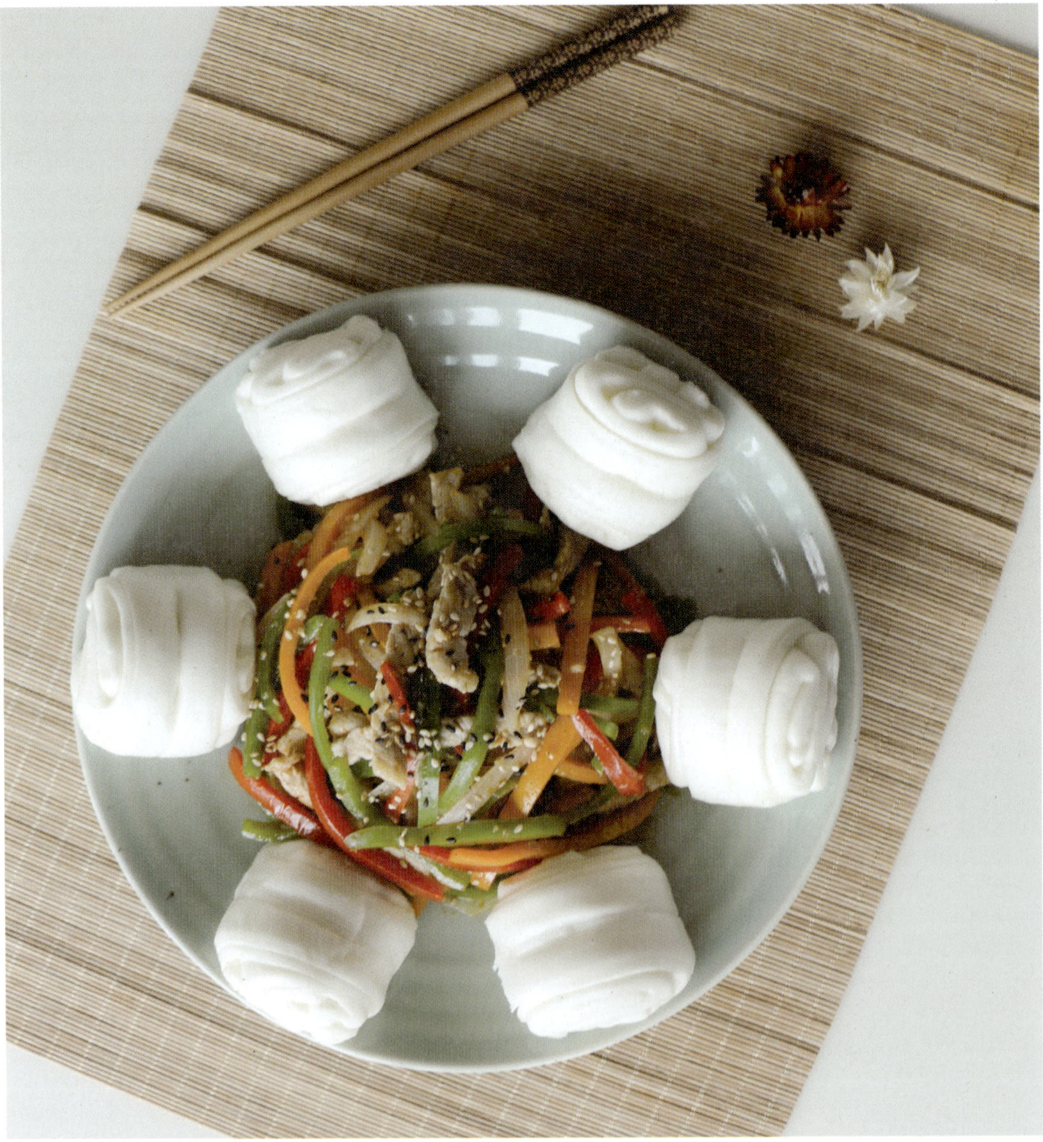

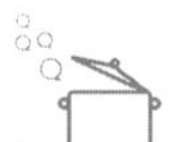

🧺 READY

돼지고기 등심 200g, 양파 1개, 피망 2개, 파프리카 2개, 꽃빵 6~7개, 고추기름 2큰술, 다진 마늘 1큰술, 굴소스 1큰술, 참기름 약간

돼지고기 밑간 소금 1꼬집, 생강가루 · 후추 약간씩, 청주 1큰술

🍳 HOW TO MAKE

1 돼지고기는 가늘게 자른 뒤 **밑간**해 두세요.

2 피망과 파프리카, 양파는 얇게 채 썰어요.

3 꽃빵을 찜기에 쪄요. 김이 오른 찜기에 1~2분 정도면 되는데, 냉동 꽃빵이라면 냉장실에서 자연 해동한 뒤 찌세요.

4 그동안 고추잡채를 볶을게요. 팬에 고추기름을 두르고 다진 마늘을 볶아요.

5 마늘 향이 올라오면 밑간한 고기를 넣어요. 고기의 붉은 기가 사라질 때까지 강불에서 볶으세요.

6 고기가 어느 정도 익으면 양파, 피망, 파프리카, 굴소스를 넣고 함께 볶아요. 볶으면서 간을 보고 부족하면 간을 추가하세요. 오래 볶으면 채소가 숨이 죽어 맛이 없으니 1분만 빠르게 볶아 내세요. 마지막에 참기름 1방울을 넣고 불에서 내립니다.

제이맘의 홈쿡 TIP 죽순이나 버섯 등을 추가해도 좋아요. 돼지고기 대신 소고기를 넣어도 되고요. 중국집에서 파는 고추잡채와 똑같은 맛을 내고 싶으면 볶는 중간에 설탕을 1작은술 넣으세요. 피망이나 파프리카 대신 고추나 부추를 넣어서도 만들어보세요.

야식 &
술안주

추억의 도시락

조리 시간 20분
2인분

학창시절 도시락에 대한 추억은 누구에게나 있을 거예요.
책상을 붙이고 친구들과 도시락 반찬을 나눠 먹으며, 엄마에게 도시락 반찬 투정하던 시절...
겨울철이면 김장 김치로 김치도시락을 싸가곤 했는데 장갑을 끼고 난로에 데워서
흔들어 먹던 기억이 나요. 평범했던 김치볶음밥도 이렇게 먹으면 더 맛있게 느껴졌던 것 같아요.
그때를 떠올리며 만들어보세요.

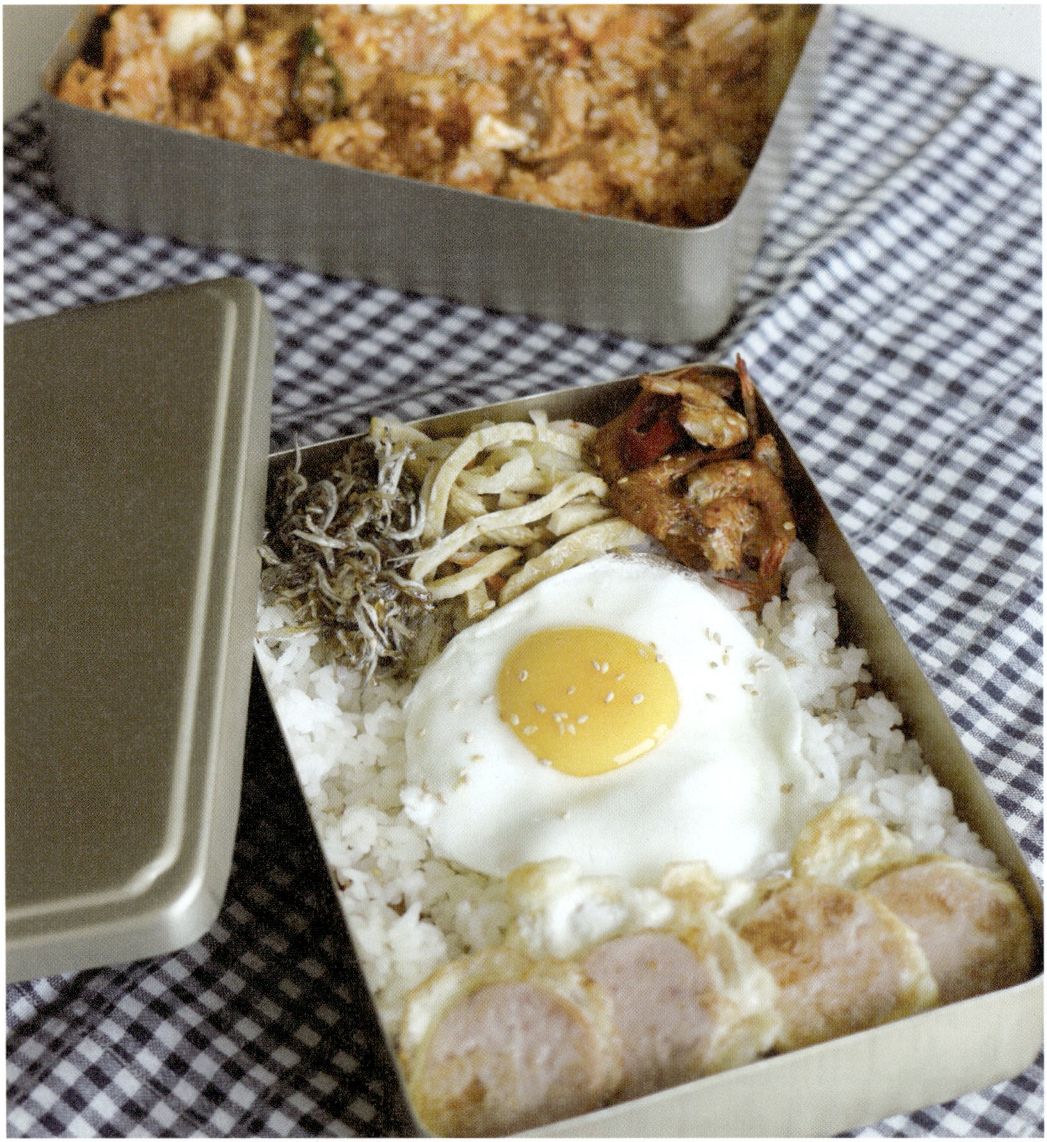

김치 ¼포기, 밥 2공기, 들기름 2큰술, 분홍소시지 ½개, 계란 3개, 식용유 적당량

🍳 HOW TO MAKE

1 김치는 작게 송송 썰어요.

2 소시지는 도톰하게 자르고, 계란은 1개만 풀어주세요.

3 소시지를 계란물에 퐁당 빠뜨렸다가 달군 팬에 기름을 두르고 중약불에서 구워줘요.

4 반숙 계란프라이 2개를 만들어요.

5 양은 도시락에 들기름을 1큰술을 넣고 그 위에 김치를 깔아요.

6 그 위를 밥으로 덮어요. 찬밥도 좋아요.

7 밥 위에 소시지와 계란프라이 그리고 집에 있는 반찬들을 보기 좋게 담아요. 뚜껑을 덮고 제일 약한 불에 올려놓으면 지글지글 김치 익는 냄새가 나면서 도시락 틈으로 김이 폭폭 날 거예요. 그때 쉐킷쉐킷 흔들어 비벼먹으면 됩니다.

골뱅이버터볶음

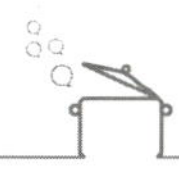

대부분 골뱅이는 빨갛게 무쳐 먹는 게 일반적이죠?
그것도 맛있지만 더 맛있게 먹을 수 있는 방법이 있어요.
만들기도 쉽고 간단하며 골뱅이의 맛과 식감이 좋아서
안주로 자주 만들어 먹고 있는 메뉴랍니다.

HOW TO MAKE

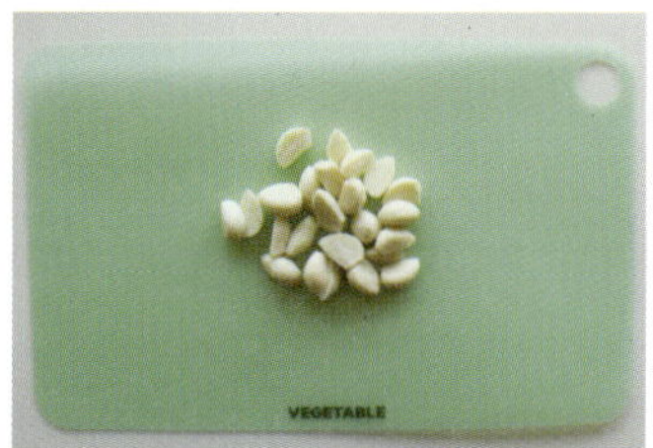

1 마늘은 잘 씻어 작은 것은 반으로 가르고, 큰 것은 3등분해두세요.

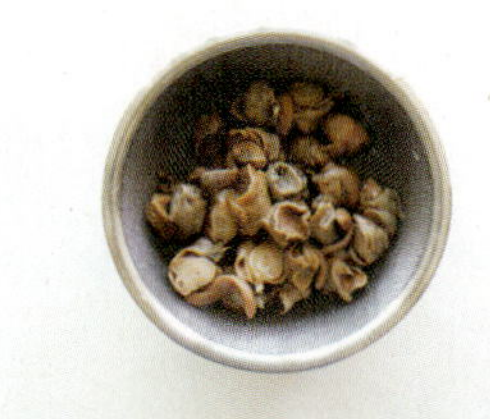

2 골뱅이는 체에 밭쳐 국물을 따라내요. 이때 골뱅이를 물에 씻지 말고 국물만 버리세요. 그리고 2~3등분해서 먹기 좋은 크기로 잘라둡니다.

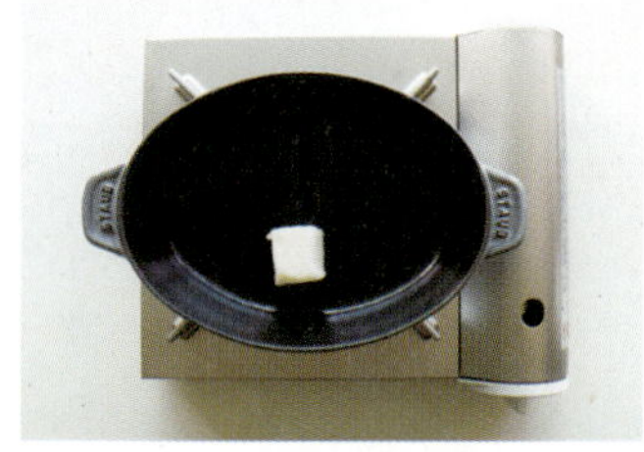

3 팬에 버터를 올려 약불에서 녹여주세요.

4 여기에 페페론치노를 넣고 볶아서 매운 향을 내요. 향이 올라오면 중불로 키우고 마늘을 넣어 함께 볶아요. 버터에 마늘을 굴리며 골고루 익혀주세요.

5 마늘이 거의 익었을 때 골뱅이를 넣고 1분 이내로 빠르게 볶아내요. 너무 오래 볶으면 골뱅이가 질겨져요. 버터 향을 살짝 입히는 정도면 돼요. 취향에 따라 후추를 뿌리거나 생대파나 청양고추를 얹어 함께 드세요.

페페론치노가 없으면 청양고추 2개를 잘라 넣으면 돼요. 골뱅이를 오래 볶지 않는 것이 포인트예요.

야식 & 술안주

소시지베이컨말이

조리 시간 20분
2인분

칼로리 폭탄 야식 대령입니다.
야심한 밤, 맥주 한잔 생각날 때 뭘 하면 좋을까 고민할 때마다
후보에 오르는 메뉴예요. 재료만 살펴봐도 맛이 없을 수가 없는
조합 아닌가요? 칼로리 걱정은 잠시 넣어두고 그냥 맛있게 드세요.

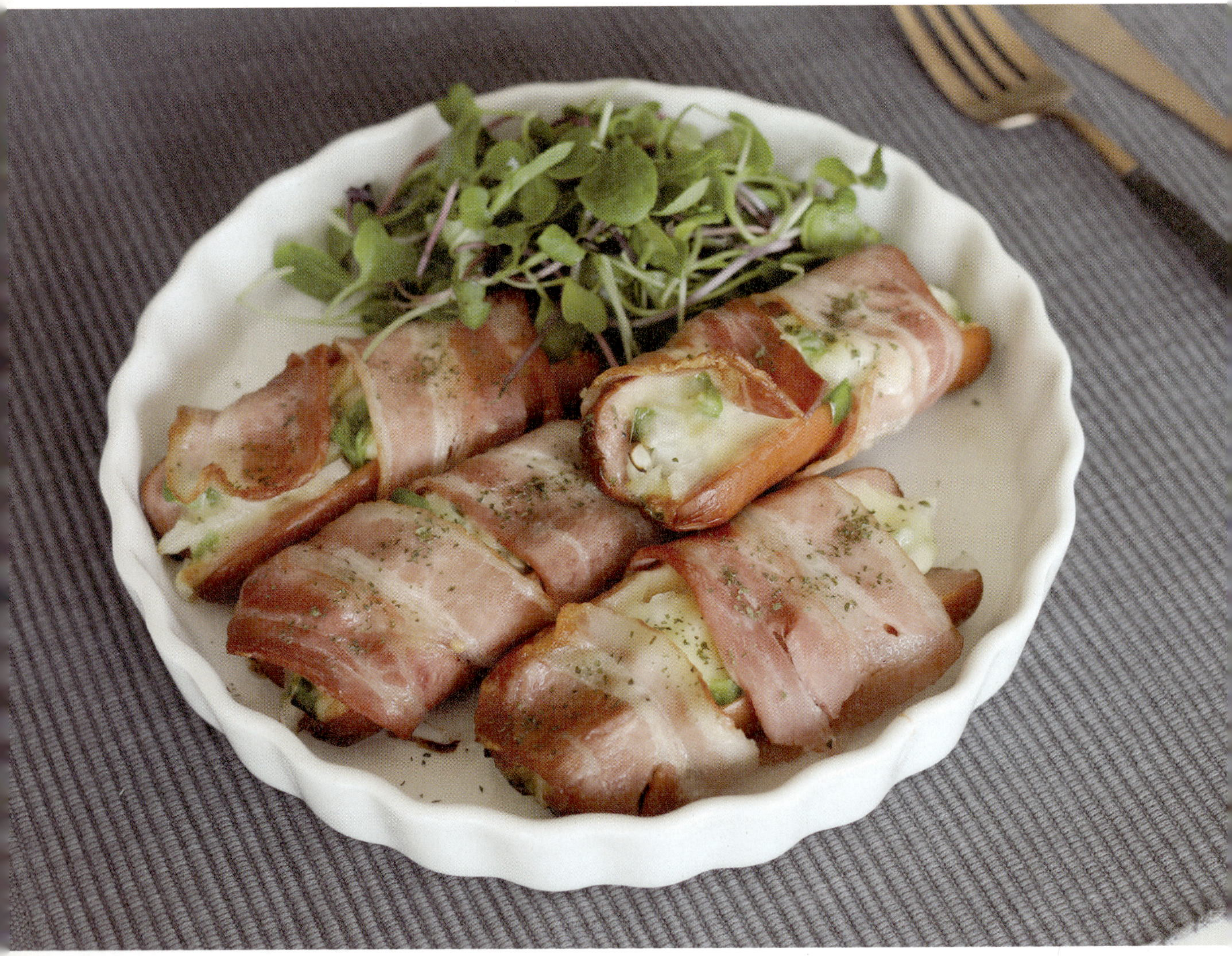

비엔나소시지 4개, 베이컨 4줄, 모차렐라치즈 ½컵, 청양고추 1개, 양파 ¼개

HOW TO MAKE

1 양파와 고추는 매우 잘게 다져주세요.

2 비엔나소시지는 세로로 길게 칼집을 넣어요. 소시지가 잘리지 않도록 살짝만 칼집을 넣어주세요.

3 비엔나소시지 사이에 양파를 듬뿍 끼워 넣어요.

4 그 위에 청양고추를 솔솔 뿌려요.

5 마지막으로 모차렐라치즈를 뿌려요.

6 베이컨으로 비엔나소시지를 돌돌 말아요. 이때 안에 내용물이 빠져 나와 잘 안 말리면 깻잎 ½장으로 감싼 뒤에 감아주면 돼요.

7 190도로 예열된 오븐에 넣어 10분간 구워줍니다. 오븐 사양에 따라 시간과 온도를 조절해주세요. 베이컨이 노릇하게 익고 치즈가 조금 흘러나오기 시작할 때까지만 구우면 됩니다.

HOME PARTY

3

키즈 파티

—

어릴 적 저희 엄마는 제 생일이 되면 잡채며 떡볶이 등을 잔뜩 차려 파티를 열어 주셨어요. 친구들과 둘러 앉아 초도 불고, 장난도 치며 행복한 생일을 보내던 기억이 아직도 생생하네요. 저 역시 우리 딸 아이의 생일이 되면 소소하게라도 작은 파티를 열어줘요. 아이들이 좋아할 만한 간단한 요리들을 차려내면 하하호호 즐겁게 이야기를 나누고 돌아갑니다. 그 모습을 바라보면 저까지 행복해지는 것 같아 뿌듯해져요.

1 단호박피자   **2** 주먹밥   **3** 삼색샌드위치   **4** 컵과일   **5** 닭봉간장치킨   **6** 레몬에이드

① 단호박피자

단호박은 씨를 긁어내고 찜기에 6~8분간 쪄냅니다. 토핑용 단호박은 얇게 저며 6조각 떼어두고, 나머지는 껍질을 벗겨 꿀을 넣고 으깨요.

또띠아 위에 모차렐라치즈 1컵을 덜어서 골고루 펴요.

그 위에 또띠아를 얹고 으깬 단호박을 골고루 발라주세요.

그 위에 남은 모차렐라치즈와 단호박 조각을 얹고, 180도로 예열된 오븐에 10분 정도 구워요. 어린잎 채소를 얹고 파마산치즈를 솔솔 뿌려요.

READY

단호박 ⅓개, 또띠아 2장, 꿀 ⅓큰술, 모차렐라치즈 1½컵, 파마산치즈 약간, 어린잎채소 1줌

TIP 오븐 상태에 따라 온도와 시간을 조절하세요. 치즈가 사르르 녹고 윗면이 노릇해지면 다 된 거예요.

② 주먹밥 3종

HOW TO MAKE

1) 크래미유부초밥

잘게 찢은 크래미와 다진 피클, 마요네즈, 후추와 소금 약간을 섞어 크래미마요를 만들어요. 시판 유부 안에 들어있는 양념을 밥에 뿌려 섞어둬요. 여기에 후리가케나 다진 채소를 넣어도 돼요. 유부 안에 양념한 밥을 넣어요. 그 위에 크래미마요를 얹고 어린잎 한 장씩 올려 꾸며주세요.

2) 새우주먹밥

집에 있는 자투리 채소를 잘게 잘라 볶아요. 밥에 볶은 채소와 소금, 참기름을 조금씩 넣어 간을 맞추고 한입 크기로 뭉쳐주세요. 그 위에 삶은 칵테일새우를 얹어내요.

3) 김소시지주먹밥

비엔나소시지는 반으로 잘라 칼집을 넣어 꽃 모양으로 만들고 끓는 물에 살짝 데쳐요. 밥에 김가루와 참기름을 넣고 잘 섞어요. 소시지를 가운데 두고 밥으로 감싸 둥글게 뭉쳐주세요. 벌어진 소시지 사이에 케첩을 넣으면 꽃봉오리 느낌이 나요.

❸ 삼색샌드위치

1 단호박, 감자, 고구마는 큼직하게 잘라서 찌고, 단호박, 감자, 고구마를 각각 으깬 뒤 담아둬요. 그리고 마요네즈를 각각 1큰술씩 넣고, 간이 부족하면 소금을 약간 섞어주세요. 감자에는 크랜베리를 넣고 섞어요.

2 식빵에 단호박을 골고루 펴 바른 뒤 식빵을 덮어요.

3 감자를 얹고 또 식빵을 덮어요.

4 마지막으로 자색고구마를 얹고 또 식빵으로 덮어요.

5 랩으로 샌드위치를 꽁꽁 싸매고 가볍게 눌러줍니다. 너무 꾹 누르면 재료가 밖으로 튀어나와요.

6 랩을 벗기고 도마 위에 올려 꼬치를 4군데 꽂아 고정시킨 뒤 가장자리를 잘라내고 4등분해요.

🛒 READY

식빵 4장, 미니 단호박 ½개, 자색고구마 1개, 감자 1개, 마요네즈 3큰술, 소금 약간, 건조 크랜베리 1큰술

❹ 컵과일

작은 컵에 제철과일을 작게 잘라 종류별로 담아요. 멜론, 사과, 오렌지 등의 과일은 껍질을 살리면 더 예뻐요. 동글동글 포도나 체리, 방울토마토도 함께 담으면 예뻐 보이는 조합이에요. 보색의 컬러 과일을 활용해보세요.

⑤ 닭봉간장치킨

1

닭봉은 흐르는 물에 깨끗이 씻어주세요. 만약 냉동 닭을 사오셨거나 냄새가 걱정되면 우유에 10분 정도 담가 비린내를 제거해주세요.

2

닭봉 뼈가 있는 끝부분에 보면 하얀 물렁뼈가 보일 거예요. 그 부분을 칼로 꾹 눌러 잘라주세요. 잘라낸 부분부터 칼로 살살 긁어 살을 끌어 올립니다. 막대사탕 모양이 될 거예요.

3

손질된 닭은 소금과 후추를 아주 조금만 뿌려 밑간해요. 30분 정도 두었다가 찹쌀가루를 골고루 묻혀주세요.

4

닭봉을 탈탈 흔들어 가루를 털어내고 기름에 5~6개씩 넣고 튀겨요. 기름을 적당히 붓고 뒤집어가며 굽듯이 익혀도 돼요.

🛒 READY

닭봉 1팩(약 13개), 찹쌀가루 1컵, 식용유 2~3컵, 소금 · 후추 약간씩
치킨 양념 간장 3큰술, 맛술 2큰술, 물엿 2큰술, 설탕 1큰술, 다진 마늘 ½큰술

5

노릇노릇해질 때까지 튀겨요. 속이 안 익을 수 있으니 오랜 시간 익혀야 해요.

6

다른 팬에 **치킨 양념** 재료를 모두 넣고 끓여요. 끓으면 닭봉을 넣고 양념을 묻혀요. 불을 끄고 양념을 겉에 바른다는 느낌으로 30초 정도만 뒤적거려요.

⑥ 레몬에이드

레몬청(p.27 참고)에 탄산수와 얼음을 섞어 에이드를 만들어요. 에이드의 농도는 맛을 보며 조절하는 게 좋아요. 커다란 물병에 많이 만들어 두고 아이들이 스스로 따라 마실 수 있게 해주세요. 예쁜 빨대까지 준비하면 센스쟁이 엄마가 되겠죠?

집밥 여왕 제이맘의 입소문 레시피

제이맘의 홈쿡

초판 1쇄 발행 2017년 3월 5일
초판 11쇄 발행 2018년 7월 1일

지은이 김미정
펴낸이 김영조
콘텐츠기획팀 홍지은, 신수연
마케팅팀 이유섭, 배태욱
경영지원팀 정은진
외부스태프 디자인 ALL design group
펴낸곳 싸이프레스
주소 서울시 마포구 양화로7길 4-13(서교동, 392-31) 302호
전화 02-335-0385/0399
팩스 02-335-0397
이메일 cypressbook1@naver.com
홈페이지 www.cypressbook.co.kr
블로그 blog.naver.com/cypressbook1
포스트 post.naver.com/cypressbook1
페이스북 www.facebook.com/cypressbook
인스타그램 @cypress_book
출판등록 2009년 11월 3일 제2010-000105호

ISBN 979-11-6032-018-3   13590

※ 이 책은 저작권법에 따라 보호를 받는 저작물이므로 무단 전재 및 무단 복제를 금합니다.
※ 책값은 뒤표지에 있습니다.
※ 파본은 구입하신 곳에서 교환해드립니다.

이 도서의 국립중앙도서관 출판예정도서목록(CIP)은 서지정보유통지원시스템 홈페이지(http://seoji.nl.go.kr)와 국가자료공동목록시스템(http://www.nl.go.kr/kolisnet)에서 이용하실 수 있습니다. (CIP제어번호: CIP2017003948)